이 책에 쏟아진 찬사

"당신의 마음을 활짝 열어줄 흥미진진하고 절대적으로 매혹적인 모험!"
루돌프 E. 탄지 | 하버드대학교 의대 신경과 교수

"거의 100년 전에 현자 타고르와 과학자 아인슈타인은 현실(실체)의 본질을 논의하기 위해 짧은 만남을 가졌다. 과학과 영성이 서로에게 어떻게 영향을 미치는지에 대한 그들의 매혹적인 담론을 이 책이 더 발전시켰다. 설령 당신이 나처럼 아인슈타인의 과학적 세계관을 선호한다고 해도, 저자들이 훌륭하게 밝혀낸 타고르의 아름다운 '인간적인 우주'에 감탄하게 될 것이다." 디미타르 사셀로프 | 하버드대학교 천문학 교수

"디팩 초프라와 미나스 카파토스는 '관찰자'를 아는 것이 우주의 수수께끼를 해결한다는 새로운 길을 제안한다. 《당신이 우주다》는 참신한 아이디어를 제공하여 자아와 우주 속으로 즐거운 여행을 떠나게 해준다."
판카즈 S. 조시 | 이론물리 및 천체물리학자, 타타 기초연구소 수석교수

"현대과학에 불필요하게 만연해 있는 유물론적 패러다임의 무익함과 무능함을 지적하는 고무적이고 통찰력 있는 작품."
루스 E. 캐스트너 | 《Understanding Our Unseen Reality》 저자

"양자물리학 전문가 미나스 카파토스와 한 팀을 이룬 디팩 초프라는 우주와 그 속에서의 인간의 위치에 대해 우리를 안내한다. 과학과 영성 모두를 탐구하며, 그들이 서로 어떤 영향을 끼치는지 살펴본다. 미처 몰랐던 세계관이었고 매우 흥미로웠다."
레너드 믈로디노프 | 《춤추는 술고래의 수학 이야기》 저자

"우주학자 미나스 카파토스와 함께 쓴 디팩의 최신 걸작. 우리 자신과 과학에 대해 떠올릴 수 있는 가장 중요한 질문을 모두 다룬다. 우리는 누구인가? 우리는 왜 여기에 존재하는가? 과학이 이에 대한 답을 뒷받침한다. 이것이 바로 우리가 말해온 '새로운 패러다임'이다!" 어빈 라슬로 | 과학철학자, 시스템 및 통합 이론가, 저술가, 피아니스트

"디팩 초프라는 여러 권의 책을 통해 논란의 여지가 다분한 주장을 펼쳐왔다. 사람들은 그가 정말로 그런 주장들을 스스로 믿는 건지 궁금해한다. 이제 그를 알고 나니, '그렇다'라고 분명히 말할 수 있다. 존경받는 물리학자 미나스 카파토스와 함께 쓴 이 책보다 그의 과학적 세계관을 더 잘 요약한 책은 없다. 인간의 의식이 주된 바탕이 되는 세계관을 이해하고 싶다면, 그리고 과학이 어떻게 이 관점을 옹호하는지 이해하고 싶다면 반드시 읽어야 할 책." 마이클 셔머 | 과학적 회의주의자를 위한 잡지 《스켑틱》 발행인

"뇌과학과 서양철학은 인간의 의식에 대해 알아낸 것이 별로 없다. 이 책은 우리의 마음과 우주의 기본요소들 사이의 심오한 관계를 파헤친다."
스튜어트 해머로프 | 〈의식의 과학 컨퍼런스〉 설립자, 의사, 애리조나대학교 교수

"이 책은 한마디로 'Youniverse'라고 표현할 수 있다. 우주 속의 '당신You'으로부터 모든 것이 시작되기 때문이다. 주관적인 '의식'이 어떻게 물질적인 현실의 기초를 제공하는지를 저자들은 매우 정확하게 탐구한다. 호기심 많은 분들께 강력하게 추천한다." **프레드 앨런 울프** | 일명 '퀀텀 박사®'로 불리는 저명한 이론물리학자, 전미도서상 수상자

"이 책은 의식 연구의 가장 중요한 측면, 즉, '마음이 현실을 만드는가?'를 논의한다. 새로운 논쟁을 불러일으키는 매혹적인 문제들을 많이 제기한다."
시시르 로이 | 인도 방갈로르 IISc 캠퍼스 국립고등연구원 석좌교수

"10대 때 나는, 사람들이 생각과 감정을 그들의 구성요소로 간주하는 반면 '지각 perception'은 그들을 완전히 초월한 무언가로 여기는 것이 좀 이상했다. 우리가 지각하는 이 세상은, 생각이나 감정과 마찬가지로 결국 우리 정신적인 삶의 일부이다. 디팩과 미나스는 순진해 보이는 이 발상을 우주적 경지로 끌어올려 그 진정한 힘과 중요성을 드러낸다. 지적인 논의를 철저히 과학적인 방식으로 훌륭하게 전개하며, 그 결과는 유쾌하다." **베르나르도 카스트럽** | 《Why Materialism Is Baloney》 저자

"천체물리학자와 의사가 한 팀을 이루어 완성한 흥미로운 책. 이들은 독창적이고 혁명적인 '패러다임'을 제시한다. 이 패러다임은 우주에서의 우리의 위치를 다시 생각하게 만들고, 많은 사람들의 근시안적인 믿음 속에 정체되어있는 영역들을 마구 흔들 것이다. 또한 우주와 우리와의 진정한 관계에 대해 생각하고 궁금하게 만들 것이다." **카나리스 칭가노스** | 그리스 아테네 국립관측소 소장, 아테네대학교 천체물리학과 교수

"이 책은 디팩 초프라의 우아한 명료함에 물리학자 미나스 카파토스의 통찰을 더하여, 현대과학의 선구자들이 직면한 가장 심오하고 긴급한 질문을 자세히 설명한다. 의학박사 초프라의 전문 지식에 카파토스 교수의 양자물리학·지구물리학·우주론 작업을 결합하여, 현대과학이 설명할 수 있는 한계에 다다른 영역들을 두 사람의 평생에 걸친 깊은 영적 수행에서 나오는 빛으로 조명한다. 그 결과는 경쟁적 관점들의 충돌이 아니라 우리 문화를 위한 위대한 지혜와 아름다움, 위안을 보여주는 풍성하고 시너지 넘치는 예술작품이 되었다. 이 책은 우리 한 사람 한 사람에게 바치는 훌륭하고 넉넉한 선물이다." **닐 티이스** | 마운트 시나이의 아이칸 의과대학 병리학 교수

당신이 우주다

당신이 우주다

1판 1쇄 발행 2023. 3. 10.
1판 3쇄 발행 2023. 5. 26.

지은이 디팩 초프라·미나스 카파토스
옮긴이 조원희

발행인 고세규
편집 김동현 디자인 지은혜 마케팅 윤준원·정희윤 홍보 최정은
발행처 김영사
등록 1979년 5월 17일(제406-2003-036호)
주소 경기도 파주시 문발로 197(문발동) 우편번호 10881
전화 마케팅부 031)955-3100, 편집부 031)955-3200 | 팩스 031)955-3111

이 책의 한국어판 저작권은 (주)이와이에이를 통한 저작권사와의 독점 계약으로
김영사에 있습니다. 저작권법에 의해 한국 내에서 보호를 받는 저작물이므로
무단전재와 무단복제를 금합니다.

값은 뒤표지에 있습니다.
ISBN 978-89-349-4241-2 03400

홈페이지 www.gimmyoung.com   블로그 blog.naver.com/gybook
인스타그램 instagram.com/gimmyoung   이메일 bestbook@gimmyoung.com

좋은 독자가 좋은 책을 만듭니다.
김영사는 독자 여러분의 의견에 항상 귀 기울이고 있습니다.

YOU ARE THE

당신이
우주다

디팩 초프라 · 미나스 카파토스
조원희 옮김

UNIVERSE

나는 무엇인가, 그리고 왜 이것이 중요한가

김영사

당신과 우주는
하나다

⌄

당신의 삶에는 (그리고 모든 이의 삶에는) 비밀스러운 관계가 하나 있다. 언제 시작되었는지도 모르는 채 당신은 모든 것을 거기에 의존해왔는데, 이 관계가 끝나면 세상은 연기처럼 사라지게 된다. 바로 '당신과 현실reality의 관계'다.

현실이 구현되려면 수많은 요소가 완벽하게 결합해야 하는데, 그럼에도 불구하고 이 요소들은 전혀 눈에 띄지 않는다. 햇빛을 예로 들어보자. 명백히 태양도 별이기 때문에 다른 별들과 동일한 방식으로 존재하고 빛난다. 우리 태양은 고향 은하인 은하수의 중심 저편에서 떠도는 중간 크기의 별이다. 20세기 들어 천문학자들이 별의 탄생 과정과 구성 성분, 용광로보다 뜨거운 별 중심부에서 빛이 생성되는 과정을 알아낸 후로, 별에 관한 한 딱히 비밀이라고 할 만한 것은 더 이상 없다. 위에서 말한 비밀은 다른 곳에 있다. 태양에서 방출된 빛은 약 1억 5000만 킬로미터를 날아와 대기를 통과한 후 지구의 표면 '어딘가'에 도달하는데, 이 중 우리의 관심을 끄는 것은 '눈에 도달한 빛'뿐이다. 빛의 에너지 덩어리인 광자photon가 눈 뒤에 있는 망막retina을 자극하면 일련의 반응이 두뇌와 시각피질에 일어난다.

'본다'라는 기적은 뇌가 햇빛을 처리하는 방식과 관련이 있다. 이건 분명하다. 그런데 빛을 지금 보고 있는 이미지로 변환시키는 가장 중요한 과정은 완전히 미스터리다. 사과나 구름, 산 또는 나무 등 무엇을 바라보든 반사된 빛으로 인해 그 물체가 보이는 것이다. 어떻게 그럴 수 있을까? 정확히는 모르지만, 그것이 무엇이든 '보는 것'으로 그 대상이 실재함을 알게 되기에, 이 비밀 공식에는 '보기'가 포함되어 있다.

'보기'가 왜 완전히 미스터리인지는 아래에 열거한 부인할 수 없는 사실들로 알 수 있다.

- 광자는 눈에 보이지 않는다. 햇빛은 밝지만, 햇빛의 구성 요소인 광자는 전혀 밝지 않다.
- 뇌 내부에는 빛이 존재하지 않는다. 우리의 뇌는 바닷물과 비슷한 액체로 둘러싸인, 오트밀과 질감이 비슷한 장기臟器일 뿐이다.
- 뇌에는 빛이 없으므로 사진이나 그림도 존재할 수 없다. 사랑하는 사람의 얼굴을 떠올릴 때, 뇌 속 어디에도 그의 얼굴이 사진처럼 존재하는 곳은 없다.

눈에 보이지 않는 광자가 어떻게 화학반응으로 변환되고, 뇌에서 일어나는 미약한 전기 자극이 어떻게 우리가 모두 당연하게 여기는 3차원 현실을 창조하는지 설명할 수 있는 사람은 아직 없다. 기능성 자기공명영상장치functional Magnetic Resonance Imaging(fMRI)로 두뇌를 스캔하면 부위마다 밝기와 색상이 다르게 나타나기 때문에 '무언가 벌어지고 있다'는 것은 알 수 있지만, 시각의 작동 원리는 완전히 미스터리다. 하지만 한 가지는 알 수 있다. 즉 '보기'를 만들어내는 건 바로 '우리'라는 것이다. 우리가 없으면 이 세상 전체도(그리고 모든 방향으로 무한히 뻗어 있는 우주도) 존재할 수 없다.

1963년 노벨 생리·의학상 수상자인 호주의 생리학자 존 에클스 John Eccles는 "자연계에는 색이 존재하지 않습니다. 소리도 존재하지 않습니다. 질감, 패턴, 아름다움, 향기 같은 것도 없습니다. 여러분이 이 사실을 하루라도 빨리 깨닫기를 바랍니다"라고 했다. 장미의 우아한 향기에서 말벌의 따가운 침, 꿀의 달콤한 맛에 이르기까지, 자연의 모든 속성은 인간 존재에 의해 만들어진다는 것인데, 이 주목할 만한 주장에는 예외가 있을 수 없다. 지구로부터 수십억 광년 떨어진 별도 우리가 없으면 존재하지 않는다. 어떤 별(별의 열과 빛, 질량, 공간에서의 별의 위치와 엄청난 이동 속도)이 실재하기 위해서는 인간 신경계를 지닌 인간 관찰자가 필요하기 때문이다. 열과 빛, 질량 등을 경험하는 인간 관찰자가 존재하지 않았다면, 모든 게 우리가 지금 알고 있는 방식과는 다르게 존재할지도 모른다.

이런 이유로 앞에서 언급한 '비밀스러운 관계'가 우리에게 가장 중요하거나 앞으로 중요하게 될 것이다. 우리는 현실을 창조하고 있지만 어떻게 그렇게 하는지는 전혀 모른다. 이 과정은 아무런 애를 쓰지 않아도 이루어진다. 우리가 보면, 빛은 그 밝음을 얻는다. 우리가 귀를 기울이면, 공기 진동은 들을 수 있는 소리가 된다. 우리를 에워싸고 있는 세상의 온갖 활동은 우리가 세상과 어떤 관계를 맺느냐에 달려 있다.

이 심오한 지식은 새로운 것이 아니다. 고대 인도의 베다 성자들은 "아함 브라마스미Aham Brahmasmi"라고 선언했는데, "내가 곧 우주다" 또는 "나는 모든 것이다"로 번역할 수 있다. 이 성자들은 놀라운 발견들이 이루어진 자신의 깊은 의식 속으로 들어가 이 지식에 도달했건만, 20세기에 물리학을 혁신한 아인슈타인에 견줄 만한 의식계의 아인슈타인들은 역사와 기억에서 사라졌다.

오늘날 우리는 과학으로 실상reality을 탐구하는데, 실상은 두 개일 수 없다. 그러므로 "나는 우주다"라는 명제가 참이라면 현대 과학은 이를 뒷받침하는 증거를 제시해야만 하며, 실제로 그렇게 하고 있다. 주류 과학계는 외부세계에 대한 측정과 데이터, 실험을 통해 내면의 세계보다는 물질세계의 모델을 만드는데, 측정, 데이터, 실험으로 파악할 수 없는 미스터리가 많다. 과학이 시간과 공간의 최전방에서 '빅뱅 이전에는 무엇이 있었는가?' 또는 '우주는 무엇으로 이루어져 있는가?'와 같은 아주 근본적인 질문에 답하기 위해서는 새로운 방법을 채택해야만 한다.

이 책의 1부에서는 현대 과학이 직면하고 있는 다양한 문제 중 가장 어려운 아홉 개를 골라서 제시한다. 우리(초프라와 카파토스)의 목적은 인기 있는 과학 교양 도서를 내는 게 아니라, 이 우주는 존망 그 자체가 인간 존재에 달려 있는 '참여 우주participating universe'임을 입증하는 것이다. 요즘 우주론자들(우주의 기원과 특성을 연구하는 사람들)은 "살아 있으면서 의식하며 스스로 진화하는" 우주에 대해 완전히 새로운 이론을 개발하고 있다. 이런 우주는 지금까지 존재하는 어떤 표준 모델에도 맞지 않는다. 이 우주는 양자물리학의 우주나 전능하신 하느님의 작품으로 묘사되는 창세기의 천지창조도 아니다.

'의식이 있는 우주conscious universe'란, 우리가 생각하고 느끼는 방식에 반응하는 우주다. 이 우주는 자신의 모양, 색깔, 소리, 감촉을 우리에게서 얻는다. 그래서 우리는 '인간적 우주human universe'가 이에 관한 가장 좋은 명칭이라 생각한다. 이것이 진짜 우주이며, 우리의 유일한 우주다.

과학에 문외한이거나 관심이 별로 없는 사람이라 해도, 현실 세계의 작동 원리는 알고 싶어 할 것이다. 자신의 삶을 어떻게 보는지는 물론 중요하며, 모든 사람의 삶은 '현실reality'이라는 매트릭스matrix에 속해 있다. 인간이 된다는 것은 대체 무엇을 의미할까? 우리가 우주라는 광대한 검은 공간 속 하찮은 먼지에 불과하다면, 그 현실을 받아들여야만 한다. 반대로 우리 마음에 반응하는 '의식 있는 우주'에 살면서 우리가 현실을 창조하고 있다면, 그 현실도 받아들여야 한다. 타협할 수도 없고, 어쩌다가 더 좋아한다고 해서 그걸 선택할 수 있는 또 다른 현실도 없다.

이제 여정을 시작하자. 모든 단계에서 우리는 독자들이 판단하도록 할 것이다. 예를 들어, '빅뱅 이전에는 무엇이 있었는가?'와 같은 질문마다 독자들은 현대 과학이 제시할 수 있는 최선의 답을 읽게 될 것이고, 그다음에 그 답이 만족스럽지 않은 이유가 뒤따르게 될 것이다.

당신이 우주다

이로 인해 모든 사람의 경험으로부터 답을 얻어내는 완전히 새로운 방식의 우주 탐험이 열리게 된다. 현실을 창조하는 통제실이 모든 사람이 매일 겪고 있는 경험 속에 존재한다는 것은 정말로 놀라운 일이 아닐 수 없다. 일단 우리가 창조 과정이 진행되는 방식을 펼쳐 보이고 나면, 독자들은 이전과 완전히 다른 자아관view of yourself에 도달하게 될 것이다. 그리고 인류 역사상 두 가지 위대한 세계관인 '과학'과 '영성spirituality' 둘 다 우리의 최종 목적인 '정말로' 진짜인 것을 찾는 데 일조하게 된다.

불편한 진실 하나가 우리 주변 곳곳에서 분명해지고 있다. 오늘날 우주는 예상했던 방식대로 작동하지 않고 있다는 것이다. 풀리지 않는 수수께끼가 너무나 많다. 어떤 것들은 너무나 이해하기 힘들어 해답을 상상해낼 수 있을지조차 의심스러울 정도다. 그래서 어떤 사람들은 '패러다임 전환'이라 불리는 완전히 새로운 접근법을 시도하고 있다.

'패러다임'이란 세상을 바라보는 시각, 즉 세계관이다. 당신의 패러다임이나 세계관이 종교적 믿음에 기반해 있다면 우주의 놀랍도록 복잡한 내용을 처리하는 신성한 존재, 즉 창조주가 천지창조에 필요하다. 당신의 패러다임이 18세기 계몽주의에 기초해 있다면 창조주 개념이 여전히 유효할 수도 있겠지만, 창조주는 우주라는 기계의 일상적 작동과는 관련이 없다. 이런 패러다임에서 창조주는 이 기계를 작동시키고 떠나버린 시계공에 가깝다. 패러다임은 지난 400년 동안 과학이라는 렌즈를 통해 그리고 인간의 호기심에 의해 꾸준히 변해왔다. 현재 과학계를 지배하는 패러다임은 목적이나 의미가 없는, 불확실하고 무작위적인 우주를 받아들인다. 이 세계관 안에서 연구하고 있는 이들은 계속해서 진보하고 있다. 그렇지만 마찬가지로 11세기

독실한 기독교 학자들도 계속해서 신의 진리에 이르는 진전을 이뤄내고 있었음을 우리는 기억해야만 한다.

패러다임은 '자기충족적self-fulfilling' 특성을 갖고 있기 때문에, 근본적인 변화를 꾀하려면 패러다임 자체를 뛰어넘어야 한다. 이것이 바로 이 책의 주제다. 오래된 패러다임에서 새로운 패러다임으로 뛰어넘는 것이다. 그러나 문제가 하나 있다. 새로운 패러다임은 쉽게 선반에서 꺼낼 수 있는 게 아니다. 새로운 패러다임은 당연히 검증을 거쳐야 하는데, 이 과정은 '이 새로운 패러다임은 우주의 수수께끼를 이전 패러다임보다 더 잘 설명하는가?'라는 간단한 질문에서 시작된다. 우리는 위에서 말한 인간적 우주가 '반드시' 이길 것이라고 믿는다. 인간적 우주는 단순히 기존의 이론에 무언가를 추가한 것이 아니다.

인간적 우주가 실제로 존재한다면 한 개인인 당신을 위해 존재해야만 한다. 오늘날 우주는 엄청난 크기로 '저기 어딘가'에 있으며 당신의 일상생활과는 거의 또는 전혀 관련이 없다고 여겨진다. 하지만 주변의 모든 사물이 당신의 참여를 필요로 한다면, 당신은 매 순간 우주에 닿아 있는 것이다. 인간은 어떻게 자신의 현실을 창조하고, 그러고 나서는 어떻게 그 사실을 까맣게 잊는 것일까? 정말로 커다란 미스터리가 아닐 수 없다. 이 책의 목적은 독자들에게 '나는 진정 누구인가?'를 기억해내기 위한 가이드를 제공하는 것이다.

새로운 패러다임으로의 전환은 이미 진행되고 있다. 이 책에 제시된 답은 우리(초프라와 카파토스)의 발명품이 아니며, 유별난 공상의 산물도 아니다. 우리는 모두 참여우주에 산다. 당신이 마음과 육체, 영혼과 함께 온전히 참여하기로 마음먹는다면, 패러다임 전환은 자신의 일이 된다. 당신이 살고 있는 현실은 당신의 것이 되어 받아들이거나 바꿀 수 있게 될 것이다.

과학 연구에 수십억 달러를 지출하고 종교인들이 신에 대한 믿음을 제아무리 열렬하게 유지한다고 해도, 결국 중요한 것은 '실체reality'다. 인간적 우주는 논거가 확실하다. 인간적 우주는 우리 주변에서 펼쳐지고 있는 패러다임 전환의 일부이기 때문이다. 우리가 "당신이 우주다You are the universe"라고 말하는 까닭은, 다름 아니라 이 말이 진리이기 때문이다.

1 궁극의 미스터리

2 **우주적 자아**
끌어안기

인간적 우주의
여명

˅

1931년, 알베르트 아인슈타인Albert Einstein은 당시 세계에서 가장 유명한 사람이자 최고의 코미디언이었던 찰리 채플린Charlie Chaplin 과 함께 사진을 찍었다. 그 무렵 아인슈타인은 로스앤젤레스를 여행 하던 중 유니버셜스튜디오에서 우연히 만난 덕에 채플린의 새 영화 〈시티 라이트City Lights〉 시사회에 초대되었다. 두 사람 모두 턱시도 를 차려입은 채 활짝 웃고 있다. 아인슈타인이 '두 번째로 유명한 사 람'이었다니, 당혹스럽긴 하다.

아인슈타인이 세계적으로 명성을 얻게 된 것은 대중이 그의 상대성 이론들˙을 이해해서가 아니다. 아인슈타인의 이론은 일상적인 삶을 한참 넘어선 영역을 다루고 있으며, 그 자체만으로도 경외감을 자아 낸다. 영국의 철학자이자 수학자였던 버트런드 러셀Bertrand Russell은 물리학 교육을 받지 않았는데, 아인슈타인의 상대성이론에 대한 설명을 들었을 때 "생각해보니 나는 시궁창 속에서 삶을 낭비해왔다"며 탄식했다(그 후 러셀은 일반인을 위한 훌륭한 상대성이론 안내서인 《상대성이론의 ABC The ABC of Relativity》를 집필했다).

어떻게 보면 상대성이론은 시간은 물론 공간의 개념도 무너뜨렸는데, 평범한 사람은 그 정도만 파악할 수 있었다. 가장 유명한 공식인 $E=mc^2$조차도 우리의 일상생활과 한참 동떨어져 있다. 사람들은 아인슈타인의 학구적인 사고가 실용적 측면에서 아무런 영향도 미치지 않는 것처럼 똑같이 살아갔다.

그러나 이 가정은 결국 틀린 것으로 밝혀졌다.

아인슈타인의 이론들이 시간과 공간을 무너뜨리자, 뭔가가 정말로 일어났다. 우주의 구조가 허물어지고 새로운 현실로 재구성된 것이다. 아인슈타인이 칠판에서 수학과 씨름하지 않은 채 이 새로운 현실을 상상해냈다는 사실을 아는 사람은 별로 많지 않다. 그는 어린 시절부터 어려운 문제를 머릿속에서 그림으로 그릴 수 있는 놀라운 능력이 있었다. 학창 시절에 아인슈타인은 빛의 속도로 여행하는 모습을 그려보려 했다. 빛의 속도는 초속 30만 킬로미터로 계산되었지만, 아인슈타인은 아직 발견되지 않은 뭔가 상당히 신비한 것이 빛 속에 있다고 느꼈다. 그가 알고 싶었던 것은 물리학자가 연구하는 빛의 물리적 특성이 아니라, '빛에 올라탔을 때의 경험'이었다.

- 흔히 상대성이론이라고 말하지만, 아인슈타인은 자신의 혁명적 아이디어를 두 단계로 나눠 발표했다. 먼저 1905년에 특수상대성이론Special Theory of Relativity을, 1915년에 일반상대성이론General Theory of Relativity을 발표했다.

예를 들어, 관측자들이 다른 속도로 서로에게서 멀어지거나 접근할 때조차 이들이 측정한 빛의 속도는 동일하다는 것이 상대성이론의 기반이다. 이는 물리적 우주에서 그 어떤 것도 빛의 속도보다 빠르게 이동할 수 없음을 의미한다. 그렇다면 빛과 동일한 속도로 움직이면서 진행 방향으로 야구공을 던진다고 상상해보라. 그 야구공은 당신의 손을 떠날 것인가? 어쨌든 당신의 속도는 이미 절대적 한계치(광속)에 도달했으므로 더 빨라질 수는 없다. 만약 야구공이 당신의 손을 떠난다면 어떤 식으로 행동할까?

일단 문제가 마음속으로 그려지면, 아인슈타인은 똑같이 직관적인 답을 찾으려 애썼다. 아인슈타인의 해법이 매력적인 이유는, 특히 우리의 목적에서 매력적인 이유는 상상력이 엄청나게 적용되었다는 것이다. 예를 들어 아인슈타인은 자유 낙하하는 사람을 상상했다. 이런 경험을 하는 사람은 중력이 없는 것처럼 느낄 것이다. 떨어지는 도중에 주머니에서 사과를 꺼내 가만히 놓으면 사과는 그 사람 옆에 떠 있을 것이다. 또다시 중력이 없는 것처럼 보인다.

아인슈타인은 이 상황을 마음의 눈으로 바라본 후 '자유 낙하하는 상황에서는 중력이 아예 존재하지 않을지도 모른다'라는 혁명적인 생각을 떠올렸다. 중력은 두 물체 사이에 작용하는 힘으로 항상 간주되어왔으나, 아인슈타인은 그것을 '질량에 의해 휘어진 시공간'에 불과하다고 봤다. 이는 시간과 공간이 질량에 영향을 받을 수 있음을 암시한다. 블랙홀처럼 붕괴된 물체 주변에서 이 휘어진 시공간은 시간을 늘려 멀리 떨어진 관찰자의 눈에는 시간이 정지한 것처럼 보이게 할 수도 있다. 하지만 이 낙하하고 있는 물체에 있는 사람은 어떤 이상한 것도 볼 수 없을 것이다. 중력의 지위를 단지 하나의 힘으로 격하시키는 것이야말로 상대성이론의 가장 충격적인 특징이다.

우주비행사들이 비행기 내부에서 무중력 훈련을 받는 모습에서 우리는 아인슈타인의 상상력이 시각화되는 모습을 볼 수 있다. 동영상을 보면 비행기에 타고 있는 사람들은 중력에서 완전하게 벗어나 공중에 떠다닌다. 그리고 아인슈타인이 예견한 그대로 비행기 내부에 고정되지 않은 물체 또한 무중력 상태가 된다. 카메라가 보여주지 않는 것이 있는데, 무중력을 만들기 위해서 비행기가 지구의 중력장을 상쇄하기에 충분할 만큼 빠르게 자유 낙하하고 있다는 것이다. 상대성이론에서 예견한 대로, 속도가 중력을 하나의 변경 가능한 조건으로 바꾸어놓은 것이다.

힘이라고 여겨지는 중력이 변경 가능하다면, 고정되어 있고 의존할 만하고 당연시하는 다른 것들은 어떨까? 아인슈타인은 시간에 대해서도 중대한 돌파구를 열었다. 상대성이론 이전에는 절대 시간이 당연하게 여겨졌다면, 아인슈타인은 시간이 관찰자의 기준틀에 의해서 그리고 강력한 중력장과의 거리에 의해서 영향을 받는다는 것을 발견했다. 이는 시간 지연time dilation으로 알려져 있다. 국제우주정거장 International Space Station(ISS)의 시계는 그곳에서 임무 수행 중인 우주비행사들에게는 완벽하게 정상적으로 작동하는 것으로 보이지만, 사실은 지구에 있는 시계보다 조금 빠르다. 광속에 가까운 속도로 비행 중인 사람은 자기가 탄 우주선 내의 시계들이 다르게 행동한다는 것을 전혀 알아차릴 수 없지만, 지구에 있는 관측자의 눈에는 느려지는 것처럼 보일 것이다. 또한, 강한 중력장 근처에 놓인 시계를 멀리 떨어진 관찰자가 바라보면 자신의 시계보다 느리게 간다.

상대성이론에 따르면 전 우주적으로 통용되는 '보편적 시간'이란 존재하지 않는다. 이는 우주 전역에서 시계들을 맞출 수 없다는 뜻이다. 극단적인 예를 들어보자. 블랙홀 근처를 지나는 우주선은 블랙홀의 엄청난 중력 당김에 영향을 받는다. 지구에 있는 관찰자에게는 우주선 속의 시계들이 극단적으로 느려져, 사건의 지평선event horizon을 지나 블랙홀 내부로 빨려 들어가는 데까지 실제로 시간이 무한대로 걸리는 것으로 보일 것이다. 한편 블랙홀로 떨어지고 있는 우주비행사들에게 시간은 짧은 순간 엄청난 중력 당김에 의해 뭉개지기 전까지는 정상으로 흘러갈 것이다.

중력에 의해 시간의 속도가 달라지는 이 효과는 한 세기 전에 알려졌지만, 우리 시대에 들어서 새로운 일이 일어났다. 즉 상대성이론이 실제로 일상생활에 중요해졌다는 것이다. 지구의 시계는 중력에서 멀리 떨어진 진공 속에 있는 시계보다 느리게 간다. 그래서 지구의 중력에서 멀어질수록 시계는 빨리, 더 정확하게 말하면, 빨리 가는 것처럼 보인다. 이는 전지구 위치확인 시스템Global Positioning System(GPS) 좌표에 사용되는 인공위성에 있는 시계가 지상에 있는 시계보다 빨리 간다는 것을 의미한다. 자동차에 있는 GPS 장치에 현재 위치를 물었을 때, GPS 위성의 시계가 지구 시간과 일치하도록 조정되어 있지 않아 조금이라도 시간이 어긋나버리면, 응답이 제대로 이루어지지 않을 것이다. (실제로 조금 어긋나는 정도로도 몇 킬로미터 차이가 나서, 지도 앱이나 내비게이션에 재앙을 안겨줄 수 있다.)

특수상대성이론으로 여정을 시작한 아인슈타인의 시각적 이미지들은 우리의 목적에도 아주 중요하다. 자신의 순전히 정신적인 작업이 자연이 실제로 작동하는 방식과 일치하는 것으로 판명이 나자 아인슈타인 자신도 몹시 놀랐다. 블랙홀과 큰 중력이 존재하는 곳에서 시간이 느려지는 현상을 포함해 이 이론이 예견한 모든 것들이 사실로 드러났다. 또한 아인슈타인은 시간, 공간, 물질, 그리고 에너지가 서로 호환 가능함을 알아냈다. 이 발상 하나가 우리가 보고, 듣고, 맛보고, 만지고, 냄새 맡는 어떤 것도 믿을 수 없다는 주장과 함께 오감으로 이루어진 보통의 세계관을 퇴출시켰다.

독자들도 나름대로 이 사실을 시각화할 수 있다. 비탈길을 내려가는 기차에 타고 있다고 상상해보라. 창밖을 내다보니 평행하게 있는 또 하나의 선로 위에 또 한 대의 기차가 시야에 들어온다. 그런데 그 기차는 앞으로 나아가지 않고 있다. 따라서 당신의 눈에 보이는 기차는 정지해 있어야만 한다. 하지만 당신의 눈은 거짓말을 하고 있다. 사실은 당신의 기차와 옆 기차가 플랫폼을 기준으로 같은 속도로 움직이고 있는 것이다. 정신적으로 우리는 모두 우리의 감각들이 우리에게 말하는 이런 식의 거짓말에 익숙해져 있다. 태양이 동쪽에서 떠서 서쪽으로 진다는 거짓말에 익숙해 있다. 소방차가 사이렌을 울리면서 다가오면 사이렌 소리가 높게 들리고, 지나쳐서 멀어질 때는 음높이가 낮아진다. 하지만 정신적으로 우리는 사이렌 소리가 변하지 않았다는 걸 안다. 음높이가 실제보다 높거나 낮게 들리는 것은 우리의 귀가 하는 거짓말이다.•

다른 감각도 믿을 수 없기는 마찬가지다. 당신이 누군가에게 뜨거운 물 속에 그의 손을 집어넣을 거라고 말하고는 얼음물 속에다 급하게 넣어버리면, 대부분의 사람은 물이 뜨거운 양 비명을 지를 것이

• 옮긴이: 귀는 오로지 상대적 효과(음원과 귀 사이의 거리가 바뀌는 데 따른 음높이 변화)만을 들려주지, 진짜 소리인 사이렌의 절대 음높이를 들려주지 않는다는 의미에서 거짓이다.

다. 심리적 예상으로 인해 촉각이 실체에 대해 거짓된 그림을 만들어 낸 것이다. 당신이 생각하는 것과 당신이 보는 것의 관계는 두 가지 방식으로 작동한다. 본 것을 마음이 잘못 해석하거나 눈이 마음에 잘못된 스토리를 말하거나. (아는 사람이 들려준 일화가 생각난다. 남자가 퇴근 후 집에 돌아오니 아내가 "화장실 욕조에 엄청나게 큰 거미가 있으니 제발 치워줘요"라고 애원했다. 남자는 씩씩하게 2층 화장실로 올라가 욕조 앞에 드리워진 커튼을 열어젖혔고, 바로 그 순간 아래층에 있는 아내는 남편의 비명을 들었다. 그가 세상에서 가장 큰 거미라고 생각한 것을 본 순간이었다. 하지만 그날은 만우절이었고, 아내는 살아 있는 랍스터를 욕조 안에 갖다 놓은 것이었다!)

마음이 감각을 속이고 감각이 마음을 속일 수 있다면, 갑자기 현실은 덜 견고해진다. 외부의 현실이 우리가 이동하는 방식이나 우리가 어떤 중력장에 놓여 있느냐에 영향을 받는다면 어찌 이 외적 '현실'을 믿을 수 있겠는가? 아마도 아인슈타인은 양자역학이 등장하기 전의 그 누구보다, 어떤 것도 보이는 그대로가 아니라는 불편한 느낌을 주는 데 기여했다. 시간에 대한 그의 말을 인용해보자. "저는 과거와 미래는 정말이지 환영이며, 이 둘은 존재하는 것이자 존재하는 모든 것인 현재에 존재한다는 걸 깨달았습니다." 이보다 파격적인 주장은 상상하기 힘들 것이다. 아인슈타인 자신도 우리의 일상적인 세계를 수용하는 것이 실제로 얼마나 믿을 수 없는 것인지 불편해했다. 결국, 과거와 미래가 환영임을 받아들이면, 시간의 흐름이 전적으로 사실이라는 가정 위에 작동하는 세상은 붕괴될 것이다.

모든 것은 상대적인가?

아인슈타인의 상대성이론 최종본인 일반상대성이론은 2015년에 탄생 100주년을 맞이했지만, 뭐가 진짜고 뭐가 환영인지는 고사하고 근본적인 의미도 충분히 이해되지 않았다. 그 용어를 사용하지는 않지만, 우리는 일상생활 속에서 상대성의 개념에 어느 정도 익숙해져 있다. 당신의 아이가 벽에 낙서하고 바닥에 음식을 던지고 침대를 적시면, 이웃집 아이가 당신 집에 와서 똑같은 행동을 했을 때보다 훨씬 관대하게 대할 것이다. 또한 우리는 우리의 오감이 감지하는 것들에 관해 마음이 우리를 속이는 데도 익숙해져 있다. 예를 들어 파티에 초대를 받았는데 몇 차례의 강도 사건으로 재판을 받고 있는 누군가가 거기에 올 것이라는 얘기를 들었다고 가정해보자. 그 파티에서 그가 당신에게 다가와 아무 생각 없이 묻는다. "어디 사세요?" 이때 듣기 메커니즘을 통해 당신의 뇌 속에 도착한 소리는 다른 누군가가 같은 질문을 했을 때와는 전혀 다른 반응을 일으킬 것이다.

아인슈타인은 빛줄기 위에 올라탄 사람과 움직이는 다른 물체 위에 있는 사람에게는 동일한 물체가 같은 속도로 움직이는 것으로 보이지 않는다는 것을 마음의 눈으로 알 수 있었다. 그런데 속도는 일정 거리를 이동하는 데 걸리는 시간으로 측정되는 것이기에, 갑자기 시간과 공간 또한 상대적으로 되어야만 했다. 곧바로 아인슈타인이 펼친 일련의 논리가 복잡해지기 시작했다. 수학자들의 도움을 받아 자신의 이론에 정확한 공식을 찾기까지, 1905년에서 1915년까지 10년이 걸렸다. 이렇게 완성된 일반상대성이론은 한 개인의 마음이 성취한 업적 중에서 가장 위대하다고 칭송받았다. 그러나 아인슈타인이 공간,

시간, 물질, 에너지, 그리고 중력의 암호를 풀 수 있었던 것은 시각적 이미지의 '경험' 덕분이었음을 잊어서는 안 된다.

이것으로 당신이 자신의 경험을 통해 자신만의 현실을 창조하고 있음이 증명되는 것일까? 물론이다. 당신은 매 순간 당신만의 다양한 필터를 통해 현실에 관련된다. 그래서 당신이 사랑하는 사람은 누군가에게 싫은 사람이 될 수도 있고, 당신이 아름답다고 여기는 색을 누군가는 싫어할 수도 있으며, 당신에게 극단의 스트레스를 안겨주는 취업 면접이 자신감 넘치는 사람에게는 즐거운 일이 될 수도 있다. 그러므로 우리 모두가 현실을 창조하고 있기 때문에, 당신이 현실을 창조하고 있는지 아닌지는 바른 질문이 아니다. 진짜 질문은 어디까지 깊이 개입하는가이다. '저기 어딘가' 어떤 것이든 우리와 무관한 것이 진짜로 존재할 수 있을까?

우리가 내놓은 답은 "아니오"다. 하나의 소립자에서 수십억 개의 은하에 이르기까지, 빅뱅에서 우주의 종말까지, 실재한다고 알려진 모든 것은 관측과 관련이 있으며, 그렇게 인간 존재와 관련이 있기 때문이다. 우리의 경험 영역을 넘어서 뭔가가 존재한다면 우리는 그것을 영원히 알 수 없을 것이다. 우리는 지금 비과학적이거나 반과학적인 태도를 취하고 있는 게 아니라는 점을 분명히 하고자 한다. 아인슈타인이 마음의 눈으로 시간과 공간을 뒤엎을 이미지들을 보는 동안 양자물리학의 선구자들은 일상적인 현실을 훨씬 더 철저하게 해체하고 있었다. 상대성이론은 아인슈타인이라는 걸출한 천재 한 사람의 머릿속에서 대부분 탄생했지만(동료들의 도움을 조금 받긴 했다), 양자물리학은 유럽의 수많은 물리학자가 집단적으로 발전시켰다. 이제 견고한 물체도 에너지 구름으로 여겨졌고, 원자는 그 내부가 대부분 텅 비어 있는 것으로 관찰되었다(양성자를 실내 미식 축구장 한복판에 놓인 모래 한 알에 비유하면, 전자는 미식 축구장 천장 높이에서 궤도 운동을 하는 것에 해당한다).

아인슈타인이 살아 있을 때 터진 양자혁명quantum revolution은 '저기 어딘가'에 신뢰받고 있던 모든 것을 하나씩 전부 제거했다. 지성과 관련해서, 그 결과는 매우 충격적이었다. 영국의 물리학자이자 천문학자였던 아서 에딩턴Arthur Eddington이 양자 영역quantum domain의 기이함에 대해 깊이 생각하면서 남긴 유명한 말이 있다. "양자 영역은 알려지지 않은 무언가가, 우리가 알지 못하는 무언가를 하고 있는 곳이다." 일반적으로 이 말은 지나간 시대의 우스갯소리로 받아들여진다. 상대성이론이 실제로 현실과 일치한다는 첫 번째 증거의 일부를 제공한 에딩턴은 물리학자들이 우주의 모든 것을 설명하는 이론인 '모든 것의 이론Theory of Everything'을 겨냥하기 전에 살았다. 모든 것의 이론이 거의 완성 단계에 왔다고 생각하는 물리학자도 있다.

하지만 (에딩턴이 제법 잘했던) 그 우스갯소리를 심각하게 받아들여야 한다. 스티븐 호킹Stephen Hawking 같은 대가들도 모든 것의 이론을 어느 정도 포기하고 전체가 아니라 현실의 국소적 측면을 설명하는 좀 더 작은 이론을 그러모으는 데 안주했다. 그렇다면 현실이 너무나도 미스터리하여 우리 모두는 태어날 때부터 현실을 잘못 알고 살아왔다는 게 정말로 사실일 수 있을까?

양자와 관찰자 효과

상대성이론은 너무도 놀라워서 대중들의 상상 속에서는 물리학이 갈수 있는 데까지 간 것으로 보였지만, 사실은 전혀 그렇지 않다. 무엇이 실제로 존재하고 무엇이 그렇지 않은가에 대한 이야기는 양자혁명이라고 알려진 껄끄러운 전환을 가져왔는데, 이는 아인슈타인의 업적과 전혀 무관하게 일어난 것이 아니다. 블랙홀과 원자 분리와 같이 다양한 현상에 적용할 수 있는 $E=mc^2$에는 실로 엄청난 양의 정보가 담겨 있다. 하지만 어떤 의미에서 보면 $E=mc^2$에서 가장 놀라운 것은 수학적 등호(=)이다.

등호는 '같음'을 의미하는데 이 경우 에너지는 물질과 같고 물질은 에너지와 동일하다는 것이다. 우리의 오감이 느끼는 모래언덕, 유칼립투스 나무, 빵 조각(물질)과 번개, 무지개, 나침반 바늘을 움직이게 하는 자력(에너지)은 완전히 다른 것이지만, $E=mc^2$는 여러 번에 걸쳐 맞다고 증명되었다. 그렇지만 이로부터 뒤따르는 문제에 대해서는 같은 말을 할 수가 없다. 자연을 끝없이 변형되고 물질이 에너지로 변환될 수 있는 것으로 묘사함으로써, $E=mc^2$는 핵반응에서처럼 어떻게 물질이 에너지로 변환되는가라는 질문을 일으켰다.

자연의 기본단위인 에너지 덩어리, 즉 양자는 때로는 에너지처럼 행동할 때도 있고, 입자처럼 행동할 때도 있다. 모래언덕과 나무, 무지개로 이루어진 일상 세계의 존재를 깊이 신뢰하는 사람들에게는 별로 달갑지 않은 소식이다. 대표적인 사례로 빛을 들 수 있다. 빛이 에너지처럼 행동할 때는 파동처럼 행동하는데, 이 파동은 다양한 파장을 갖는 여러 개의 파동으로 이루어져 있다. 무지개와 프리즘은 태양의 백색광

이 실제로는 각각의 독특한 파장을 지닌 여러 색깔의 혼합체임을 증명한다. 하지만 빛이 물질처럼 행동할 때는 불연속 에너지 덩어리인 입자(광자)로 나타난다. 라틴어로 '얼마만큼'에 해당하는 것이 양자quantum인데, 이 이름은 1900년 12월에 양자혁명을 창안했고 1918년에 노벨상을 받은 물리학자 막스 플랑크Max Planck가 선택한 것이다. 간단히 말해서, 양자는 에너지의 가장 작은 양 또는 덩어리를 의미한다.

만약 $E=mc^2$가 – 아인슈타인 죽을 때까지 믿은 것과 같이 – 자연은 이론상 하나의 간단한 식으로 축소될 수 있음을 의미한다면, 상대성이론에서의 돌파구는 양자이론과의 양립할 수 없는 충돌로 향하고 있었다. 이 충돌은 지금까지도 물리학자들을 괴롭히고 있으며, 무엇이 현실이고 무엇이 현실이 아닌가에 대해서 불화를 일으켰다. 이 어려움은 표면상으로는 전 세계를 뒤흔들 만큼 심각하게 들리지는 않는다. 단순히 큰 것과 작은 것에 관한 것이다. 뉴턴의 사과에서부터 멀리 떨어진 은하에 이르는 모든 큰 물체는 아인슈타인의 일반상대성이론이 그래야 한다고 말하는 대로 행동한다. 하지만 양자와 아원자 입자subatomic particle처럼 더 작은 것들은, 아인슈타인의 표현에 의하면 기이하고 유령 같은 일련의 또 다른 법칙(양자물리학 법칙)을 따른다.

유령 같은 행동은 잠시 후에 다루기로 하고, 일단은 한 걸음 뒤로 물러나 큰 그림을 바라보자. 1920년대 말에 이르러 일반상대성이론과 양자물리학이 각자의 영역에서 놀라운 성공을 거두었는데도 서로 조화롭게 어울리지 못한다는 사실에 모두가 동의했다. 뜨거운 쟁점은 중력과 중력의 비선형적(시공간을 휘어지게 만드는) 효과였는데, 아인슈타인은 시각 이미지들을 사용해서 새로운 해법을 제시했고, 이는 중력이론에 대변혁을 일으켰다. 앞에서 언급한 자유 낙하하는 물체 외에 하나의 예가 더 있다. 아인슈타인은 위로 가속해서 올라가는 엘리베이터 안에 있는 사람을 떠올렸다. 이 사람은 몸이 무거워지는 듯한 느낌을 받지만, 엘리베이터 내부만 볼 수 있기에, 몸이 무거워지는 이유를 알 길이 없다. 그의 관점에서 볼 때 몸이 무거워진 것은 중력이 갑자기 강해졌기 때문일 수도 있고, 엘리베이터의 가속 운동 때문일 수도 있다. 둘 다 말이 된다. 그래서 아인슈타인은 중력이 힘force이라는 특권을 더는 갖지 못한다고 판단했다(중력 효과는 가속 운동에 의해서도 나타나므로 중력을 반드시 힘이라고 말할 수는 없다는 의미).

오히려 중력도 자연의 계속되는 변형의 일부여야만 한다. 이 경우 다른 것은 변형되는 것이 물질에서 에너지로 바뀐다거나 그 반대가 아니라는 것뿐이다. 중력은 변하지 않는 힘에서 장소마다 다른 공간과 시간의 곡률로 바뀌었다. 어느 겨울, 하얗게 쌓인 눈 위를 걸어간다고 상상해보라. 갑자기 미끄러져 눈 밑에 감춰져 있던 배수구에 빠진다. 눈 깜짝할 사이에 배수구 곡면을 따라 아래로 미끄러진다. 이때 당신이 미끄러지는 속도는 눈 위를 걸을 때보다 훨씬 빠를 것이고, 도랑의 바닥에 부딪혀서 몸이 멈출 때 당신은 몸무게가 늘어난 것을 알게 된다. 별이나 행성처럼 큰 물체 주변에서도 이와 비슷하게 공간이 휘어진다. 직선 경로를 따르는 빛이 그러한 물체 가까이 갔을 때, 아인슈타인은 공간의 곡률을 통해 중력이 빛의 경로를 휘게 한다는 이론을 세웠다. (1919년에 아인슈타인이 증명한 이야기는 엄청나게 흥미로운데 뒤에서 이를 다룰 것이다.)

단 한 방에 아인슈타인은 중력을 하나의 힘에서 시공간 기하학으로 이루어진 하나의 사실로 바꿔놓았다. 그러나 양자이론을 연구하는 물리학자들은 계속해서 여전히 중력을 자연에 존재하는 네 가지 기본 힘

중 하나로 간주한다. 중력을 제외한 나머지 힘들(전자기력, 강한 핵력, 약한 핵력)은 빛과 마찬가지로 어떨 때는 파동처럼, 또 어떨 때는 입자처럼 작용하는 것으로 관찰되는데, 누구도 중력파gravity wave나 중력 입자gravity particle(이미 중력자graviton라 명명했다)를 발견하지 못했다. 그래서 지난 2015년 말의 중력파 확인은 엄청나게 흥미로운 뉴스였다.

아인슈타인의 일반상대성이론은 중력파의 존재를 예견했지만, 놀랍게도 당시에는 누구도 검출 방법에 대해 추측조차 할 수 없었다. 중력파는 너무 약하기 때문에 고도로 정밀한 첨단 기술로도 검출할 수 없는 것처럼 보였다. 가장 단순한 형태로, 빅뱅이 137억 년 전 공간 구조fabric of spaces를 관통하여 잔물결을 보내는 것을 그려볼 수 있는데, 이런 파동을 검출하려는 시도는 항상 여러 문제에 부딪혔다. 하나가 우주배경복사cosmic background radiation가 일으키는 간섭인데, 중력파만을 딱 짚는 것은 거친 바다에 조약돌 하나를 떨어뜨려서 조약돌이 만들어낸 물결만 골라내는 작업과 대략 비슷하다.

그러던 중 레이저 간섭계 중력파 관측소Laser Interferometer Gravitational-Wave Observatory(LIGO)라는 이름의 프로젝트가 진행되었다. 이 프로젝트는 원자핵 반지름의 1,000분의 1에 해당하는 미세한 변화까지 감지하는 2킬로미터의 거대한 측정 장치를 만들겠다는 야심 찬 목표에 따라 추진되었다. 꼭 빅뱅은 아니어도 우주의 수많은 파장에서 중력파 신호를 포착하기 위해서다. 이론적으로 중력파의 물결은 바깥 우주에서 일어나는 대참사에 의해서도 발생할 수 있다.

2015년 9월, LIGO가 가동된 지 며칠이 지난 어느 날, 13억 년 전에 두 개의 블랙홀이 충돌하면서 발생한 중력파가 지구 근처를 지나다 우연히 LIGO에 감지되었다. 이런 사건이 발생하면 시공간에 잔물결이 광속으로 전달된다. LIGO의 성공은 우주를 관측하는 새로운 방식이 시작되었음을 뜻한다. 중력파는 별을 통과할 수 있는데, 이로 인해 우리가 볼 수 없던 그 별의 내부가 드러난다. 우주론자들은 그 덕에 블랙홀의 형성과 같은 매우 초기의 우주에 대해 새로운 통찰을 제시할 수 있을 것이다.

그렇지만 중력파는 현대 과학이 놓여 있는 더 큰 상황과는 관련이 없다. 중력파는 우리가 현실을 보는 패러다임을 실제로 전환시킬 수도 있는 미제의 미스터리로부터 관심을 돌리는 역할을 할 뿐이다. 우선 첫째로 중력파의 확인은 우주를 이해하는 데 놀라운 것도, 돌파구도 아니었다. 중력파는 거의 한 세기나 된 예측을 증명한 것이고, 대부분의 물리학자는 중력파가 존재하리라고 충분히 예상했다. 우주가 새로운 현상을 일으킨 게 아니다.

대부분의 물리학자는 물리학이 말하는 현실에 여전히 균열이 있음을 알게 될 것인데, 이 균열은 우리를 놀라운 가능성의 세계로 인도한다. 머릿속에서 흘러가는 일상적인 생각의 흐름을 비롯하여 우리의 마음은 '저기 어딘가'의 현실에 영향을 주고 있는지도 모른다. 아마도 이것이 작은 것들이 큰 것들의 방식대로 행동하지 않는 이유일지도 모른다. 예를 들어보자. 마음의 눈으로 레몬을 그려보라. 오돌토돌하고 윤기가 흐르는 노란 껍질을 보라. 이제 칼로 레몬을 반으로 잘라보자. 칼이 레몬의 엷은 과육을 자르면 레몬 과즙의 작은 입자들이 밖으로 찍 나온다.

이 모습을 마음속에 그릴 때 입안에 침이 고였는가? 예상된 반응이다. 이유는 간단하다. 머릿속에 레몬을 떠올리는 행위와 레몬을 실제로 보는 행위가 우리 몸에 같은 반응을 불러일으키기 때문이다. 이것은 '여기 이곳'에서 일어난 사건이 '저기 어딘가'의 사건을 유발하는 사례 중 하나다. 두뇌의 명령을 침샘으로 전달하는 분자는 레몬이나 바위, 나무 속 '저기 어딘가'에 있는 분자와 다르지 않다. 결국, 우리 몸은 외부 물체와 동일한 지위를 가진다. 우리는 마음이 물질에 미치는 이와 비슷한 재주를 계속해서 피운다. 모든 생각은 두뇌에 물질적 변화를 일으키는데, 그 변화는 우리 유전자의 활동까지 내려간다. 수십억 개의 뉴런을 따라 마이크로볼트(100만 분의 1볼트) 단위의 전기가 흐르고, 뇌세포를 분리하는 시냅스synapse(또는 간극)에서는 화학반응이 일어난다. 이 일련의 사건들은 자동으로 일어나지 않는다. 우리가 세상을 경험하는 방식에 따라 바뀐다.

관찰이라는 행동, 그저 바라보는 것조차 수동적이 아니라는 이 발견을 통해 '마음이 물질을 지배한다'는 생각이 물리학을 뒤엎었다. 지금 당장 방을 돌러본다고 해서 당신이 관찰하는 물건들(벽, 가구, 조명, 책)이 달라지지는 않는다. 당신이 바라보는 것은 아무 영향을 주지 않는 것으로 보인다. 하지만 '여기 이곳'에서 진행되고 있는 것에 관한 한, 영향을 주지 않는 바라보기는 있을 수 없다. 당신의 눈이 다른 물체를 바라봄에 따라, 당신 두뇌 속 시각피질의 활동을 변경시키고 있기 때문이다. 만일 당신이 우연히 구석에 있는 쥐를 본다면, 머릿속에 다양한 활동이 일어날 것이다. 그런데도 우리는 사물을 바라보는 것이 '저기 어딘가'에서 일어나는 일에 영향을 주지 않는다는 걸 당연하게 여긴다. 이 점에서 양자역학이 분란을 일으킨 것이다.

큰 것에서 작은 것으로 나아가, 광자, 전자, 기타 아원자 입자들을 관찰하면 관찰자 효과observer effect라고 알려진 불가사의한 현상이 일어난다. 앞서 말한 대로 광자를 비롯한 소립자들은 파동처럼 행동할 때도 있고 입자처럼 행동할 때도 있지만, 두 가지 특성을 동시에 가질 수는 없다. 양자이론에 의하면 광자와 전자는 관측되지 않는 한 파동처럼 행동한다. 그런데 파동의 한 가지 특성은 모든 방향으로 퍼져나간다는 것이기에, 하나의 광자가 파동 같은 상태일 때는 그 광자의 정확한 위치라는 것은 존재하지 않는다. 그러나 광자나 전자는 누군가에게 관측되자마자 입자처럼 행동하는데, 전하와 운동량 같은 특성은 물론이고 구체적인 위치까지 보여준다.

양자의 행동을 설명하는 데 없어서는 안 되는 두 개의 원리인 상보성원리complementary principle와 불확정성원리uncertainty principle는 나중에 다루기로 하고, 지금은 '저기 어딘가'에 존재하는 매우 작은 것들이 단순히 바라보는 행위, 즉 정신적 행위만으로 달라질 수 있는지에 집중해보자. 우리는 무언가를 바라보는 것은 다분히 소극적인 행동이라고 가정하는 데 너무나 익숙해 있기에, 상식적으로 이를 받아들이기가 어렵다. 모서리에 있는 쥐를 떠올려보자. 쥐가 당신과 마주치면 잠시 행동을 멈췄다가 언제 닥칠지 모를 공격을 피하기 위해 재빨리 도망갈 것이다. 당신이 바라보는 것을 쥐가 느꼈기 때문인데, 이는 당신의 바라보기가 쥐에게 특정 반응을 유도한 것이다. 그렇다면 광자나 전자도 과학자가 자신을 바라보는 것을 느낄 수 있을까?

과학자들은 이 질문이 말도 안 된다고 여길 것이다. 대다수 과학자는 적어도 일련의 다행스러운 사건으로 인간 생명이 지구에서 진화되기 전까지는 자연에는 마음이라는 것이 존재하지 않았다고 생각한다. 자연은 무작위적이고 마음이 없다는 것이 수 세기 동안 진리라 여겨졌다. 그런데 현시대의 저명한 물리학자 프리먼 다이슨Freeman Dyson 같은 사람이 어떻게 다음과 같은 말을 할 수 있을까?

실험실의 원자는 이상한 것들이다. 무생물이 아니라 스스로 움직이는 활성체active agent처럼 행동한다. 이들은 양자역학의 법칙에 따라 예측할 수 없는 방법으로 둘 중 하나의 가능성을 선택한다. 선택할 수 있는 능력을 보인다는 점에서 모든 원자에는 어느 정도 마음이 내재해 있는 것으로 보인다.

다이슨의 말은 두 가지 면에서 매우 대담한 발언이다. 그는 원자가 무언가를 선택한다고 주장하는데, 그러려면 마음이 있어야 한다. 그는 또한 우주 자체가 마음을 나타내 보인다고 말한다. 거대한 사물이 작동하는 방식과 작은 사물이 작동하는 방식이 이로 인해 한 방에 연결된다. 원자가 구름, 나무, 코끼리, 식물과 전혀 다르게 행동하는 게 아니라 단지 다르게 '보일' 뿐이다. 햇빛에 드러난 공기 중의 먼지 알갱이들은 완전히 무작위로 움직인다고 움직이는 물체에 관한 물리학은 묘사할 것이다. 하지만 또 다른 시각화로 이 상황이 한층 더 명확해진다.

당신이 엠파이어스테이트빌딩의 전망대에 올라갔다고 상상해보자. 당신 옆에는 물리학자가 있다. 두 사람 모두 거리를 내려다보고 있다. 갈림길마다 자동차들은 좌회전을 하거나 우회전을 한다. 이것이 과연 무작위로 일어날까? 물리학자는 "예스!"라고 답한다. 일정 시간 동안 통계를 내보니 좌회전한 차량과 우회전한 차량의 수가 같다. 더군다나, 모퉁이로 오는 다음 차가 좌회전을 할지 우회전을 할지 확실하게 예측할 수 있는 사람은 없다. 확률은 50대 50이다. 그런데 당신은 이 경우 겉모습이 우리를 속이고 있다는 걸 알 수 있다. 차 안의 운전자마다 그들이 좌회전(또는 우회전)을 한 데는 그럴 만한 이유가 있을 것이기에, 어떤 회전도 무작위 운동으로 간주할 수 없다. 선택choice과 우연chance의 차이를 알아야 한다.

　과학계에서는 우연이라는 개념이 매우 지배적이어서 물리적 사물과 관련해서 선택의 가능성을 언급하는 것은 터무니없다고 여긴다. 지구를 예로 들어보자. 지구에 존재하는 철처럼 무거운 원소 및 그보다 무거운 모든 원소(보통 금속과 우라늄, 플루토늄 같은 방사성 원소들)는 초신성supernova이라고 알려진 거대한 별이 폭발할 때 생성되었다.

　이런 폭발이 없었다면 우리 태양 같은 평범한 별 내부의 엄청난 열조차 원자들을 묶어 더 무거운 원소를 만들기에는 충분하지 않다. 초신성이 폭발하면, 이 무거운 원소들은 성간먼지interstellar dust가 된다. 이 먼지가 모이면 구름이 되는데, 우리의 태양계에서는 이들이 뭉쳐서 행성이 만들어졌다. 지구의 중심부는 액체 상태의 철로 이루어져 있는데 그 안의 대류 현상 때문에 철의 일부가 지표면 근처로 올라온다. 약간의 철이 바다나 토양 상부로 빠져나오는 것이다. 여기에서 인류는 철을 얻었다. 철은 피를 빨갛게 보이게 하고, 혈액 속의 산소를 운반하여 호흡을 가능케 한다.

　태양 빛 속에 떠다니는 먼지 티끌은 은하들 사이를 무작위로 떠다니는 별 먼지와 똑같지만, 그들 중 일부는 매우 특별한 운명을 맞이했다. 어떤 먼지는 지구에서 생명에 필수적인 요소가 됐다. 인간인 당신은 목적, 의미, 경향, 그리고 의도를 갖고 행동한다. 이는 무작위와 완전히 반대다. 무작위로 움직이던 원소들이 어떻게 무작위가 아니게 되었을까? 아무런 목적도 없이 떠돌던 먼지들이 어떻게 우리 삶에서 의미 있는 온갖 것들을 추구하는 수단인 인간 육체가 될 수 있었을까? 프리먼 다이슨이 옳다면 이 질문의 답은 마음mind이다. 작은 물체와 큰 물체가 마음을 통해 연결되어 있다면, 우주의 모든 사건을

'무작위'와 '작위'로 분류하는 식으로는 핵심에 도달할 수 없다. 중요한 것은 마음이 어디에나 있을 수 있으며, 우리의 삶이 마침 이 사실을 반영하고 있다는 것이다.

시인, 탈출구를 찾아내다

아인슈타인은 엄청나게 위대한 정신의 상징이 되었다. 그래서인지 사람들은 대부분 그가 30대 중반에 이루어낸 일반상대성이론이라는 위대한 승리 이후, 현대 물리학의 흐름에서 벗어났다는 사실을 알지 못한다. 바로 양자역학의 결론을 받아들이지 않은 것이다. 신이 주사위 놀이를 했다는 걸 믿지 않는다는 유명한 말을 했을 때, 그가 의미한 것은 양자적 행동의 불확실성과 무작위성을 반대한다는 것이었다. 그는 평생 균열, 구멍, 분열 없이 작동하는 하나의 통합된 창조를 믿었다.

아인슈타인은 1955년 세상을 떠날 때까지 두 개가 아닌 하나의 현실만 존재한다는 개념을 증명하기 위해 고군분투했지만, 이는 주류 물리학에서 너무나 동떨어진 것이어서 아인슈타인은 1930년대 이후 더 이상 주된 사상가로 여겨지지 않았다. 그의 열렬한 추종자들조차 솔직할 때는 그런 위대한 정신의 소유자가 이룰 수 없는 환상을 좇아 수십 년을 보냈다며 고개를 가로저었다. 그런데 한번은 상대성과 양자역학에 의해 제기된 함정에서 벗어나는 방법에 대한 힌트가 아인슈타인에게 주어졌다. 탈출 경로는 과학이 아니라 시詩에 있었다.

1930년 7월 14일, 전 세계의 기자들이 카푸스Caputh(도시의 분주함에서 벗어나려는 부자들이 좋아하는 베를린 외곽 마을)에 있는 아인슈타인의 집 앞에 모여들었다. 그 당시 한창 명성을 떨치던 위대한 인도의 시인 라빈드라나드 타고르Rabindranath Tagore가 카푸스에 있는 아인슈타인의 집을 방문했기 때문이다. 1861년에 벵골족의 한 가문에서 태어난(아인슈타인보다 열여덟 살 많은) 타고르는 1913년에 노벨 문학상을 받으며 서구 사상계에 혜성같이 등장했다. 그는 철학자이자 음악가이기도 했고, 일부 서양인들은 그를 인도 영성 전통의 화신으로 보았다. 대중에게 알려진 대로(그리고 아마도 맞는 말일 텐데) '세상에서 가장 위대한 과학자'인 아인슈타인을 타고르가 방문한 목적은 현실의 본성을 논의하기 위해서였다.

당시 과학이 종교의 세계관에 심각한 의문을 제기했을 때, 타고르의 독자들은 그가 친밀하고 신비로운 방식으로 고차원 세계와 연결되는 걸 즐긴다고 느꼈다. 오늘날 타고르의 시를 조금만 읽어봐도 정말로 그런 인상을 받는다.

이 극심한 고통이 안에서 느껴지네
내 영혼이 밖으로 나가려는 것인가
아니면 세계 영혼*이 내 안으로 들어오려는 것인가?

흔들리는 나뭇잎에 내 마음 떨리고
햇살에 닿아 내 가슴은 노래 부르네

* 옮긴이: 세계 영혼Anima mundi은 흔히 우주 영혼이라고도 하는데, 몇 개의 사상 체계에서는 지구상의 살아 있는 모든 것이 본질적으로 연결되어 있음을 가리킨다. 영혼이 사람의 몸에 연결되어 있듯이 생명이 우주와 연결되어 있다고 생각한다.

내 삶은 만물과 함께
푸른 공간과 어두운 시간 속으로 기꺼이 흘러가네

바로 7월의 그날 두 사람의 대화는 후손들을 위해 녹음되었고, 시간이 흐를수록 아인슈타인은 타고르의 세계관에 호기심 이상의 관심을 보였다. 대안이 될 수 있는 또 하나의 현실관이 지닌 매력에 눈을 뜬 것이다.

아인슈타인이 첫 질문을 던졌다, "이 세상과 단절된 신성한 존재가 있다고 믿습니까?"

타고르는 미사여구 가득한 인도식 영어로 놀라운 답을 들려주었다. "신성한 존재는 이 세상과 분리되어 있지 않습니다. 인간의 무한한 특성은 우주를 충분히 이해합니다. 인간적 특성human personality이 품을 수 없는 것은 존재하지 않습니다. … 우주의 진리는 곧 인간의 진리이기도 합니다."

그러고는 과학과 종교의 결합이라는 주제를 다음과 같이 은유적으로 제시했다. "물질은 양성자와 전자로 이루어져 있고,● 그 사이는 공백입니다. 그 공간 속에 양성자와 전자를 통합하는 연결고리가 없는데도 물질은 견고한 것처럼 보입니다. … 전체 우주는 유사한 방식으로 개인으로서의 우리 각자와 연결되어 있습니다. 이것을 '인간적 우주human universe'라고 합니다."

타고르는 '인간적 우주'라는 간단한 문구로 물질주의적 세계관에

● 옮긴이: 이 만남이 이루어진 1930년에는 아직 중성자가 발견되지 않았다.

궁극적인 이의를 제기했고, 신성한 우주라는 소중한 믿음을 약화시켰다. 물질주의에 따르면, 인간은 수천억 개의 은하에 점처럼 흩어져 있는 수많은 행성에서 우연히 탄생한 창조물에 불과하며, 종교적 세계관을 가장 문자 그대로 해석하면 신의 마음은 인간의 마음을 무한히 넘어선 곳에 존재한다. 그러나 타고르는 둘 다 신뢰하지 않았고, 아래 대화에서 볼 수 있듯이 아인슈타인은 곧바로 매료되었다.

> 아인슈타인 우주의 본질에 대해서는 두 개의 서로 다른 이해가 존재합니다. 인간의 영향을 받는 단일 세계와 인간과 무관한 현실 세계가 바로 그것이지요.

타고르는 둘 중 하나를 선택하라는 제안을 거부했다.

> 타고르 우리의 우주가 인간과 조화를 이룰 때, 영원한 존재the eternal, 우리는 이것이 진실임을 알게 되고, 우리는 이를 아름다움으로 느끼게 됩니다.
> 아인슈타인 그건 우주에 대한 순전히 인간적인 이해입니다.
> 타고르 그 외에 다른 이해는 있을 수 없습니다.

타고르는 대화 중에 시인 특유의 공상을 펼치지 않았고, 심지어 신비주의적 교리를 언급하지도 않았다. 그는 늘어진 도포와 길게 자란 수염에도 불구하고 70년 동안 과학적 세계관을 받아들이려 애쓴 끝에, 더 깊고 더 진리에 가까운 것으로 과학을 반박할 수 있다고 느꼈다.

타고르　　이 세계는 인간의 세계입니다. … 우리와 별개인 세계는
　　　　　존재하지 않습니다. 이 세계는 우리의 의식에 따라 그 현
　　　　　실이 달라지는 상대적 세계입니다.

의심의 여지 없이, 아인슈타인은 '인간적 우주'의 의미를 이해했다.
그는 비웃거나 깎아내리려 하지 않았다. 하지만 받아들일 수도 없었
다. 가장 날카로운 대화가 바로 뒤따랐다.

아인슈타인　그렇다면 진실이나 아름다움도 인간과 무관하지 않다는
　　　　　　말인가요?
타고르　　　그렇죠.
아인슈타인　만일 인간이 더는 존재하지 않는다면 '벨베데레의 아폴
　　　　　　로Apollo Belvedere'(바티칸 궁전에 있는 유명한 아폴로 대리석
　　　　　　상)도 더는 아름답지 않겠군요.
타고르　　　그렇습니다!
아인슈타인　아름다움에 관한 선생님의 이해에는 동의하지만, 진리에
　　　　　　관해서는 동의하기 어렵군요.
타고르　　　왜요? 진리도 결국은 인간을 통해 구현됩니다.
아인슈타인　제 이해가 옳다는 것을 증명할 수는 없지만, 그게 저의
　　　　　　종교입니다.

진리가 인간과 무관하게 존재한다는 것은 객관적 과학의 초석이다.
그런데도 아인슈타인은 자신은 증명할 수 없다고 매우 겸손하게 말했
다. 굳이 인간이 없어도 수소 원자 두 개와 산소 원자 한 개가 결합하

면 물(H_2O)이 되고, 성간먼지는 중력으로 뭉쳐 별이 된다. '종교'라는 재치 있는 말을 사용하여 사실 아인슈타인은 "증명할 수는 없지만, 나는 객관적 세계가 실재한다고 믿는다"는 말을 한 것이다.

두 위대한 정신이 나눈 유명한 대화는 이제 거의 잊혔다. 그러나 이 대화는 놀라울 정도로 예언적이었다. 우리 인간에 의해 존재하게 되는 인간적 우주가 요즘 크게 다가오니 말이다. 우리가 현실의 창조자라는, 전혀 일어날 수 없을 것 같은 일도 더는 공상이 아니다. 결국 믿거나 믿지 않거나 역시 인간의 창조물이다.

YOU ARE THE UNIVERSE

1

궁극의
미스터리

1

빅뱅 이전에는
무엇이 있었을까?

˅

시간과 공간이 구겨진 옷처럼 휘어지기 시작했지만, 물리학자들은 공황 상태에 빠지지 않았다. 시간과 공간이 제아무리 크게 휘어져도 부러지거나 끊어질 가능성은 아직 존재하지 않았기 때문이다(시간과 공간을 절단하는 블랙홀이 제기된 것은 나중이다). 또한 뛰어난 방정식들이 현실을 보존하기 위해 고안되었는데, 사용된 수학이 너무 난해해서 대중이 매우 충격적인 그 이론들을 접할 일은 없었다. 하지만 빅뱅이론big bang theory이 출현하면서 모든 것이 달라졌다. 한순간에 시간이 두 조각으로 분리된 것이다. 빅뱅과 함께 등장한 시간(우리가 알고 있는 시간) 외에, 우주 바깥에 또 다른 시간(초자연적 시간? 전前 시간? 비非 시간?)이 존재했다.

우리 우주 바깥의 실체가 어떤 모습인지를 그려볼 수 있을까? 우선

편의를 위해, 다음과 같이 질문을 바꿔보자. "빅뱅 이전에는 무엇이 있었을까?" 이럴 때는 가상의 타임머신을 타고 137억 년 전으로 날아가는 걸 시각화하는 것이 최선이다. 이 우주의 탄생이 시작된 상상할 수 없는 폭발에 가까이 갈수록, 우리의 타임머신은 극단적인 위험에 노출된다. 엄청 뜨거웠던 초기 우주가 식어 최초의 원자들이 형성될 때까지는 수십만 년이 걸렸다. 하지만 우리의 타임머신은 처음부터 상상 속의 물건이어서, 이런 엄청 뜨거운 공간에 들어가도 녹아내리거나 소립자로 분해되지 않는다.

빅뱅 몇 초 후, 아니면 그보다 먼저, 우리는 고지 근처에 왔다고 느낀다. '초'는 시간이 존재한다는 뜻이고, 이제 빅뱅 후 수백만 분의 1초, 수십억 분의 1초, 더 나아가 수조 분의 1초까지 쪼개는 일만 남았다. 인간의 두뇌는 이렇게 짧은 시간을 인지할 수 없지만, 타임머신에는 찰나의 시간을 인간이 인지 가능한 시간으로 변환해주는 고성능 컴퓨터가 있다. 결국 우리는 상상할 수 있는 가장 작은 시간 단위(그리고 공간 단위)까지 접근하는 데 성공한다. "그대의 손바닥에 무한을/ 그리고 한 시간에 영원을 담는다"는 윌리엄 블레이크William Blake의 유명한 시구가 현실로 구현되는 순간이다(물론 한 시간은 엄청 길지만). 이 시점에 도달하면 우주는 무한히 작아지고, 과부화된 컴퓨터는 아무것도 계산할 수 없는 지경에 놓인다.

상황을 판단하는 모든 기준이 사라졌다. 태초에는 오늘날 우리가 관찰하는 것과 같은 종류의 물질은 없었고 소용돌이치는 혼돈만이 있었다. 이 혼돈 속에는 우리가 자연법칙이라고 부르는 그런 종류의 규칙은 없었을 것이다. 규칙이 없으니 시간도 무너져 내린다. 타임머신의 선장은 승객들에게 위급한 상황을 알리려 하지만 유감스럽게도 몇 가지 이유로 불가능하다. 시간이 붕괴되어 '이전'과 '이후' 같은 개념이 사라졌기 때문이다. 선장에게 우리는, 지구를 특정 시간에 떠나 빅뱅 때 도착한 것이 더 이상 아니다. 사건들이 상상할 수 없는 방식으로 모두 엉겨 붙었다. 또한 승객들은 "나 좀 여기서 꺼내주세요!"라고 외칠 수도 없다. 공간 전체가 녹아서 '안'과 '밖'이 쓸모없는 개념이 되었기 때문이다.

가상의 타임머신은 아닐지 몰라도, 창조의 바로 문턱에서 일어나는 이 붕괴는 진짜다. 시간을 아무리 잘게 쪼개도 일상적인 방법으로는 빅뱅의 문턱을 넘어설 수 없다. '모든 곳에서 일어나는' 빅뱅은 우리가 비행하여 도착할 수 있는 어떤 곳이 아니기 때문이다.

우리에게 주어진 선택은 두 가지다. "빅뱅 이전에는 무엇이 있었을까?"라는 질문이 답할 수 없는 난제임을 인정하거나, 답을 알아낼 수 있는 아주 특별한 방법을 개발하는 것이다. 한 가지 확실한 것은 시간과 공간이 시간과 공간 속에서 발생하지는 않았다는 것이다. 이는 다행한 일인데, 기이한 답도 그리 이상하지 않은 곳에서 나타났다. 사실 답은 기이할 수밖에 없다. 이 점을 염두에 두고 우주의 수수께끼들을 시작해보자.

미스터리 파악하기

'이전'과 '이후'는 시공간의 틀 속에서만 의미를 갖는 개념이다. 인간은 걷기 전에 태어났고, 중년을 거친 후 노년을 맞이한다. 그러나 우주의 탄생에는 이런 논리를 적용할 수 없다. 대부분의 이론에서 시간과 공간은 빅뱅과 함께 나타났다고 주장한다. 이것이 사실이라면(유일한 가설이 아니라 수많은 가능성 중 하나일 뿐이다) 진짜 질문은 "시간이 흐르기 전에는 무엇이 존재했는가?"이다. 이것이 처음의 설명(시간과 공간이 빅뱅과 함께 나타났다)보다 나은가?

아니다. '시간이 시작되기 전'이라는 말은 '설탕이 달지 않았을 때'와 같이 그 자체로 모순이다. 지금 우리는 불가능한 질문의 영역으로 곧장 들어왔지만, 미리 포기할 필요는 없다. 루이스 캐럴Lewis Carroll의 소설 《거울나라의 앨리스Through the Looking-Glass》에서 앨리스와 레드퀸이 나누는 대화에는 양자역학의 핵심이 잘 반영되어 있다. 앨리스가 자신이 태어난 지 7년 6개월 됐다고 알리자, 여왕은 자신이 태어난 지 101년 5개월 하고 하루 되었다고 응수한다.

앨리스   도저히 못 믿겠어요!

레드퀸   (측은한 어조로) 그래? 다시 한번 해봐. 숨을 길게 내쉬고 눈을 감는 거야.

엘리스   (웃으며) 그래도 소용없어요. 불가능한 걸 믿을 수는 없어요.

레드퀸   훈련을 별로 하지 않은 것 같구나. 내가 네 나이 땐 매일 30분씩 했단다. 가끔은 아침을 먹기 전에 무려 여섯 가지 불가능한 일을 믿는 연습을 했단다.

양자 행동quantum behavior은 우리가 불가능한 것들에 훨씬 더 관대해지길 강요한다. 빅뱅이 일어나는 순간에는 평범한 것이 하나도 없다. 당시의 상황을 이해하려면 소중히 여기던 믿음 중 일부를 다시 검토하여 버려야만 한다. 우선 빅뱅은 우주의 시작이 아니라 '현재' 우주의 시작임을 깨달아야만 한다. 일단 지금의 우주가 다른 우주에서 탄생했는지를 무시하더라도, 물리학으로는 우주의 완전한 시작점에 도달할 수 없다. 측정을 하려면 측정 대상이 있어야 하는데, 우주 탄생 맨 처음에는 어떤 종류의 질서도 없이, 즉 물질도, 시공간 연속체도, 자연의 법칙도 없이 무한히 작은 '무언가'의 조각이 존재할 뿐이었다. 간단히 말해서 혼돈 그 자체였다는 뜻이다. 이런 상상할 수 없는 상태 속에 훗날 수천억 개의 은하로 진화하게 될 모든 물질과 에너지가 응집되어 있었다. 빅뱅 이후 순식간에 상상할 수 없는 속도로 팽창이 가속되었다. 이 팽창(인플레이션)은 10^{-36}초(소수점 아래로 0이 35개 이어지다가 36번째 자리에 비로소 1이 등장하는 수)에서 약 10^{-32}초까지 지속되었는데, 이 팽창이 끝났을 때 우주는 크기가 10^{26}배로 커졌고 온도는 인플레이션 이전의 10만 분의 1 정도로 낮아졌다. 오늘날 흔히 받아들여지는(하지만 결코 최종적인 건 아니다) 우주의 탄생 시나리오는 다음과 같다.

- 10^{-43}초 – 빅뱅
- 10^{-36}초 – 초고온 상태에서 우주는 빠르게 팽창하여(우주 인플레이션으로 알려져 있다) 원자 하나만 했던 우주가 포도알만큼 커졌다. 그러나 원자와 빛은 아직 존재하지 않았고, 혼돈에 가까운 상태에서 물리상수와 자연의 법칙은 항상 변화하고 있었다고 추정된다.
- 10^{-32}초 – 여전히 상상할 수 없을 정도로 초고온 상태이지만 우주는 전자와 쿼크quark를 비롯한 입자들로 끓어오른다. 이전의

팽창이 느려지거나 잠시 멈췄는데, 이 부분은 완전히 이해되지
는 않았다.

- 10^{-6}초 – 온도가 크게 내려가면서 유아기 우주는 이제 양성자
  proton와 중성자neutron를 낳는다. 양성자와 중성자는 쿼크들이
  결합되어 만들어진다.
- 3분 – 하전입자●들이 존재하지만 원자는 아직 형성되지 않았
  고, 빛은 어두운 안개를 벗어날 수 없어 우주 전체가 어두웠다.
- 30만 년 – 우주가 충분히 식어서 전자, 양성자, 중성자가 결합하
  여 수소와 헬륨 원자가 형성되기 시작하고, 빛은 이제 탈출할 수
  있어서 얼마나 멀리 가느냐에 따라 관측 가능한 우주의 바깥 경
  계인 '사건의 지평선event horizon'이 결정된다.
- 10억 년 – 수소와 헬륨이 중력에 의해 뭉치면서 구름이 되었고,
  이로부터 별과 은하가 탄생하게 된다.

이 시간표는 빅뱅 때 생성된 운동량에 기초한 것으로, 우주가 원자
와 비슷한 크기였을 때도 훨씬 훗날인 오늘날 관측 가능한 수십억 개
의 은하를 만들어낼 정도로 운동량은 충분했다. 은하들은 상상할 수
없는 태초의 폭발 뒤에 일어난 팽창에 의해 계속해서 서로 멀어진다.
그 후에도 복잡한 사건이 수없이 많이 일어났는데, 이 책에서는 위의
대략적인 내용만 알면 충분하다(책 전체가 오로지 우주 탄생의 처음 3분만
을 다루는 경우도 더러 있다).

- 옮긴이: 전기전하를 띤 입자.

우리는 다이너마이트나 화산이 폭발하는 과정을 머릿속에 그릴 수 있으므로, 우주가 대폭발로 탄생했다는 빅뱅이론은 현실에 대한 상식적 견해에 잘 맞아떨어지는 것처럼 보인다. 하지만 이런 식의 이해는 허술하다. 사실 빅뱅 후 처음 몇 초 동안 일어난 사건들은 시간과 공간, 물질, 그리고 에너지와 관련하여 생각할 수 있는 거의 모든 것에 대해 의문을 낳았다. 우리 우주의 출현에 관해 가장 큰 미스터리는 어떻게 무無에서 유有가 창조되었는가인데, 누구도 이것이 어떻게 일어났는지를 진정으로 이해할 수는 없다. 한편으로 '무無'는 어떠한 형태의 관측으로도 도달할 수 없다. 다른 한편으로는 유아기 우주는 원자도, 빛도, 심지어 자연의 네 가지 기본 힘(전자기력, 강한 핵력, 약한 핵력, 중력)도 존재하지 않는 완전히 낯선 상태의 혼돈이었다.

이 미스터리는 피할 수도 없다. 같은 창조의 과정이 바로 지금도 그리고 항상 아원자 수준에서 계속되고 있기 때문이다. 창조는 현재형이다. 우주를 구성하는 입자들인 아원자 입자들은 이 순간에도 계속 존재와 비존재 상태를 깜박거린다. 마치 우주적 온-오프 스위치처럼 무(소위 말하는 진공 상태)를 물체로 바글거리는 대양으로 변하게 하는 메커니즘이 있다. 현실에 대한 우리의 상식적인 관점에서 보면 우주의 별들이 춥고 텅 빈 공간 속에서 표류하는 것 같지만, 사실 이 공간은 창조적 가능성으로 가득 차 있다. 우리는 이 창조적 가능성이 우리 주변에서 온통 일어나고 있음을 보게 된다.

이미 이 주제는 점차 추상적이 되다가 헬륨 풍선처럼 허공으로 날아가버릴 준비가 된 것처럼 느껴진다. 우리는 그런 일이 일어나길 원치 않는다. 우주의 모든 미스터리에는 사람의 얼굴이 있다. 예를 들어 한 여름날 잔디밭의 의자에 앉아 있다고 상상해보자. 따뜻한 산들바람에 졸음이 밀려오고, 마음은 반쯤 보이는 이미지와 반쯤 알아차린 생각으로 가득하여 몽롱하다. 그런데 갑자기 누군가가 "저녁 식사로 무엇을 드시겠습니까?" 하고 물었고, 당신은 눈을 뜨고 대답한다. "라자냐로 주세요." 이 짧은 일화 속에 빅뱅의 미스터리가 압축되어 있다. 당신의 마음은 텅 비어 있을 수 있다. 혼돈 상태의 이미지와 생각들이 마음을 이리저리 돌아다닌다. 그런데 질문을 받고 답하는 순간, 이 텅 빈 상태가 살아 움직인 것이다. 당신은 무한히 많은 가능성 중 하나의 생각을 선택했고, 그 생각은 당신의 독자적인 마음속에서 형성된다.

마지막 부분이 제일 중요하다. 당신이 "라자냐"(또는 다른 단어라도)라고 말할 때, 더 작은 것들을 조합해서 이를 만든 게 아니다. 당신은 절대 어떠한 것도 만들지 않았다. 그것들이 그냥 당신에게 온 거다. 예를 들어, 단어는 문자로 쪼개질 수 있고, 같은 방식으로 물질은 원자로 쪼개질 수 있지만 창조의 과정은 이런 식으로 설명되지 않는다. 모름지기 창조란 무에서 유를 생기게 하는 것이다. 한계가 없는 단어와 생각에 푹 빠진 채 우리가 창조자임을 편안하게 느낄 때조차, 우리는 이 단어나 생각들이 어디에서 오는지 전혀 모른다는 걸 깨달으면 겸손해지게 된다. 다음에 어떤 생각이 떠오를지 미리 알 수 있겠는가? 아인슈타인조차 자신의 가장 눈부신 생각들을 행복한 우연으로 보았을 뿐이다. 요점은 무에서 유가 창조되는 것은 우주 먼 곳에서 일어나는 사건이 아니라, 다분히 인간적인 과정이라는 것이다.

무에서 유로 바뀌는 것은 항상 같은 결과를 낳는다. 즉 하나의 가능성이 구현된다. 물리학은 이 과정에서 인간적 요소를 제거했고, 그것도 고도로 정밀하게 제거했다. 상상할 수조차 없는 짧은 시간 동안 공

emptiness에서 양자적 진동이 생성되었다가 곧바로 공 속으로 다시 합쳐진다. 하지만 우리는 이 과정을 볼 수 없으므로 물리적 창조를 지배하는 규칙들은 추론을 통해 이루어져야만 한다. 운동장 외벽에 청진기를 들이대서는 축구 경기의 규칙을 알 수 없다. 그러나 본질적으로 우주론학자들은 이런 방법으로 우주의 기원을 설명하려 한다. 논리적 추론은 강력한 도구임이 분명하지만, 문제를 해결함과 동시에 많은 문제를 만들어내기도 한다.

당혹스러운 시작

빅뱅 이전 공간 속에 물질이 존재하지 않았다는 데는 의문의 여지가 거의 없다. 그렇다면 시간과 공간(전문용어로는 시공간 연속체)도 물질과 함께 태어났을까? 표준이론은 "그렇다"라고 답한다. 물질이 없었다면, 시간이나 공간도 없었을 것이다. 그럼 창조 이전은 어떤 모습이었을까? 공간의 특징인 '안'과 '밖'이 없었다. 유아기 우주가 팽창할 때, 그 주변을 둘러싼 어떤 것과도 함께 팽창하지 않았다. 지금은 수십억 개의 은하가 바깥 우주에서 동작하지만, 우주는 표면을 지닌 풍선 같지는 않다. 여기에서도 마찬가지로 전과 후, 그리고 안과 밖의 개념을 적용할 수 없다.

뭔가 붙잡을 만한 것이 남았을까? 거의 없다. 무언가가 '존재한다'는 것은 시간과 공간이 없어도 일들이 일어날 수 있음을 시사하는 말이다. 여기 도움이 되는 비유가 있다. 당신이 방에 앉아 있는데, 주변의 모든 물체가 조금씩 흔들리고 있는 걸 알게 된다. 시리얼 접시에 담긴 우유가 출렁이고, 바닥을 통해 올라오는 진동이 느껴진다.

이런 일이 벌어질 때 당신에게 청각장애가 있다면, 밖에서 무언가가 벽을 때리고 있어도 알 방법이 없다(민감한 사람은 예민해서 몸으로 진동을 느낄 수 있지만, 그 정도로 예민하지는 않다고 가정하자). 하지만 시리얼 접시 속의 파동이나 방바닥, 천장, 벽을 포함하여 다른 물체에서 일어나는 진동을 관측할 수는 있다. 이것이 대략 우주론학자들이 빅뱅을 탐구하는 방식이다. 우주는 수십 억 년 전에 발생한 진동과 파동으로 가득 차 있으며, 우주론학자들은 이들을 관측하여 몇 가지 추론을 이끌어낸다. 하지만 '태어날 때부터 청각장애가 있는 사람이 소리가 뭔지 알 수 있을까?'라는 간단한 질문에는 불안감이 나타난다. 소리와 관련해서 진동을 측정할 수는 있지만, 그 진동을 느끼는 것은 바이올린 소리나 엘라 피츠제럴드의 목소리, 아니면 다이너마이트의 폭발음을 듣는 것과는 다른 경험이다.

마찬가지로, 질주하는 은하에서 방출된 빛이나 현재의 우주에서 마이크로파 우주배경복사cosmic background microwave radiation(빅뱅의 잔유물이다)를 관측해도 우주의 시작이 어떠했는지는 알 수 없다. 시리얼 접시의 파동을 관측하는 청각장애인처럼, 우리는 추론을 사용하기는 하지만 이 한계는 우주의 기원을 설명할 때 치명적인 오류가 될 수 있다.

그래도 우리에게는 시공간이라는 관점에서 시간과 공간 바깥에 적용되는 자연법칙을 탐구할 수 있다. 특히 물리학은, 어떤 우주에 살든 수학은 동일하다는 희망 속에서 수학이라는 언어에 기댈 수 있다. 뒤이은 대부분의 추론도 수학은 영원히 타당하다는 믿음을 계속 유지한다. 시간이 거꾸로 흐르고 사람들이 천장을 걸어 다니는 희한한 우주에서도 사과 한 개에 한 개를 더하면 그 합은 두 개다. 맞지 않나?

하지만 이 믿음이 실제로 유효한지를 입증한 사람은 없다. 예를 들어 블랙홀에 적용된 수학은 절대로 추론의 영역을 벗어날 수 없다. 블랙홀의 내부는 아무도 들여다볼 수 없기 때문이다. 수학은 인간의 두뇌가 낳은 산물일지도 모른다. 숫자 0을 예로 들어보자. 0은 항상 존재했던 수가 아니다. 기원전 1747년까지 고대 이집트인과 바빌로니아인들은 0이라는 기호를 개념적으로 사용하긴 했지만, 실제로 계산에 적용한 것은 그리스와 로마 문화가 사라지고 한참이 지난 서기 800년경 인도에서였다.

0은 아무것도 없다는 뜻이지만, 수학에서 '무'는 단지 하나의 숫자일 뿐 '존재의 절망'을 나타내는 기호가 아니다. "인생에서 내가 이룬 것은 0이야"라는 말은 절망 어린 푸념이겠지만, 방정식 $1-1=0$은 전혀 절망적이지 않다. 양자물리학에서 시간의 개념은 누구든 자신의 존재에 대해 고뇌할 필요가 없는 매우 기이한 방식으로 다룰 수 있다. 하지만 일상적인 세계에서 시간이 기이하게 동작하기 시작한다면, 그건 이야기가 다르다. 시간은 두 세계를 떠다니는데, 기이하게도 뭔가가 개인마다 다르다. 인간적 우주를 이해하려면 시간이 설명되어야만 한다.

지금까지 얻은 최선의 답

우주가 초기의 혼돈에서 지금처럼 질서정연한 상태로 진화한 과정은 온갖 미스터리로 가득 차 있음이 분명하다. 공간과 시간이 작은 조각으로 잘려나가다가 어느 한계 이상 작아지면 와해되는 단계가 있다. 이를 플랑크 스케일(양자역학의 아버지인 독일의 막스 플랑크의 이름에서 따왔다)이라고 하는데, 원자핵보다 10^{20}배 작다. 놀랍게도 이런 혼돈에 가까운 상황도 인간의 이해력을 방해하지 못한다. 다시 말해서 마음은 흔들리지 않게 붙잡을 수 있는 뭔가를 여전히 찾아낸다. 아마도.

이처럼 작은 스케일에서도 적절한 측정은 여전히 세 가지 상수에 의해 정의된다. 이 상수는 우주 탄생에 매우 근본적인 중력, 전자기력, 양자역학과 관련이 있다. 빅뱅이 시작되고 엄청나게 짧은 시간 단위인 플랑크 시대Plank era에 자연은 인식 자체가 불가능했다. 우리에게 친숙한 상수와 힘이 지금과 완전히 다르거나, 아직 존재하지 않았기 때문이다. 소위 말하는 플랑크 차원에서 공간은 '거품'이 되는데, 위나 아래와 같은 어떠한 방향감각도 의미를 상실하는 상태가 된다. 시간 측면에서 보면, 플랑크 시대를 특징짓는 단위인 플랑크 시간은 현시대의 나노과학에서 가장 빠른 시간 단위인 10억 분의 1초보다 10^{30}배 더 빠르다.

따라서 빅뱅 이전의 상태를 묻는 것은 플랑크 시대 이전 또는 그 너머에 무엇이 존재했는가를 묻는 것과 같다. 공교롭게도 물리학은 실제로 플랑크 영역에 대해 조사할 수 있다. 우리는 수학 법칙이 네 가지 기본 힘인 중력, 전자기력, 강한 핵력과 약한 핵력을 규정한다는 걸 아는데 이는 수학에 대한 우리의 믿음이 전적으로 타당해 보이는 이유 중 하나다. 알려진 특정 상수들은 이들 네 가지 힘이 우리 우주에서 자신들의 값을 어떻게 취하는지를 말해준다. 예를 들어 중력을 계산할 때, 그 장소가 화성이든, 몇 광년 떨어진 먼 곳에 있는 별이든,

또는 원자와 같은 미시 규모든, 이들 환경이 얼마나 다르든 상관없이 중력에 적용되는 상수(중력상수)의 값은 변하지 않는다. 상수에 기대면, 지구에 국한된 물리학이 시간과 공간의 가장 먼 곳까지 지적 여행을 할 수 있게 된다.

이와 같은 상수들이 우리 우주 너머에까지 영원히 존재할 수 있을까? 현대 물리학은 명확한 답을 주지 못한다. 하지만 상수가 시간에 영향을 받지 않는다면, 우리의 현실은 보이지 않는 차원과 연관되어 있다고 상상해볼 수 있다. 그리고 그 정도는 아니더라도 시간에 영향을 받지 않는 상수들의 매력을 볼 수 있다. 다시 말해 시간에 영향을 받지 않는 상수는 미친 듯이 날뛰는 혼란스러운 현실에 안정감을 주며, 단어들이 붕괴되는 곳에서도 살아남을 수 있는 언어로서 수학을 받쳐준다. '이전'이라는 단어가 무의미해진다 해도 원주율 파이(ϖ)의 값과 공식 $E=mc^2$는 여전히 유효할 것이다. 하지만 이들 역시 우리가 플랑크 시대의 문턱을 넘어서면 착각이 될지도 모른다. 우선 한 가지 이유는 시간에 영향을 받지 않는 상수들은 이들이 어디에서 왔는가라는 질문을 이끌어낸다. 우리가 찾고 있는 그 기원에 대해서는 설명해주지 않은 채 말이다.

우리의 탐구가 태초에 가까이 갈수록 태초 이전의 상태를 양자진공 quantum vacuum으로 간주하려는 생각이 든다. 고전물리학에서 진공은 문자 그대로 텅 빈 상태다. 아이러니하게도 이런 종류의 순수한 무는 종교에서 말하는 창조 이야기와 일치한다("땅은 아무런 형태도 없이 텅 비어 있었고, 심연 위에는 어둠이 깔려 있었다"-《창세기》1장 2절). 그러나 양자이론과 그로 인해 생겨난 이론들에 의하면 진공은 결코 무가 아니라 양자 '물질'로 가득 차 있다. 사실 양자진공은 관찰할 수 있는 우주 속에 드러나지 않은 방대한 양의 에너지를 지닌 채로, 더 이상 채워질 수 없을 만큼 채워져 있다. 그러므로 적어도 이용할 수 있는 충분한 퍼텐셜 에너지potential energies가 있었다는 측면에서, 우주가 양자진공에서 탄생했다는 주장에는 아무런 문제가 없다. 게다가 우주의 아주 초기 단계를 알기 위해서는 (양자) 진공 물리학이 필요하다는 데는 의심의 여지가 없다. 하지만 그래 봤자 플랑크 시대는 두꺼운 장막에 가려 있어 태초의 순간을 들여다볼 수 없다. 한 가지 기발한 계책이 있는데 애당초 시작이 없었다고 여기는 것이다. 이상하게 들릴지 모르지만, 어쨌든 대중적 인기를 얻고 있다.

빅뱅은 반드시 필요한가?

이론적으로는 빅뱅 이외에도 다른 가능성들이 있다. 빅뱅이 진짜라면 이 말이 이상하게 들릴 것이다. 하지만 우주가 시작된 이 폭발은 다이너마이트가 터지는 것과는 달랐다. 창조의 순간에는 우리에게 친숙한 물질이나 에너지가 존재하지 않았다. 텔레비전 과학 프로그램에서는 빅뱅을 시각화할 때 캄캄한 배경에서 별 같은 것이 폭발하는 장면을 보여주곤 하는데, 이것은 완전히 잘못된 그림이다. 태초에는 공간이 아예 존재하지 않았기 때문이다. 이미 존재하는 공간에서 우주가 태어났다면 우주론 학자들의 삶은 지금보다 훨씬 쉬울 것이다.

　1948년에 허먼 본디Herman Bondi와 토머스 골드Thomas Gold, 그리고 프레드 호일Fred Hoyle은 근원에 관한 질문과 "빅뱅 이전에 무엇이 있었을까?"라는 질문을 피해가기 위해 '정상우주모형steady state universe model'을 제안했다. 이 모델에서 우주는 빅뱅이론에서처럼 영원히 팽창하지만 항상 같아 보인다는 조건이 추가된다. 즉 이 이론은 완벽한 우주 법칙을 따르는데, 이는 우주가 어디에서나 언제나 같아 보인다는 것을 의미한다. 달리 말해서, 어디를 쳐다보든, 얼마나 오래 전을 보든, 우주는 같아 보일 것이라는 이야기다. 이는 우주가 팽창하고 있을 때조차 물질의 창조가 시공간에서 계속 일어난다는 것을 의미한다.

빅뱅이론에 따르면 창조는 단 한 번 발생했다. 이는 무가 모든 면에서 변했다는 것을 뜻한다. 정상우주와 빅뱅, 둘 중 어느 쪽이 맞을까? 초기 우주 상태의 멀리 떨어진 광원을 관측해보면 최초의 정상상태우주 모델보다 진화 모델이 맞는 것처럼 보인다. 1993년 프레드 호일과 제프리 버비지Geoffery Burbidge, 자얀트 날리카르Jayant Narlikar는 미니뱅mini bangs(작은 폭발)이 반복적으로 일어나는 '준정상상태quasi-steady state' 모형을 제안했다. 정상상태우주의 새로운 판본인 셈이다. '혼돈 인플레이션chaotic inflation'으로 알려진 또 다른 대안은 정상상태이론과 상당히 비슷하지만 규모가 훨씬 크다. '혼돈 인플레이션'은 후에 '영구 인플레이션eternal inflation'으로 이름을 바꾸었는데, 이름만 봐도 무엇인지 알기 위해서였다. 영구 인플레이션에서는 양자장 속에 '뜨거운 지점들hot spots'이라는 것이 있는데, 충분한 에너지를 축적하면 창조가 일어난다. 이 초기 폭발이 우주 전체가 순식간에 태어날 수 있는 충분한 모멘텀momentum을 제공한다.

영구 인플레이션이 크게 인기를 얻은 데는 여러 이유가 있지만, 주된 것은 한 번뿐인 '시작'을 양자진공의 지속적인 행동으로 바꿀 수 있기 때문이다. 본질적으로 진공에서 아주 작은 것들(아원자 입자들)이

궁극의 미스터리

탄생할 수 있다면, 그로부터 아주 큰 것들(우주들)이 탄생하지 말라는 법도 없지 않은가? 인플레이션 이론들은 모두 빅뱅을 수용하고 있으므로 우주의 시작(그리고 그 종말)의 문제를 떠안게 된다. '영구eternity'란, 정의상 시작도 끝도 없다. 영구 인플레이션 원리에 의하면 시공간에서는 초대형 인플레이션 사건들과 함께 항상 거품이 일어나고 있다. 이 사건들은 빛의 속도로 발생하며, 영원히 계속된다.

　일부 뛰어난 물리학자들이 영구 인플레이션에 빠져 있다. 철학자만큼이나 낡고 진부한 누군가가 사태를 망칠 것 같지는 않다. 하지만 철학은 '존재existence'와 '영원eternity' 같은 단어와 관련이 있는데, 이 두 단어는 매우 까다로운 것으로 밝혀진다.

다중우주로 미끄러지기

영구 인플레이션은 요즘 유행하는 다중우주multiverse의 개념과 일치한다. 다중우주이론에 따르면 우리 우주는 특별하지 않고 욕조 속의 거품처럼 많고 많은, 거의 무한에 가까운 우주 중 하나일 뿐이다(자세한 내용은 나중에 다룰 것이다). 빅뱅은 이미 널리 수용된 이론이므로, 빅뱅에서 출발한 영구 인플레이션이 정상상태이론보다 좀 더 유리한 위치에 있다. 일단 물꼬가 트자, 인간의 삶에 잘 들어맞는 여러 우주 창조 이론이 원하는 만큼 쏟아져나왔다. 우주의 카지노에서 자연은 여러 우주와 함께 어지럽게 돌아가는데, 이상한 것은 결국 올바른 것, 즉 우리 우주를 찾아낸다는 것이다. 결국에는 주사위가 무한하게 던져진다. 이 우주 카지노는 한 우주가 작동하는 방식을 지배하는 규칙(즉, 자연의 법칙)을 무한히 변경시키는 것조차 허용한다. 중력, 빛의 속도, 그리고 양자 자체를 당신 마음대로 바꿀 수 있다. 우주이론도 그러하다.

당신이 차를 몰고 가는데 친구가 길을 안내한다고 상상해보자. 처음 가는 곳이기에 친구에게 다음 교차로에서 어느 쪽으로 가야 하냐고 물었다. 친구는 이렇게 답했다. "다음 교차로는 무한교차로야. 틀수 있는 방향이 무한히 있어. 하지만 걱정하지 마. 어차피 어느 쪽으로 돌아도 무한 번 회전할 수 있는 다른 교차로로 연결되니까. 결국 캔자스에 도착하게 될 거야." 이것은 물리학이 다중우주와 영구 인플레이션, 우주 카지노를 다룰 때 하는 말이다. 다중우주이론이 현실과 일치한다는 어떠한 데이터나 실험이 없다는 사실 외에 가장 터무니없는 부분은 이런 이론들이 우리 코앞에다 선택의 가능성이 무한한 지도를 흔들면서 이것이 누구도 그린 적이 없는 최고의 지도라고 주장하는 것이다.

우주론자들은 대부분 준정상상태를 포함하여 몇 가지 모형을 조합하면 여전히 성공할 수 있을 것이라고 생각한다. 그러나 아무리 많은 우주가 허용된다 해도 "창조 이전에 무엇이 존재했는가?"라는 질문만은 피해갈 수 없다. '이전'이라는 단어가 무의미해지는데도 모든 것이 지금이나 과거나 미래에도 항상 같을 거라고 주장하는 건 직관적으로 해트트릭(과거, 현재, 미래가 모두 같다는 것을 축구에서 한 선수가 한 경기에 세 골을 넣는 해트트릭에 비유했다 – 옮긴이)과 같은 것이다.

시작에 관한 질문을 피해가는 다른 방법도 있다. '우주적 인플레이션을 동반한 빅뱅' 모델이 입증되기 전에, 많은 우주론 학자는 태초부터 최후의 순간까지 팽창과 수축을 주기적으로 반복하는 우주 모형을 선호했다. 동양의 여러 영적 전통은 태어나 죽고 환생하는 순환적 우주를 보편적인 개념으로 받아들였다. 유사성이 과학적 증명과 같지는 않지만, 인간적 우주에서 생명을 지배하는 과정은 우리가 아는 것처럼 우주적 규모의 창조 메커니즘에 반드시 구속받는다는 것을 기억할 필요가 있다.

순환적 우주를 수용한 여러 모형은 무에서 터져 나온 빅뱅을 배제하면서도 일반상대성이론으로 그려지는 현재의 우주를 설명하고 있다. 특히 로저 펜로즈Roger Penrose는 무한대의 시간으로 거슬러 올라가는 일련의 우주를 제시했다. 현재 상태는 이전 우주에서 생겨났는데, 이전에 있던 모든 것을 재활용한다. 가장 중요한 것은 자연에 있는 현재의 물리법칙과 물리상수가 재활용된다는 것이다. 하나의 빅뱅이 끝없는 순환 속에서 또 다른 빅뱅으로 이어지기 때문에 창조 이전의 상태는 이전 우주의 맨 끝일 뿐이다. 그리고 새로운 창조가 일어날 때마다 이전 우주로부터 모종의 기억이 새로운 우주에 전달된다. 펜로즈의 매우 흥미로운 개념에서는 우주에서 발견되는 엔트로피(또는 무질서)가 근본적인 역할을 한다. 물리학에는 열역학 제2법칙이라는 것이 있는데 이 법칙에 의하면 우주 전체의 무질서도는 시간이 흐를수록 증가한다. 말이 다소 추상적으로 들리긴 하지만, 초고온 상태의 초기 우주가 차갑게 식는 과정, 별이 죽는 과정, 벽난로 속 통나무가 연기 속에 사라져 재를 남기는 과정을 지배하는 건 모두 열역학 제2법칙이다. 규모가 크든 작든, 엔트로피는 증가한다.

그런데 우주에는 엔트로피가 감소하는 희한한 섬이 있다. 이곳에서는 에너지가 서서히 줄어들거나 소멸하지 않고, 살아 있는 생태계에서처럼, 계를 더욱 질서정연하게 만드는 데 쓰일 수 있다. 당신이 질서의 섬이다. 음식과 공기, 그리고 물을 계속 섭취하는 한, 당신의 몸은 그런 섬이다. 몸에 주입된 거친 에너지raw energy는 수조 개의 세포 안에서 질서정연한 작업, 즉 세포를 교체하고 보충해준다. 수십억 년 전, 식물이 광합성을 시작했을 때 지구는 (적어도 표면에서는) 엔트로피가 감소하는 섬이었다. 당신의 몸이 하는 것과 똑같이 식물도 햇빛을 질서정연한 과정을 거쳐 변형시킨다. 에너지 손실자가 아니라 에너지 소비자로 변하는 것이 중요하다. 모닥불에서 발생하는 열처럼, 무질서는 에너지가 열로 소멸되는 원인이 된다. 이 엔트로피와 싸우기 위해 살아 있는 생명체는 이 손실을 만회하는 데 필요한 에너지를 추가로 소비한다. 숲속에서 쓰러진 나무는 태양으로부터 에너지를 얻는 능력을 잃는다. 그 때문에 분해 및 부패 메커니즘이 작동한다.

펜로즈는 우주가 점점 차가워지고, 더 커지고, 더 무질서해진다는 열역학 제2법칙에 대항하지 않고 인플레이션 이론inflation theory을 공격 목표로 삼았다. 그는 시간이 흐를수록 무질서도가 증가한다면 그 반대도 반드시 성립해야만 한다고 지적했다. 즉 시간을 거슬러 올라가면, 모든 시스템은 초기에 더 질서정연해 보일 것이다. 예를 들어 모닥불 앞에서 시간을 되돌리면 연기와 재가 나무 조각으로 돌아가고, 썩은 나무가 살아나 다시 자라기 시작할 것이다. 그렇다면 초창기의 우주는 가장 질서정연한 상태여야 하는데, 그렇지 않다. 플랑크 시대에는 순전히 혼돈의 시대였다. 그런데 지구에서 질서정연한 생명체가 탄생할 수 있게 만든 우주의 이 '특수성specialness(펜로즈의 표현)'은 어디서 비롯된 것일까? 완전한 혼돈의 첫 순간부터 초기 우주가 이 행성(지구)의 생명체에게 유리하도록 은하의 진화 방식을 마련하지는 않은 듯하다.

궁극의 미스터리

회의적인 우주론학자들이 몇몇 기술적인 문제를 제기하긴 했지만, 인플레이션 이론에 대한 펜로즈의 반론은 일반 독자들에게는 꽤 설득력이 있다. 펜로즈는 좀 더 미묘한 두 번째 반론을 제기했다. 지구의 생명체가 너무나 특별해서 초기 우주가 특별한 조건을 통해 (훗날 지구에 생명체가 태어나도록) 길을 마련해야만 했다고 가정하자. 그리고 이 특별한 조건이 우주가 무한히 작으면서 초고온 상태였을 때 형성되었다고 하자. 그렇다면 지구를 제외한 나머지 부분은 어떻게 되는가? 멀리 떨어져 있는 수십억 개의 은하 속에서 일어나던 일들과 무관하게 우리 행성에서 생명은 진화한다. 즉 우리에게는 그것들이 필요하지 않았다. 이 말이 진짜로 맞다면, 다른 모든 곳은 특별한 게 전혀 없는데, 어떻게 우주가 우리의 진화를 돕도록 설정될 수 있었을까? 펜로즈에 따르면, 그것보다 훨씬 가능성이 큰 것은 지구 생명체에게 유리한 조건들이 나중에 특별하게 되었다는 것이다. 아마도 그것은 필연이 아니라 우연히 일어난 사건일 것이다. 덜 별난 설명을 과학은 선택해야만 한다.

최근 들어 천문학자들이 행성계가 있는 수천 개의 별을 발견한 바람에 펜로즈의 반박은 설득력을 다소 잃었다. 이들 중 어떤 별은 우리 태양과 매우 비슷하여 지구처럼 생명이 있는 행성을 가졌을 수도 있다. 이 사실이 처음 공개되었을 때 사람들은 아마도 우리가 우주 외톨이가 아닐 수도 있다며 잔뜩 흥분했으나, 생명 없는 화학물질에서 생명이 진화한 과정을 실제로 설명할 수 없음이 지적되면서 좋은 분위기는 사라졌다. 이런 사건이 일어날 확률은 엄청나게 낮아서(수백만× 수백만 분의 1도 안 된다) 멀리 떨어진 은하들 속의 무수히 많은 태양조차 생명의 마술 열쇠를 찾기에는 충분하지 않다. 사실 펜로즈의 반박은 증명할 수도 없고, 반증할 수도 없었다. 하지만 가능성이나 확률을 논하기 시작했다는 것은 생명은 무작위로 진화하고, '특수성'은 큰 손상을 입었음을 가정한다.

기발한 정보이론

어쩌면 아닐 수도 있다. 우주의 진화 과정을 빅뱅이론만큼 성공적으로 설명해온 이론에 반론을 제기하기란 쉽지 않다. 수습할 수 있는 작은 결함들을 단순히 지적하는 것일지도 모른다. 1970년대부터 정교하게 쌓아올린 전체 구조를 무너뜨리는 건 확실히 치명타가 될 수도 있다. 하지만 열역학 제2법칙에 대한 펜로즈의 주장은 너무나 근본적이어서 기존 이론을 송두리째 무너뜨릴 수도 있다. 인플레이션 이론의 문제점은 처음부터 독자적으로 나타나서 스스로 진화한 과학 이론이 아니라 더 오래된 빅뱅이론의 몇 가지 골치 아픈 수수께끼를 설명하기 위해 끼워 맞춰졌다는 것이다. 누가 봐도 분명한 혼돈으로부터 초기 우주를 구하기 위해 투입된 인플레이션 이론이 관측 데이터와 잘 들어맞기는 하지만, 난수random number를 마구잡이로 뱉어내는 빙고 게임기보다 훨씬 정교한 원천, 질서 정연함의 근원이 우리에게는 필요하다.

　미국의 저명한 우주론학자 리 스몰린Lee Smolin은 플랑크 시대를 완전한 혼돈으로부터 구해낼 수 있는, 플랑크 시대의 기하학이라는 흥미로운 아이디어를 제안했다. 플랑크 시대에는 물리적 수준에서 볼 때 오직 혼돈밖에 없었음에도, 비물질적인 무언가가 질서의 원천으로 작용했을 것이다. 펜로즈와 스몰린은 그 핵심 요소로 '정보information'를 지목했다. 이 아이디어가 흥미롭게 보이는 이유는 "모든 물질과 에너지가 블랙홀로 빨려 들어가 소멸된다 해도 정보는 살아남는다"는 이론을 다른 물리학자들이 구축해놓았기 때문이다. 블랙홀의 내부는 아무도 들여다볼 수 없어 이를 증명하는 것은 매우 어렵거나 심지어 불가능할 수도 있지만, 이 이론은 엔트로피의 '열사heat death'를 피해 가는 기발한 가설이다. 가장 극단적인 물리적 환경에서도 정보가 방해를 받지 않는다면 어떻게 될까? 0과 1은 저온에서 얼어 죽거나 불에 타서 재가 되지도 않는다. 아마도 창조 이전의 상태는 빅뱅 순간에 적용되는 열역학 제2법칙에 영향을 받지 않는 정보로 가득 차 있었을 것이다.

유추를 이용하면, 당신의 마음에 담긴 정보도 모든 종류의 물리적 위협에서 살아남을 수 있다. 그중 하나가 바로 당신의 이름이다. 일단 당신이 당신의 이름을 알게 되면, 당신이 푹푹 찌는 열대 지방을 누비거나 남극을 탐험해도, 당신의 이름은 끓거나 얼어붙지 않는다. 데스밸리Death Valley의 바닥까지 내려가거나 에베레스트 꼭대기에 올라가도 이름은 아무런 영향도 받지 않는다. 일반적으로 우리에게서 이 친밀한 정보를 빼앗을 수 있는 것은 죽음 혹은 심각한 뇌 손상뿐이다. 그런데 인간의 마음은 방대한 양의 정보를 저장할 수 있으므로, 이름보다 훨씬 복잡한 정보도 크게 다르지 않다(드문 경우이긴 하지만, 수년의 혼수상태에서 깨어나 기억을 되찾고 정상적인 삶을 다시 누리는 사람도 있다).

인간 속에 정보가 살아남는다는 것은 우주가 순환할 수도 있음을 시사한다. 이전의 우주가 우리를 낳았다면, 물리상수와 자연법칙이 정보(특히 수학적 정보)의 형태로 전달될 수도 있을 것이다. (근본적인 수학 개념들을 사용할 수밖에 없기 때문이다.) 하지만 이런 식의 사고방식에서는 수학을 물리적 성질이라고 여기지 않는다. 스몰린의 모델에 따르면, 블랙홀의 특이점singularity에서 새로운 '시대eon'가 시작될 때마다 우주적 바통baton이 전달된다. '시대'는 우주의 시간 단위이며, 특이점은 모든 것이 블랙홀로 빨려 들어간 후에 남는 미세한 점이다. 이론상 이와 같은 점은 차이를 만들어내는 것들, 즉 공간, 시간, 물질, 에너지를 쏟아내지 않기 때문에 특이하다. (수학적으로는 그럴 듯하지만 특이점이 실제로 존재한다는 확실한 증거는 없다.) 이 견해에서 우주는 궁극적으로 물질, 에너지, 자연의 힘, 시공간이 사라지는 하나의 점(특이점) 속으로 마침내 붕괴되고, 새로운 특이점을 통해 다시 나타나게 된다.

달리 말해 빅크런치 후에 빅뱅이 일어났다. 우리는 다른 어떤 것도 살아남지 못하는데 정보는 어떻게 블랙홀을 견뎌낼 수 있는지를 논할 정도로 블랙홀에 대해 잘 알지 못한다. 그리고 특이점은 이론적 발상에 불과하다. 그렇다면 현 상태로는 정보가 초기 우주 가마솥에서 살아남았다는 주장은 또 다른 해트트릭인 것 같다. 어떻게 하든, 블랙홀 안에서 벌어지는 모든 것은 우주가 시작될 때 플랑크 시대만큼이나 접근할 수 없다. 들여다볼 수 없는 똑같은 벽이 우리의 시야를 가로막는다.

초끈 잡아 당기기

많은 사람이 고등수학에 겁을 먹지만, 고등수학은 수학 공식으로 표현되는 현실의 모든 것이 개념으로도 존재한다는 것을 이해하는 데

도움을 준다. 그래서 개념을 이해하면 그 수학이 말하고자 하는 핵심으로 곧장 들어갈 수 있다. 수학은 흔히 말하는 물리적 과정을 묘사해주는, 아니면 더 좋게 말해 자연과 우리의 상호작용을 묘사해주는 간결하고 보편적인 언어다. 하지만 고등수학으로 도배를 한다 해도 애초부터 틀린 아이디어를 보완할 수는 없다. 빅뱅을 수용한 모델과 그렇지 않은 모델은 장단점을 비교하기가 쉽지 않다. 우주론이 여전히 신뢰할 수 있는 유일한 수단이 수학이라면, 모든 짐을 수학이 지도록 하는 게 어떨까? 어쩌면 창조 이전의 상태를 서술하는 유일하게 확실한 방법은 이론 수학뿐일지도 모른다. 아니면 여기서 한 걸음 더 나아가, 창조 이전의 상태는 오직 숫자만으로 이루어져 있을지도 모른다. 다소 황당한 주장이지만, 일부 이론은 이 가설을 적극적으로 수용하고 있다.

대표적인 예가 바로 끈이론string theory이다. 이 이론은 훗날 야망이 커지면서 초끈이론superstring theory으로 변했다. 양자역학의 중요하지만 불가사의한 문제를 해결하기 위해 제안된 끈이론은 광자와 쿼크, 전자 등과 같은 기본 입자들이 입자이자 파동처럼 행동하는 미스터리에 대해 보다 폭넓은 의미를 담고 있다. 많은 물리학자는 이 파동–입자 이중성을 양자역학의 중심 문제라고 부른다. 입자는 네트를 너머 맞은편 코트로 날아가는 테니스공과 같고, 파동은 소용돌이치는 공기가 뒤에 남기는 것과 같다. 이들은 비슷한 점이 전혀 없다. 하지만 날아가는 테니스공과 소용돌이치는 공기를 하나의 공통적인 특성으로 축소할 수 있다면, 파동–입자 이중성 문제는 자연스럽게 해결될 수도 있다.

끈이론에 의하면 이 공통적인 특성은 진동이다. 바이올린 줄이 진동하여 소리가 나는 모습을 떠올려보라. 음은 바이올린 연주자의 손가락 위치에 의해 결정된다. 같은 방식으로, 끈이론에서도 보이지 않는 끈의 진동은 파동으로 여겨지고, 시공간에서 특정한 '음notes'으로 나타나는 것은 입자로 여겨진다. 아원자의 '화음'(서로 공명하는 진동)은 쿼크, 광자와 중력자 같은 보손boson, 그리고 특별한 다른 입자들이 서로 연관되어 복잡한 구조를 만든다는 점에서 음악과 매우 비슷하다. 서양 음계의 12개 음이 수많은 교향곡과 음악 작품이 되듯이, 그리고 이들 12음의 가능한 조합에 거의 끝이 없듯이, 진동하는 몇 가지 종류의 끈이 고속입자가속기에서 발견되는 급증하는 아원자 입자들의 근원일지도 모른다.

회의론자들은 관측 가능한 수준 이하에서 일어나는 끈들의 진동은 상상이 만들어낸 허구일 수도 있다고 지적하지만, 끈이론은 순수 수학에 기반을 두고 있다는 게 매력이다. 초끈이론이라는 모델은 필수적인 방정식들을 복잡하게 만들었다. 처음에는 다르게 보이는 모델이 5개가 있었으나, 1990년대 중반에 이들에게 미묘하고 복잡한 유사성이 있음이 밝혀졌다. 수학적 모델링의 절정으로 출현한 것이 M이론인데, 여기에 가장 큰 기여를 한 에드워드 위튼Edward Witten의 기발한 설명에 의하면, M이론의 M은 '마술magic'이나 '미스터리mystery', '막membrane'을 의미한다.

마술과 미스터리라는 표현이 등장하는 것은 M이론에 실험이나 관찰의 토대가 전혀 없기 때문이다. M이론은 이전의 끈-형태 이론들을 조화시켜 모자에서 수학적 토끼를 꺼내는 것이다. 그런데 이들 끈-형태 이론들 자체도 실험이나 관찰에 기반한 것이 아니었다. 이론상이지만 M이론이 그 정도로 잘해낸 것은 마술이자 미스터리처럼 보인다. 최고의 마술은 실제로 우주가 이론에서 제시한 방식대로 작동한 다는 것을 보여주는 것일 텐데 아주 약간이라도 그걸 해낸 사람은 없 다. (세 번째 M인 막은 특정 양자 물체가 침대보sheet 같은 공간이나 진동하는 막을 통해 확장되는 방식을 묘사하는 물리학 전문용어다. 여기서 우리는 고등 수학을 통해서만 파악할 수 있는 매우 복잡한 방정식의 끝에서 비틀거리지만, 개념적 틀을 얻는 건 가능하다.)

모두 어디로 갔나?

어떻게 물리적 현실이 숫자로 축소되어야만 할 정도로 수수께끼로 변했단 말인가? 물리학은 물성physicality을 다루는 과학이지만, 우리 가 봤듯이 물성은 양자혁명 속에서 사라졌다. 우리가 말하는 건 바위 를 걷어찼을 때 바위가 딱딱하다는 것을 경험하는 오감과 같은 종류 의 간단하고 기본적인 물성이다. 미묘한 물성이 양자역학에서 다루 는 아원자 입자와 파동의 형태로 남아 있었다. 하지만 두 가지 연관 된 장애물을 극복할 수는 없었다.

첫 번째 장애물은 앞에서 다뤘는데, 이는 작은 물체와 큰 물체가 공 존할 수 없는 것과 관련이 있다. 아인슈타인의 일반상대성이론은 행 성과 별, 은하, 우주처럼 주로 거대한 물체를 다룬다. 상대성이론은 중 력과 시공간의 곡률에 대한 이해를 통해서 어떤 것이든 거시적인 것, 우주 자체와 같은 거대한 규모를 깊이 이해하는 수단이 된다. 정반대 극단에 있는 양자역학은 자연 속의 가장 작은 물체, 특히 아원자 입자 를 성공적으로 설명해왔다. 이론이 형성된 초기부터 일반상대성이론과 양자역학은 어울리지 않았다. 두 이론은 각자 자신의 분야에서 정밀한 예측을 한다. 이는 실험할 수 있고 관찰도 이뤄졌다. 하지만 우주에서 가장 큰 물체와 가장 작은 물체의 연결고리를 찾는 것은 너무나도 어려웠다.

두 번째 장애물은 첫 번째 문제에서 파생되었다. 자연에 네 가지 기본 힘(중력, 전자기력, 약한 핵력, 강한 핵력)이 있음이 확립된 후 이들을 하나의 이론으로 통합할 수 있으리라는 가능성이 제시되었다. 1970년대 말에 쿼크가 발견되면서 중력을 제외한 세 가지 힘이 하나로 통합되었는데, 이 이론을 표준모형standard model이라 한다. 빛에 원인을 제공하는 힘인 자기력과 전기력(전자기력)은 원자들을 붙잡고 있는 두 힘(강한 핵력과 약한 핵력)과 통합되었다. 아주 작은 물체의 세계는 수학적 적합성에 굴복해버렸다. 이 단계는 표준모형이라고 알려졌는데, 수많은 뛰어난 인물들이 기여했음을 고려해볼 때, 세 가지 기본 힘을 통합한 것은 위대하다고 부를 만하다.

중력만 더해지면 이 '거의 모든 것의 이론'('모든 것의 이론'이라는 성배를 얻으리라 희망할 수 있는 가장 근접한 것)이 완성될 수 있었다. 이를 이해하기 위해 누군가가 자유의 여신상 퍼즐을 맞추고 있다고 상상해보라. 횃불 부분만 빼고는 모두 완성되었다. 그런데 그 조각이 상자에 없다. 찾아야 한다. 그때 누군가가 이렇게 말한다. "걱정하지 마. 겨우 한 조각이잖아. 찾기만 하면 전체 그림이 완성될 거야. 이제 거의 다 된 거라고." 하지만 아무리 열심히 찾아도 그 잃어버린 조각을 찾지 못한다. 당혹스럽게도 퍼즐을 살펴보니 확실해 보였던 자유의 여신상은 짙은 안개에 둘러싸인 모호한 테두리일 뿐이다.

현대 물리학은 두 진영으로 나뉘어 있다. 한쪽 진영에서는 "우주의

궁극의 미스터리

그림은 거의 다 완성되었으며, 작업을 계속 하기만 하면 유일하게 빠진 한 조각도 발견될 것"이라고 주장한다. 반면, 다른 진영에서는 "찾지 못한 조각 때문에 그림 전체가 애매해졌고 의심스럽다"고 주장한다. 이름을 붙인다면 전자는 평소와 다름없이 활동하는 '작업가 진영'(가장 큰 입자가속기를 건설하고, 더 강력한 망원경을 만들고, 더 많은 계산을 수행하고, 더 많은 돈을 쓴다)이고, 후자는 혁명(새로운 우주 모형으로 처음부터 다시 시작한다)을 꾀하는 '혁명가 진영'이다. 전자는 스스로 실용적이고 실리적이라고 생각하기 때문에 '닥치고 계산이라 해라'를 진리로 삼고 있는데, 이는 대부분의 이론이 단지 공상일 뿐이라는 뜻이다.

이들이 최종 승리를 거두려면 양자 구조 속에 매우 고집스럽게 박혀 있는 몇몇 입자를 들춰내야 한다. 그래야만 수식이 입증된다. 이들 입자들 중 가장 중요한 것 중 하나인 힉스 보손Higgs Boson(입자물리학의 기본 입자 중 하나)이 2012년에 드디어 발견된 이후로 지금까지 낙관론이 고조됐다. 앞에서 우리는 어떻게 양자진공에서 거품이 표면으로 올라오듯 아원자 입자들이 생기는지를 언급했다. 이들 중 일부는 감지하기가 너무 어려워서 이들을 추출해내려면 거대한 입자가속기라는 엄청나고 비싼 기계가 필요하다. 원자를 아주 높은 에너지 상태에서 충돌시키면 가끔 양자진공에서 새로운 종류의 입자가 튀어나온다. 정밀하고 힘든 작업이지만, 여러 차세대 이론에서 예견된 이런 새로운 입자들은 기존의 이론들이 실제로 맞는지를 입증해준다. 힉스 보손은 이론적으로 예견되었고 그래서 발견이 확인되었다는 것은 표준모델이 현실에 부합한다는 걸 보여준다. 하지만 표준모델은 중력이 포함된 대통일grand unification이 아니기 때문에 끝이 아니다.

힉스 보손은 양자장quantum field 속의 다른 요동들에 질량을 준다.

세부적인 내용까지 이야기할 필요는 없지만, 창조된 모든 물체는 이 기능 덕분에 존재한다. 언론은 "신의 입자God particle"라는 별칭에 홀딱 반했는데, 이는 거의 모든 물리학자를 당황스럽게 만들었다. 작업가 진영에게 힉스 보손의 확인은 마지막 남은 기본입자들 중 하나를 채워 넣은 것이기 때문에 승리였다. 자유의 여신상 퍼즐에서 횃불에 해당하는 조각이 마침내 발견된 것이어서 이론적 그림이 거의 완성된 것이다. 영국의 물리학자 피터 힉스Peter Higgs를 비롯한 몇몇 물리학자들이 소위 힉스장Higgs field이 존재한다고 처음으로 제안한 후로 이 마지막 조각을 찾기까지 거의 50년이 흘렀다.

새로운 발견은 익숙한 패턴에 잘 들어맞는다. 현대 물리학의 역사는 이론적 예측과 딱 들어맞는 입증된 실험 결과들로 이루어진 승리의 행진이었다. 힉스 보손은 네 종류의 기본 힘들이 연결되는 방식에 대해 중요한 연결고리를 제공할지는 몰라도 기존 방식대로 실험으로 입증한다는 측면에서 중력을 포함하기가 불가능할 수도 있기 때문에, 승리의 퍼레이드는 이것으로 끝날 수도 있다. 중력장이 자극을 받는다 해도, 중력장에서 튀어나오는 이론적 입자인 중력자graviton는 전혀 관찰되지 않는다. 한 가지 장애물은 기술적인 문제다. 어떤 추정에 의하면 물리적 실체의 근원에 조금이라도 가까이 가는 데 필요한 가속과 에너지를 만들어낼 수 있는 입자가속기는 지구 둘레보다 커야 한다.

그러나 이 문제 때문에 포기할 필요는 없다. 현실적인 어려움은 수학으로 극복할 수 있기 때문이다. 대왕고래의 무게를 잴 정도로 큰 저울은 이 세상에 존재하지 않지만, 크기와 밀도를 계산하고, 무게를 잴 수 있는 더 작은 고래 및 돌고래와 비교해서 무게를 결정할 수 있다.

하지만 작업가 진영은 끈이론과 초끈이론, M이론으로 겹겹이 복잡성은 더해갔건만 실생활에서 어떤 것도 입증할 수 없어, 자신들이 수학의 늪에 빠져 있음을 알게 됐다.

　매우 기본적인 문제를 회피하려다 실패해서 우주 전체에 의문을 제기해야 한다는 게 의아하지만, 현실은 두 개가 아닌 하나이므로 가장 작은 것과 가장 큰 것은 어떻게든 서로 연결되어야 한다. 연결고리가 보이지 않는다는 사실 때문에 수학을 버릴 수는 없다. 하지만 수학은 너무 복잡해졌고, 현실과의 간격은 여전히 크고, 그 구멍은 누가 보아도 대충 때워놓은 상태여서, 우리가 현실에서 너무 멀어지면, 수학도 위기에서 구출해줄 수 없다는 인상이 짙어진다. 물리학자들이 말하듯 우주로부터 유래하는 수학의 막강한 힘이, 물리학자들이 말하는 것처럼 '우주의 정신적 본성을 가리키고 있다'는 점을 우리가 인정하지 않는 한 상황은 바뀌지 않는다.

2

우주는 왜 이처럼 완벽하게
맞아떨어지는가?

⌄
⌄

흔히 우주가 펑 터지며 시작했다고 하지만, 실제로 초기 우주는 탈의실에서 나오는 수줍은 배우 같아서 깁고 꿰맨 자리 하나하나가 완벽하게 들어맞는 데까지 시간이 걸렸다. 수십억 년이 지난 후에 우리는 인간 삶에 완벽하게 들어맞는, 사실 너무 완벽하게 들어맞는 우주에 거주하고 있음을 발견하고 놀라워한다. 깁고 꿰맨 자리 하나하나가 제자리에 딱 들어맞는 것을 빅뱅이론을 이용해 합리적으로 설명할 방법은 없다. 이는 마치 레오나르도 다빈치가 그저 잘되겠거니 하며 벽에 물감을 아무렇게 던졌더니 〈최후의 만찬〉이 그려졌다고 말하는 것과 같다.

그럼에도 현재 우주론은 초기 우주가 무작위 확률에 의해 발전했을 것이라 주장한다. 설계자는 없었고, 당연히 그 배후에 설계자도 없었다. 과학적인 창조 이야기들은 어떤 형태로든 신을 배제한다. 하지만 인간 DNA의 믿기 힘든 질서정연함은 어떻게 생기는가? 우주적 다이너마이트가 터져서 30억 개의 기본 화학 단위를 지닌 인간 DNA가 만들어졌다고? 달리 말해서 어떻게 혼돈에서 질서가 나온다는 말인가?

두뇌의 힘을 사용하지 않고 어떤 답을 찾는 건 불가능하지만, 당신의 뇌는 매일의 삶 속에서 이 문제를 완벽히 보여준다. 이 페이지의 글을 읽기 위해서는 뇌의 시각피질에서 극도로 정교한 과정이 일어나야만 하고, 이 페이지 위의 잉크는 의미 있는 정보를 담고 있어야 하며, 이 정보는 당신이 이해할 수 있는 언어로 제시되어야 한다. 눈이 한 단어에서 다음 단어로 지나가면서, 각 단어의 의미는 다음 단어의 의미와 연결되고 그런 다음 시야에서 사라져야 한다. 그렇다고 마음 밖으로 사려져서는 안 된다.

이 과정 자체가 이미 기적이지만, 정말로 신비한 것은 각각의 뇌세포 속 분자들이 고정되고 이미 결정된 행동과 반응을 보인다는 것이다. 철을 자유산소 원자와 닿게 하면, 반드시 산화철이 되거나 녹이 슨다. 원자들은 이 문제에서 선택권이 없다. 즉 소금이나 설탕이 될 수는 없다. 한편, 뇌 속에서 일어나는 화학 법칙들이 고정되어 있음에도 불구하고, 오늘을 어제나 내일과 다르게 만드는 독특한 방식으로 뒤범벅이 된 채로, 매일 수천 가지 새로운 경험을 용케 처리해낸다.

따라서 뇌를 통한 이러한 증거는 우리에게 혼돈과 질서의 관계가 굳이 더 단순명료해질 필요는 없다고 말한다. 화학반응은 철저하게 이미 결정되어 있지만, 생각하는 것은 자유다. 이 둘의 관계를 풀어낼 수 있다면, 우주는 자신의 가장 깊은 비밀을 넘겨줄지도 모른다.

그보다 더 중요한 것을 얻을 수도 있다. 더 중요한 건 우리가 마음이 어떻게 작동하는지를 발견하게 되는 것이다. 솔직히 대부분의 사람에게는 빅뱅보다 이것이 더 흥미로울 것이다.

미스터리 파악하기

무작위 우주는 왜 이렇게 서로 잘 들어맞는가? 이 수수께끼는 '미세 조정fine-tuned'이라는 물리학적 문제로 알려져 있다. 과학으로 점프하기 전에 우리는 뭔가 훨씬 더 오래된 것에서 단서를 발견할 수 있다. 바로 창조 신화다. 모든 문화에 여러 세기에 걸쳐 전승된 고유한 창조 신화가 있지만, 모든 이야기는 두 가지로 나눌 수 있다. 첫째는 사람들이 공감할 수 있는 친숙한 행동을 통해 창조를 설명한다. 예를 들어 인도의 어떤 신화는 빛과 어둠의 힘들이 큰 우유 용기 속에서 주걱을 휘저어 우유 바다에서 고체 버터를 만들어내듯이, 메루산을 주걱으로 사용해 세상을 창조했다고 말한다.

둘째는 정반대로, 즉 세상이 철저하게 초자연적인 수단에 의해 창조되었다는 것을 보이고자 미스터리 속에 창조를 포장한다. 창세기 속 유대-기독교의 창조 이야기는 이 패턴을 따른다. 야훼는 빈 공간에서 시작하여 불가사의하게 이를 변형시켜 빛으로, 하늘나라로, 지구로 그리고 지구 위의 모든 창조물을 만들었다. 버터를 만들어내는 것과 같은 일상적인 모습과 비슷한 건 전혀 없다. 지금까지는 그렇다. 현대 우주론은 무에서 무언가가 나타나면서 우주가 생겨났다고 가정한다는 점에서 창세기와 유사하다. 그렇지만 마술이나 초자연적이라고 부르는 건 과학적 신념에 어긋나는 것이니 미스터리라고 말하자. 이게 절제된 표현일 것이다.

창조는 엄청나게 크다. 우주는 망원경의 시야가 미치는 범위 안에서 460억 광년까지 펼쳐질 수 있는 것 같다. 이것이 빅뱅 이후 빛이 이동해온 거리다. 아기 우주가 확장될 때 아무렇게나 날아간 게 아니다. 자연의 상수라고 알려진 특정 규칙에 따라 형태를 갖추기 시작했다. 이 규칙은 수학적으로 정밀하게 표현할 수 있다. 이들 상수들 중 몇 가지는 이미 이 책에 나왔는데, 빛의 속도와 중력 상수가 그것이다.

매일 저녁 같은 시간에 식탁에서 저녁을 먹게 하는 것이 자신의 의무라고 여긴 옛날의 어머니처럼, 상수는 자연에서 질서를 만들어낸다. 문제는 질서나 패턴은 어딘가에서 와야만 한다는 것이다. 그리고 모두가 입증할 수 있는 유일한 어떤 곳은 빅뱅인데, 빅뱅은 갑자기 그렇게 되기 전까지는 완전히 혼돈이었다는 것이다. 그냥 기다리는 것 말고 분명히 뭔가가 더 필요하다. 마찬가지로 우주도 뭔가가 더 필요한데 그게 무엇일까?

물리학계는 미세 조정의 존재를 받아들인다. 중력이 조금만 더 크거나 작았어도, 질량이 조금만 더 크거나 작았어도, 전하가 조금만 더 크거나 작았어도 새로 태어난 우주는 저절로 무너지거나 원자나 분자가 형성되기 전에 산산이 조각 나 흩어졌을 것이다. 그러므로 별이 안정되는 것은 물론이고, 우주가 진화하여 어떤 복잡한 구조를 만들어내는 일도 없었을 것이다. 더욱이, 지구 위의 생명은 성간 먼지 속에 존재했던 것으로 보이는 단백질의 구성단위인 필수 아미노산의 존재와 같은 다양한 우주 규모의 우연 없이는 불가능했을 것이다.

물리학자들도 자연의 상수들이 어디서 왔는지를 알아내야 한다는 데 동의한다. 정밀한 수학 법칙이 네 가지 근본적인 힘(중력, 전자기력, 강한 핵력, 약한 핵력)을 지배한다. 예를 들어, 화성이나 몇 광년 떨어진 별과 같이 멀리 떨어진 위치에서 중력을 측정해보면, 이들 환경이 아무리 다르더라도 중력에 적용되는 상수는 같다. 상수를 사용하게 되면 지구에 묶여 있는 물리학자들은 마음속으로 공간과 시간이 미칠 수 있는 가장 먼 곳으로 갈 수 있게 된다.

물리학자들이 이렇게 할 때, 몇 가지 놀랄 만한 우연이 불쑥 나타난다. 예를 들어, 저 밖의 먼 우주 공간에는 엄청나게 큰 별들, 엄청나게 큰 초신성이 폭발한다. 이 폭발은 지구에서 또는 지구 궤도 위에서 강력한 망원경을 사용하여 관찰할 수 있다. 수십억 년 전에 일어난 초신성 폭발로 인해 현존하는 모든 무거운 원소들을(몇 가지 예를 들면, 칼슘, 인, 철, 코발트, 니켈)이 만들어졌다. 이들 원소의 원자들은 먼저 행성 간 먼지로 돌아다니다 중력이 이들을 함께 묶어 결국 (우리 행성을 포함하여 모든 행성이 형성된) 태고의 태양 성운 안에 머물게 됐다. 피를 빨갛게 보이게 만드는 철은 수백억 년 전에 스스로 소멸한 초신성에서 왔다. 초신성 폭발의 구체적 사항은 원자핵의 극히 미소한 영역에 존재하는 약력과 강력에 의해 결정된다. 이 힘들이 1퍼센트 정도라도 달랐다면, 초신성 폭발은 없었을 것이고 무거운 원소들은 만들어지지 않았을 것이며, 그 결과 우리가 알고 있는 것과 같은 생명은 존재할 수 없었을 것이다. 약력을 지배하는 특정 상수는 밝혀진 것과 정확하게 같아야만 한다.

매일의 현실 차원에서 미세 조정이 필요한 구체적인 경우를 살펴보자. 이 경우 물체는 원자와 분자로 아무 문제 없이 구성되어 있다. 미세 구조 상수라고 알려진 것이 이들 원자와 분자의 특성을 결정한다.

이 상수는 순전히 숫자로만 되어 있는데, 약 137분의 1이다. 이 미세 구조 상수가 1퍼센트 정도만 달랐어도 우리가 알고 있는 원자나 분자는 존재하지 않았을 것이다. 지구상의 생명과 관련해서 이 미세 구조 상수는 우리 대기에서 태양 방사선이 흡수되는 걸 결정하며, 식물에서 광합성이 일어나는 데도 관련이 있다.

태양은 오로지 우연히 복사의 대다수를 스펙트럼의 일부에서 내보내는데, 지구의 대기는 오로지 우연히 햇빛의 이 스펙트럼 중 일부를 흡수하거나 반사하지 않고 통과시킨다. 여기서 우리는 자연의 두 극한 사이의 또 다른 찰떡궁합을 보게 된다. 이 경우 찰떡궁합은 식물이 자라는 데 필요한 꼭 그 범위의 스펙트럼이 지구 표면에 도착한다는 것이다. (태양의 복사를 지배하는) 중력 상수는 거시적 수치인 반면 일부 파장만이 대기를 통과하는 햇빛의 대기 투과율은 미세 구조 상수에 의해서 결정되며 미시적 규모에 적용된다.

대단히 큰 것과 대단히 작은 것을 각각 지배하는 두 상수가 꼭 들어 맞는 명확한 이유는 없다. (지문을 보고 어린아이가 커서 뇌과 전문의가 될지를 알아내는 것과 같다.) 그렇지만 이 두 효과가 완벽하게 들어맞지 않았다면, 우리가 알고 있는 생명은 존재하지 않았을 것이다. 생물학에서도 마찬가지지만, 미세 조정 문제가 물리학에서 가장 크고 황당한 일들 중 하나라고 불리는 데는 타당한 이유가 있다. 생명은 상수들의 깨지기 쉬운 균형에 치명적 영향을 받는다. 사실, 지구상의 생명 자체가 우주에서 일어날 것 같지 않은 일 중 하나이기에 미세 조정이 매우 돋보이게 되었다. DNA가 존재한다는 것은 빅뱅 자체로 거슬러 올라가는 너무나 많은 우연과 연관된다. 이론가들은 이들 우연이 실제로 뭔가 다른 것, 뭔가 더 깊은 밑바닥의 일관성을 잃어버린 흔적은 아닌지 고민하기 시작했다. 비록 다른 많은 종류의 우연이 같은 의구심을 일으키지만, 이 감추어진 일관성의 실마리는 미심쩍은 미세 조정 상수에 있다.

왜 우주가 그렇게 미세 조정이 잘되어 있는지를 알아내는 데 많은 우주론자가 매달려왔고, 어떤 선발대는 우주를 오로지 우연에만 맡기는 것을 오랫동안 불쾌하게 여겼다. 여기 천문학자 프레드 호일의 유명한 구절이 있다.

쓰레기장에 보잉 747의 모든 부품이 분해되어 어수선하게 흩어져 있다. 우연히 회오리바람이 불었다. 바람이 지나고 난 뒤 완전히 조립되어 비행할 준비를 마친 747을 발견할 확률이 얼마나 될까? 회오리바람이 전체 우주를 채울 만큼의 쓰레기장을 지나간다고 해도, 그 확률은 무시할 정도로 작다.

양자역학의 기저에 있는 방정식과 그 방정식의 엄청난 예측력은 무작위 우연성과 불확실성을 요구하기 때문에, 현업이 있는 대부분의 물리학자들에게 호일의 비유는 이치에 맞지 않는다. 그럼에도 불구하고 왜 이 상수들이 이렇게 미세하게 잘 조정되어 있는지 설명하는 것은 현 지식을 거부한다. 그리고 인간이 존재하기 위해서 미세 조정이 되어야만 한다는 아주 흥미로운 가능성조차 있다. 미세 조정이 일어나지 않았다면 어떻게 되었을까?

지금까지 얻은 최선의 답

미세 조정의 이유를 인간중심원리anthropic principle를 통해 설명하려는 시도가 이어왔다. 이 인간중심원리라는 용어는 1972년 코페르니쿠스의 탄생 500년을 기념하는 한 회의에서 처음 나왔다. 이 표현은 그리스어로 '인간'을 뜻하는 anthropos에서 왔다. 코페르니쿠스는 적절하게도, 지구가 태양 주위를 도는 행성계 탓에 창조에서 인간 존재의 중심적 위치가 제거됐다고 했다. 인간중심원리의 주창자 중 한 명인 천체물리학자 브랜든 카터Brandon Carter는 "비록 우리가 꼭 중심인 것은 아니지만, 어떤 정도는 불가피하게 특별하다"라고 단언했다. 믿음에 따라 이 주장은 돌파구로 여겨지거나 분노를 샀다. 수백억 광년 크기의 우주 속에서 인간 존재를 특권을 지닌 위치에 되돌리려는 시도는 무엇보다 대담했다. 인간중심원리가 무엇을 말하는지 차분히 설명하기 위해서 물리학자이며 수학자인 로저 펜로즈에게 다시 돌아가자.

1989년에 출판되어 많은 존경을 받는 책인《황제의 새 마음: 컴퓨터, 마음, 물리 법칙에 관하여The Emperor's New Mind: Concerning Computers, Minds, and the Laws of Physics》에서 펜로즈는 인간 존재에게 특권적 지위를 주는 것에 대한 논거는 "현재 조건들이 지구 위 (지적인) 생명체에게 딱 맞는 이유를 설명하는 데" 유용하다고 말한다. 물리학자들이 무작위성에 집착하는데도, 펜로즈는 "물리적 상수(중력 상수, 양성자의 질량, 우주의 나이 등) 간에 유지되는 것으로 목격되는 놀라운 수학적 관계"를 지적한다. 또한 "이것의 곤혹스러운 측면은 이 관계들 중 어떤 것은 지구 역사 속에서 현시대에만 유지된다는 것이다. 그래서 우리는 우연히도 수백만 년 정도의 매우 특별한 시점에 살고 있는 것으로 보인다"라고 지적한다.

지금 여기를 살아가는 우리는 우주가 우리를 존재하게 했음을 발견한다. 이 시점에서는 차분할 필요가 있다. 이 토론의 주변부에, 성경을 문자 그대로 읽어 창세기가 가르치는 대로 정확하게 신이 인간에게 지구를 지배하게 했다는 믿음을 물리학이 지지한다고 주장하면서 덤벼들 창조론자들이 있기 때문이다. 인간 존재가 우주의 진화에 이어 신의 편애를 받는다는 모든 의견은 과학으로는 이단이다. 또한 인간 중심원리에는 종교적 의제가 없으면서도, 설명하기 어려운 놀라운 사실을 설명한다. 즉 지적 생명(즉 우리)이 이제 지구에 존재하고, 우리는 지적인 생명을 생기게 한 상수들을 측정할 수 있게 됐다는 사실이다. 우연 말고 뭐가 더 있는 걸까?

비유가 도움이 될지도 모르겠다. 해파리가 지적인 생물이고, 바다가 무엇으로 이루어져 있는지를 알려 한다고 상상해보자. 해파리 과학자들은 바다의 화학 성분을 분석한 뒤 놀라운 관찰을 한다. "우리 몸 안의 화학물질은 정확하게 바다의 화학물질과 일치한다. 이 일치는 너무 완벽하여 단지 우연일 수는 없다. 또 따른 설명이 있어야만 한다." 바닷물과 해파리 속의 액체가 일치하는 이유가 진화가 그렇게 만들었기 때문이니 해파리 과학자들이 맞을 것이다. 해파리는 바다 없이 생존할 수 없었을 것이다.

인간이 그렇게 중요한가?

인간중심원리가 계속 쌓여가는 우연에 불편함을 느끼는 과학자들 사이에서 지지를 얻었지만, 현재 과학에 들어맞는 명확한 설명을 주지는 못한다. 해파리의 경우처럼, 진화가 인간의 두뇌와 여러 우주상수의 일치를 만들었을 수도 있다. 물론 아닐 수도 있다. 몇 가지 다른 이유로 일치하거나, 아니면 일치하는 것으로 보이는 게 착각일 수 있으며, 우리가 계속 추구하면 중요한 불일치를 발견하게 될 수도 있다. 우주에서 우연한 어떤 것이 실제로 어떻게 존재하는가에 대해서는 광범위한 논란이 있지만, 적어도 얼음은 깨졌다. 즉 무작위성에 전적으로 의지하는 건 이성에 의해 끝났다. (최근에 멀리 있는 항성 주변을 돌고 있는 행성들을 발견함으로써 무작위성의 지위가 올라갔다. 생명을 유지할 수 있는 잠재력이 있는 행성들이 수백만 개 있을 수 있다는 생각 때문인데, 만약 그렇다면 지구는 이 우주 복권에서 운이 좋기는 하지만 독특하지도 않고 아마도 특별한 게 전혀 없게 된다. 코페르니쿠스가 최후에 웃을지도 모르겠다.)

신뢰성을 강화하는 과정에서 인간중심원리는 강한 꼴과 약한 꼴로 표현되었다. 약한 인간중심원리weak anthropic principle(WAP)는 방정식에서 모든 특별한 시혜를 제거하려 한다. 지구 위의 지적인 생명이 왜 그런지 모르지만 빅뱅으로 시작되는 우주적 진화의 목적이었다고 주장하지 않는다. 약한 인간중심원리는 단지 우주가 (완전히 설명된다면) 지구상의 생명에 합치해야만 한다고 말한다. 아마도 우리가 측정해온 상수들이 일종의 자유 재량권을 가지고 있어서, 그 결과 우리의 지식은 (비록 맞기는 하지만) 우리의 관점으로 한정된다. 분홍색 꽃에서만 꽃가루를 모을 수 있는 벌을 상상해보라. 약한 벌 원리는 당신이 꽃의 진화에 대해서 어떻게 말하든, 분홍색 꽃과 벌 사이에 어떤 연결이 만들어져야 한다고 말한다. 다른 색의 꽃들이 많이 있다는 사실은 벌과 상관없이 당신이 원하는 어떠한 방법으로도 설명이 가능하다.

강력한 인간중심원리strong anthropic principle(SAP)는 더 대담한 주장을 한다. 즉 그 속에 인간이 없는, 인식할 수 있는 우주는 존재하지 않는다. 우주의 진화는 반드시 우리로 이어져야만 한다. 많은 물리학자는 형이상학의 기미가 있는 이 주장에 몹시 당혹해한다. 어떤 짓궂은 평론가는 한 단계 더 나아가, 아주아주 강력한 인간중심원리라고 불리는 것을 주장하기도 했다. 그는 이를 "우주가 존재하게 되어 그 결과, 개인적인 의견을 말하자면, 나는 이 웹 페이지에서 인과를 논할 수 있게 되었다. 특별하게"라고 말했다. 강력한 인간중심원리를 터무니없이 극단까지 가져가기 때문에 이는 농담처럼 보일 수도 있다. 그러나 우주가 인간 존재에 맞춰야만 한다면, 바로 이 순간 왜 그렇게 할 수 없는지에 대한 논리적 근거는 없다. 인과에는 마음이 없다. 상수가 결정론적 결과를 이끈다면(예를 들어 공을 떨어뜨리면 공은 항상 지구로 떨어지게 된다), 어떤 한순간이 이미 정해지는 건 그냥 쉽다. 어떤 순간이든 원하는 때를 고르면 된다.

이제 왜 인과를 믿는 것이 양자물리 시대 이후에 허물어진 핵심 믿음 중 하나인지를 알 수 있다. 당신이 지금 이 페이지를 읽고, 샌드위치나 한 잔의 차를 가까이 두고, 당신의 이름을 적는 이 순간을 빅뱅이 이끌었다고 말하려는 것이 아니다. 엄격한 인과는 당신의 다음 생각 또는 당신 입에서 나오는 그다음 단어가 137억 년 전에 미리 결정되었다는 것을 의미한다. 엄격한 인과를 확률로 바꿈으로써 양자역학은 이 어려움을 덜어줬다. 우리는 이제 당신이 '부드러운' 인과라고 부를 수 있는 것과 함께 산다. 모든 사건은 변경할 수 없는 연쇄 반응이 아니라 일련의 확률로부터 나온다.

여전히 미세 조정된 우주의 미스터리는 사라지지 않았다. 확률은 한 전자가 시간과 공간상의 특정한 지점에 나타날 가능성을 말해준다. 어떻게 전자가 미세 조정된 우주의 일부로 존재하게 되었는지에 대해서는 아무것도 말해지지 않는다. 비유하자면, 친구가 3만 개 단어를 알고 있고 당신 또한 그가 각 단어를 얼마나 자주 사용하는지 알고 있다면, 당신은 그의 다음 단어가 '재즈'일 가능성을 확률로 계산할 수 있다. 아마도 그는 재즈광이 아니어서 그 확률이 1,867,054분의 1로 매우 작을 수도 있다. 이는 고도의 정밀도이다. 그러나 '재즈'라는 단어가 그의 입술을 떠날 때마다 왜 그가 그 단어를 선택했는지를 설명할 방법이 당신에게는 여전히 없다. 큰 규모에서 당신이 지닌 확률 관련 기술로는 수십만 년 전에 원시 사회에서 언어가 존재하게 된 이유를 설명할 수 없다.

인간중심원리가 약하든 강하든, 이 원리는 지구가 우주라는 바다 위에 떠 있는 무작위의 반점이 되는 걸 멈추게 해준다. 생명이 발전하게끔 우주가 창조되었기에 자연의 상수들이 자신들의 특정한 값을 가진다는 이론을 관철시키기는 어렵다. 카드로 집을 지으면서 한가로이 오후를 보낸 적이 있다면, 한 장의 카드가 조금이라도 흔들리면 전체가 무너지게 된다는 걸 알 것이다. 52장의 카드로 된 집 대신에 30억 개의 염기쌍으로 되어 있으며, 이중나선으로 꼬인 사다리를 따라 그 계단이 화학물질로 이루어진 인간 DNA를 만들고 있다고 상상해보라.

인간 DNA를 만드는 과정은 생명의 원형이 지구에 등장한 뒤로 37억 년이 걸렸고, 우주가 존재하여 여기에 이르기까지는 100억 년이 걸렸다. 이 길을 따라 DNA로 만들어진 집을 무너뜨리는 작은 실수가 얼마나 많이 무작위로 일어날 수 있을까? 셀 수 없을 정도로 많을 것이다. 당신의 유전자는 부모로부터 물려받았지만 이를 전달하는 과정에는 평균 약 300만 개의 돌연변이 형태의 이상이 발생한다. 엑스선, 우주선, 그리고 다른 환경적 요소에 의한 돌연변이와 함께 DNA 속의 이런 무작위 변형은 생명이 우연히 창조되었다는 데 큰 의구심을 불러일으킨다.

무작위 돌연변이율은 통계적으로 증명할 수 있다. 사실, 이 돌연변이율은 우리의 인간 조상의 첫 번째 무리가 20만 년 전 아프리카에서 이주한 후에 인간 유전자가 어디로 이동했는지를 추적할 수 있는 주된 방식이다. 조상들의 DNA 속 돌연변이는 우리가 조상들의 경로를 추적할 수 있는 일종의 시계로 작용한다. 그래서 무작위성은 크게 유리한 논거를 지닌다. 그러나 그와 동시에 37억 년 동안 DNA가 얼마나 자주 잘못될 수 있을까를 고려해볼 때, 확률은 무작위성을 약화시키기도 한다. 그럼에도 불구하고 이 모든 실수를 피할 수 있었는데, 원인을 무작위에서만 찾는다면, 이 사실은 상황을 복잡하게 만든다. 생명은 질서와 무질서가 만나는 지점에 놓여 있다. 달리 뭐라고 말해도, 미세 조정은 이 둘이 얼마나 미스터리 하게 엉켜 있는지를 분명하게 보여준다.

우주적 몸

점점 더 많은 물리학자들에게 미세 조정 문제는 전체 우주가 하나의 연속된 개체로, 인체처럼 끊이지 않고 조화 속에서 작동한다는 걸 받아들여야만 해결될 수 있다. 모든 사람이 심장, 간, 뇌 등 인체를 이루는 개개 세포들이 몸 전체의 활동과 연결되어 있음을 받아들인다. 홀로 있는 세포를 살펴본다면, 이 세포가 몸 전체와 맺는 관계는 상실된다. 당신은 세포 속에, 밖에, 세포를 관통해 화학 반응이 소용돌이치는 것만 볼 수 있다. 당신이 볼 수 없는 것은 이들 반응이 두 가지를 동시에 행한다는 것이다. 국부적인 수준에서는 이들 반응이 개개 세포를 살려준다. 반면에 전체 수준에서는 전체 몸을 살려준다. 자기 스스로 생을 중단하는 변절 세포는 악성이 된다. 끝없이 분열하고 자신을 방해하는 다른 세포나 조직을 죽이는, 자신의 이익을 끝없이 추구하는 악성 세포는 암종양이 된다. 한 세포가 몸 전체에 갖는 충성심을 파기하는 건 결국 무익하다. 암은 몸이 죽는 그 순간 파멸을 맞게 된다. 우주는 억겁 년 전에 파괴를 피하는 법을 배운 것인가? 미세 조정은 인간 존재들이 장기적인 생존을 원한다면 준수해야 할 운명의 안전장치인가?

창조 이야기와 신화로 되돌아가서 이 질문들을 그들의 관점에서 살펴보자. 신화는 테러리스트, 해커, 그리고 환경 파괴에 의해 위협받는 혼돈이 있기 오래전에 시작된 경보를 발령한다. 중세의 성배 전설 속에서 믿음은 세상을 유지하는 안 보이는 접착제였다. 죄는 세상을 파괴할 수 있는 암이었다. 기사가 십자가 위 예수의 옆구리에서 흘러나오는 피를 담았던 성배를 찾으러 나섰을 때, 자연 경관은 잿빛이 되어 죽어갔다. 자연의 괴로움은 인간의 죄를 비췄다. 성배는 실제 물건이었지만 단지 구원의 상징만이 아니어서 배움이란 거의 없던 대중에게 이해하기 쉬운 것이었다. 여러모로 믿음은 창조주와의 보이지 않는 연결고리였다. 성배를 인간의 눈앞에 들어올릴 수 있다면, 신이 이들을 버리지 않았으며 자연의 질서가 유지될 것임을 이 연결고리가 증명해줄 것이다.

한 개의 분리된 물건이 한 종교 전체에 반향을 일으켰다. 전체 세계관에 반향을 일으켰다고 말하는 이도 있다. 아서 에딩턴 경의 우스갯소리가 여기에 적용된다. "전자가 진동할 때 우주는 흔들린다."(인간 두뇌에 의해 지각되는 것처럼) 우주 안의 모든 것은 결합되어 있다. 이는 동일한 현실이 작동하기 때문이다. '저 밖에' 인간 지각을 넘어 또 다른 현실이 있다고 해도, 사실상 그건 존재하지 않는다.

색맹인 사람은 색깔을 실재하지 않는 것으로 만들 수 없다. 색이 존재한다는 걸 증명할 수 있는, 색을 볼 수 있는 사람이 충분히 있기 때문이다. 그러나 모든 사람이 색맹이라면, 색깔의 존재는 우리의 뇌에 감지되지 않을 것이다. 인간은 우리 눈의 능력을 벗어난 적외선과 자외선의 주파수를 볼 수 없다. 이들 주파수를 감지하도록 설계된 도구를 사용해야만 이들 존재를 확인할 수 있다. 우주의 '어둠'이 빛이나 측정할 수 있는 복사를 담고 있지 않을 때, 현실은 하나의 방송국(우리의 우주로 인식되는 그 하나)만 선택할 수 있는 라디오와 같다.

초기 우주로 돌아가 보자. 양자이론에 따르면 원자들이 나타나기 시작하던 때 물질의 모든 입자는 반입자에 의해 상쇄되었다. 어쩌면 이 둘은 서로 완전히 상쇄되었을 수도 있는데, 그러면 우주의 일생은 매우 짧은 이야기가 된다. 그러나 때마침 반입자보다 아주 약간 더 물질이 많았다. 계산해보면 약 10억 개에 한 개가 더 많았다. 이 숫자는 창조의 순간 눈에 보이는 모든 물질이 소멸되지 않아 현재의 우주가 생겨나게 할 정도로 정밀하다.

또 하나의 미스터리: 평탄성 문제

미세 조정은 여러 상수로 쪼갰을 때 추상적이거나 수학적으로 보인다. 하지만 모든 우주적 수수께끼가 그렇듯이, 증거는 우리 주변의 물질적 형태 속에 있다. 미세 조정의 핵심 미스터리를 심화시키는 부차적 미스터리는 평탄성 문제flatness problem라고 알려진 놀라운 사례다. 가능한 한 창조가 시작되는 시점에 가깝게 밀어붙여 보면, 이전 장에서 다룬 인플레이션 모델에 비약적인 발전이 있었다. 일반적으로 받아들여지는 이 모델은 1979년(출판된 건 1981년)에 코넬대학교의 앨런 구스Alan Guth가 다듬었는데, 그에 따르면 우주는 정확하게 빅뱅의 순간이 아니라 빅뱅 후 극히 짧은 시간에 확장하기 시작했다.

초기 우주가 놀라운 속도로 팽창inflating했음을 보여주는 증거는 곳곳에서 나온다. 그중 하나는 빅뱅 동안에 나타나 오늘날까지 계속해서 거의 균일하게 퍼지고 있는 복사다. 다른 하나는 공간이 거의 평탄하다는 것이다. 평탄성flatness은 물리학 분야의 전문용어로, 우주의 곡률, 우주 안의 물질과 에너지의 분포를 말한다. 뉴턴은 중력을 힘이라고 여기는 중력이론을 발전시켰는데, 이는 중력을 바라보는 한 가지 방식일 뿐이다. 아인슈타인이 발전시킨 일반상대성이론은 중력을 3차원 기하학으로 표현하는데, 그 결과 중력의 더 강하거나 더 약한 효과를 공간 속의 곡률로 그릴 수 있다. 곡률은 질량이나 에너지가 증가하는 만큼 커진다.

이 곡률은 양방향일 수 있는데, 안쪽으로는 농구공처럼 구를 만들고, 바깥쪽으로는 말 안장처럼 치솟는 물체를 만든다. 물리학에서는 이를 정곡률positive curvature과 부곡률negative curvature이라고 한다. 농구공과 안장을 2차원으로 모델링할 수는 있지만, 3차원에서 일어나는 공간의 곡률은 더 복잡하다. 예를 들어 공에는 안과 밖이 있는데, 우주는 그렇지 않다. 일반상대성이론은 주어진 공간 속의 물질-에너지가 어느 정도가 되어야 공간을 어느 쪽으로 휘게 하는지를 계산할 수 있다. 우리의 우주가 임계값을 넘는다면, 한 점으로 오그라드는 공으로 동그래져서 사라질 것이다. 또는 반대로 임계값을 넘는다면, 무한정 바깥을 향해 치솟을 것이다. 큰 범위에서 공간이 평탄한 우주를 만들기 위해서는 질량-에너지의 평균 농도가 이 임계값에 아주 가까워야만 한다.

초기 우주는 밀도가 거의 무한대로 높았기 때문에, 늘릴 때마다 가늘어지는 엿가락처럼, 확장될수록 밀도가 줄어들었다. 현재 우주의 단위 공간당 질량-에너지 밀도는 제곱미터당 수소 원자 6개 정도로 아주 낮다. 전체 그림을 살펴볼 때, 현재 우주는 상당히 평탄하다. 그러나 사소한 문제가 있다. 일반상대성이론의 방정식에 따르면, 임계값이 조금이라도 변하면 초기 우주에 미치는 영향은 짧은 시간 동안 엄청나게 증폭한다. 초기의 우주가 이 임계값에 가까이 갔다는 것은 분명한데, 우주가 안장 모양이 되거나 저절로 무너지지 않고 오늘날의 형태로 존재하는 것은 무척 다행스러운 일이다. 그러나 계산에 따르면 초기 우주는 임계 밀도에 극히 가까웠음이 분명하다. 10^{-62}, 다시 말해 소수점 아래로 0이 62개 정도의 차이였다. 이런 있을 것 같지 않은 정확도는 어떻게 가능했을까?

표준모델standard model의 일부로 받아들여진 앨런 구스의 해결책은 특정 밀도에서 절대 변하지 않는 인플레이션 장inflationary field을 적용하는 것이었다. 이는 팽창함에 따라 밀도가 변하는 초기 우주와는 다르다. (거칠게 비유하자면, 엿가락을 아무리 길게 늘려도 달콤함은 변하지 않는다. 맛은 크기와 상관없이 '평탄'하다.) 사실, 팽창하는 장은 혼돈에 가까운 극한 조건 아래에서조차 초기의 우주가 일정한 항로를 유지하게 해주는 기준 망 같은 것이었다. 그 결과, 오늘날 우리가 보는 모든 곳은 평탄하다. (같은 시기에 발표한 관련 논문에서, 구스는 인플레이션 장을 기반으로 지평선 문제horizon problem로 알려진 다른 수수께끼의 해결책을 제시했다. 이 문제는 우주 전역에서 발견되는 온도에도 관련이 있다. 평탄성 문제가 미세 조정을 생생하게 보여줬기 때문에 여기서는 지평선 문제를 상세하게 설명하지 않겠다.)

물리학자들이 언젠가 양자이론과 중력이론을 통합하는 방법을 발견한다면, 팽창 시나리오를 완벽하게 설명할 수 있을 것이다. 기본 원리는 양자장(또는 진공)에서 공간의 구겨짐이 결국 가시적 우주와 은하계 무리를 형성했다는 것이다. 이들 구겨짐과 잔물결은 빅뱅 이후 100만 분의 1초에 형성된 엄청난 중력이 만들어냈을 것이다. (앞의 논의를 참조하라.) 인플레이션 이전에 어떤 일이 일어났는지는 덜 확실하다. 플랑크 시대에 대해 설명하려면 현재로서는 우리의 능력을 넘어선 이론적 발전이 이루어져야 한다.

미세 조정이 존재해야만 한다면?

창조의 아름다움이나 복잡함을 생각한다면, 현대의 그토록 많은 이론이 무작위성에 의존한다는 것은 언뜻 보아도 의심스럽다. 왜 물리학자들은 이 길을 선택했을까? 우주론자들이 설계design라는 단어를 혐오함에도 불구하고, 숨겨진 패턴을 의심하지 않고 미세 조정을 살펴보기란 매우 어려운 일이다. 그리고 일단 이런 일이 벌어지고 나면, 즉 모든 것이 무작위로 일어난다고 가정하면, 이들 패턴은 어디에서 오는 것인지 물을 수밖에 없다.

　20세기에 물리학자인 아서 에딩턴Arthur Eddington과 폴 디랙Paul Dirac은 무차원 비율 속에 특정한 우연의 일치가 여러 개 발견된다는 사실에 처음으로 주목했다. 다시 말해, 아주 큰 차원 또는 아주 작은 차원에만 적용되는 게 아니라, 이들 비율은 거시적인 양을 미시적인 것과 연결한다. 예를 들어, 전자력 대 중력의 비율(짐작건대 상수)은 큰 수다(전자력/중력 = $E/G \sim 10^{40}$). 우주에서 관찰할 수 있는 크기(짐작건대 변한다) 대 기본 입자의 크기 비율(우주의 크기/기본 입자의 크기=$U/EP \sim 10^{40}$)도 상당히 큰데, 놀랍게도 첫 번째 숫자와 비슷하다. 매우 크며 서로 관계 없는 두 수가 비슷하다고 판가름 난다는 것은 상상하기 어려운 일이다.

　디랙은 이들 근본 숫자들이 서로 연관되어 있다고 주장했다. 근본적인 문제는 관련된 두 수가 상수이기 때문에 첫 번째 관계에서는 변하지 않는다고 짐작되는 반면, 우주의 크기는 우주가 확장함에 따라 변한다는 것이다.

　이를 덜 추상적으로 만들어보자. 당신이 가장 친한 친구와 5킬로미터 떨어진 곳에서 태어났다고 상상해보자. 평생 가장 친한 친구이기 때문에(상수) 당신이 새로운 집으로 이사할 때마다 친구도 따라 이사하고, 두 집은 항상 5킬로미터 떨어져 있다. 집에서 집으로 이동하는 경로는 변한다. 인간 세상에서 당신의 친구는 (여러 이상한 이유로) 당신과의 거리가 5킬로미터여야만 한다고 결정할 수 있다. 그러나 어떻게 자연은 디랙이 발견한 관계가 들어맞도록 결정하는 걸까? 디랙의 '큰 수 가설large number hypothesis'은 우연이라고 볼 수 없는 이 비율들을 연결하려는 수학적 시도였다.

그러나 인간중심원리가 같은 걸 성취하지 않았는가? 인간중심원리는 고등수학 대신 직감적으로 파악 가능한 일련의 논리를 사용했다. 야구장에 착륙한 화성인이 야구 경기를 보는 것만으로 경기 규칙을 알아낼 확률은 높지 않지만, 모든 선수의 모든 움직임을 유도하는 연관성(경기 규칙들)이 있다는 것을 추측할 수는 있을 것이다. 이 규칙을 모른다면, 주자가 베이스를 훔치려 하는 것과 같은 많은 다른 행동뿐 아니라 타자가 배트를 휘두르지 않고 번트를 대는 것 역시 마구잡이로 하는 것 같아 보일 것이다. 인간중심원리도 비슷한 주장을 하려 했다. 지구를 방문한 화성인과 같이 우리가 우주를 직접 조사함으로써 규칙들을 찾아낼 수 없다 하더라도, 이들의 정확한 움직임은 분명 모종의 연관성이 이 게임을 이끌고 있음을 말해준다.

인간중심원리는 인간적 우주의 가능성을 향한 한 걸음이기 때문에 이 책의 두 저자는 여기에 특별한 매력을 느낀다. 그럼에도 우리의 열정을 꺾는 골치 아픈 결점, 다시 말해 우연은 과학이 아니라는 결점이 있다. 가장 먼 우연의 일치조차 과학이 아니다. 예를 들어, 거의 똑같이 생긴 두 사람을 거리나 파티에서 만나는 경우가 있다. 아니면 엘비스 프레슬리와 너무나 닮아서 엘비스 흉내를 내는 사람이 있을 수 있다. 놀라운 우연의 일치겠지만, 우연의 일치가 존재하는 데 더 깊은 이유가 있어야만 한다고 주장하는 것은 잘못된 논리다.

그런 점에서 생각해보면, 인간중심원리가 말하는 것은 명확하다. "우리가 지금 여기 존재하는 조건들이 맞았기 때문에 우리가 여기에 있다." 이 문장은 설득력이 전혀 없다. 마치 "비행기는 이륙을 할 수 있기 때문에 난다"라고 말하는 것과 다소 비슷하다. 그렇다 하더라도, 현재 물리학의 어떤 것도 이 인간중심원리를 파기하는 설명을 내놓지 못한다.

인간중심원리의 결점을 다루는 한 가지 방법으로, 상수들이 우주가 진화함에 따라 변화했다(현재도 변화하고 있다)는 것을 반박하는 가능성은 있지만 불안한 방법이다. 변하지 않는 상수의 존재를 믿는 것이 더 편하다. 상수가 변하면 평지풍파가 일어난다. 중력상수와 공식 $E=mc^2$ 속 빛의 속도(c)는 전적으로 믿을 수 있다.

그러나 상수가 변하지 않는다는 것은 환영illusion일 수 있다. '환영'은 그다지 내키지 않는 단어다. 변하지 않는 상수라는 개념을 제거하면, 사람은 어떻게 사는가? 우리가 환영을 받아들이지 않으면, 어떻게 직장에 가거나 항생제로 감염과 싸우거나 수표책을 결산하겠는가? 대답은 '우리는 더 잘 산다'이다. 시간이 흘러도 변하지 않는 상수를 창밖으로 내던질 필요는 없다. 참여우주에서는 아무리 수학이 발전한다고 해도 인간 존재의 지위가 숫자보다 높다는 것을 깨달으면서, 이들 상수를 통해 보기만 하면 된다. 인간적 우주에서 상수는 우리에 맞추기 위해 이동한다. 그 반대가 아니다. 이는 엄청난 주장이다. 우리도 안다. 지금 당장 우리는 이 주장의 근거를 마련하고 있고, 현 단계에서 할 일은, 우리가 우리의 세계관을 바꾸지 않으면, 현재의 물리학이 이룬 최선의 해법조차 극복 불가능한 문제들에 매여 있음을 보여주는 것이다.

관점 선택

이 책에서, 미세 조정 문제는 두 가지 명확한 선택의 문제가 된다. 첫째, 미세 조정 문제는 연속된 우연의 일치라는 경우인데, 이때 유일한 설명은 인간은 우연에 의해 적합한 우주에 존재하게 되었을 뿐이라는 것이다. 이 관점은 스티븐 호킹Stephen Hawking과 막스 테그마크Max Tegmark를 포함하여 다중우주와 M이론의 지지자들이 선호한다. 이들은 생명을 형성하는 방식과 일치하지 않는 엄청난 수의 상수들의 가능한 모든 조합이 거의 무한한 우주를 잇달아 만들어내리라는 가능성을 받아들인다. 하지만 어찌 됐든 우주 하나가 만들어지고, 우리는 그 안에 우연히 존재하게 되었다. 이는 100마리의 원숭이가 무작위로 타자기를 두드려 (거의 무한대의 산더미 같은 횡설수설 후에) 마침내 셰익스피어 전집을 만들어내는 것과 동일하다. 우리가 엄청나게 있음 직하지 않은 우리의 우주에 사는 것일 뿐이라면(우리에겐 다행이다), 완전한 무작위가 지배한다.

우리는 정확히 얼마나 운이 좋은 것일까? 초끈(이들이 존재한다고 가정하자)에 꼭 들어맞는 추정치에 따르면 그 확률은 10^{500}분의 1이다. 10^{500}은 알려진 우주 속 입자의 숫자보다 훨씬 크다. 100마리의 원숭이가 셰익스피어 전집을 쓸 확률이 100만 배나 더 높다. 셰익스피어 전집뿐 아니라 나머지 서양 문학도 다 쓸 수 있을 정도다. 그러나 이 것은 무척 번거로운 일이다. 소위 혼돈팽창이론chaotic inflation theory 에 따르면, 우리가 딱 맞는 우주에 존재하게 될 확률은 훨씬 더 작다. $1/(10^{10})^{10})^7$분의 1이다! 시간만 충분하다면 100마리 원숭이가 셰익스 피어의 작품을 쓸 수 있다고 주장하는 것과, 셰익스피어 작품이 쓰일 수 있는 다른 방법은 없다고 선언하는 것은 완전 다른 주장이다. 이는 M이론과 다중우주 가설이 주장하는 것이다. (실제로, 자연의 모든 가능 한 법칙은 무한한 방식으로, 무한한 시간에 걸쳐 펼쳐진다고 말하기 때문에 다 중우주의 주장은 훨씬 더 급진적이다. 어떤 것이 일어날 가능성과 안 일어날 가 능성이 둘 다 무한할 때는 확률이 허물어진다. 앨런 구스가 표현한 것처럼, 지 구에는 머리가 두 개인 소가 가끔 태어나고, 특정 돌연변이가 나타날 확률을 계 산할 수 있다. 그러나 다중우주에서는 머리가 하나인 소와 둘인 소 모두 숫자상 무한하기 때문에 이들을 센다는 것은 의미가 없다.)

우리는 두 가지 명확한 선택지가 존재한다고 주장한다. 다른 하나 는 우리가 선호하는 것으로, 우주가 자기 자신의 작동 프로세스에 따 라 움직이는 자기조직체self-organizing라는 것이다. 자기조직 시스템 에서는 창조의 새로운 층에 이를 때마다 이전 층을 조정해야만 한다. 따라서 입자에서 별, 은하계, 블랙홀에 이르기까지, 우주 속에서 새로 운 층이 생성될 때마다 무작위를 고려할 수는 없다. 이전 층으로부터 창조된 새로운 층이 차례로 이를 만든 층을 조정한다는 걸 고려한다 면 말이다. 마찬가지로 이는 인간 몸뿐 아니라 자연 전체의 작동을 설 명하는 데도 적용된다. 세포는 조직이 되고, 조직은 장기가 되고, 장기 는 시스템이 되고, 마침내 전체 몸이 만들어진다. 각 층은 같은 DNA 로부터 탄생했지만, 성취의 정점인 인간의 뇌가 모든 것을 정복할 때까지 계속 쌓인다.

하나의 결정세포에 비해 뇌처럼 꿩장한, 가장 작은 이 구성요소는 다층 구조 속에서 보살핌과 영양분을 받는다. DNA는 계층 구조를 만드는 이 기술을 진화시켜왔는데, 이는 전체 우주가 DNA의 교실이었기 때문이다. 자기조직이라는 이 재귀 시스템recursive system은 각 층마다 다른 층을 모니터링하기 위해 자기 자신으로 돌아오는 경우, 과학적 이름을 주기 위한 것으로, 물리학이나 생물학에서 널리 쓰인다.

예를 들어, 인간의 유전자는 인간 DNA 속의 필요한 수리와 돌연변이를 처리하는 데 힘쓰면서, 전체 게놈을 모니터링하고 규제하는 단백질을 만든다. 인간의 뇌 신경 네트워크는 (뇌세포 사이의 간극을 연결하는) 새로운 시냅스들을 만든다. 이 시냅스들은 자신들을 만든 이전의 시냅스들을 모니터링하고 규제한다. 뇌는 우리가 이미 알고 있는 것에 연관시켜서 모든 새로운 지식, 정보, 감각 입력을 통합한다. 자기조직self - organization은 유전자와 뇌, 태양계와 은하계에까지 존재한다. 무언가가 존재하려면 균형이 필요하고, 균형은 피드백을 전제한다. 시스템은 불균형을 자동으로 고치는 시스템을 갖추고 있다. 우주의 새로운 모든 것은 아무리 미미한 것이라 하더라도, 피드백 루프가 만들어져야만 한다. 그렇지 않으면 전체와 연결될 수 없다. 인간의 말로 하면 떠돌이가 될 것이다.

이런 방식으로 보면, 미세 조정은 미스터리가 아니다. 자동차 자동변속기 속의 톱니바퀴들이 정확하게 딱 들어맞는 것에는 미스터리한 점이 전혀 없다. 만약 톱니바퀴들이 정확하게 들어맞지 않으면, 그 자동차는 작동할 수 없을 것이다. 마찬가지로, 작동하고 있는 우주는 반드시 미세 조정이 되어 있어야 한다. 왜 우리는 그 반대가 사실일 거라고 기대하는 걸까? 우주는 금방이라도 무너질 듯해야 자연스러운 것일까? 모든 층위에서 볼 때 자연에서 실제로 자연스러운 것은 자기 조직화다. 무작위로 보이는 사건도(무작위성의 수학을 만족시킨다고 가정하면), 전체 속의 모든 부분이 역학적 균형을 이루는 항상성이라는 지배적 목표를 따른다.

고등학교 생물학 시간에 배운 항상성의 고전적인 예는, 바깥은 온도 조건이 변하는 데도 일정한 온도를 유지하는 몸의 능력이다. 기온이 갑자기 떨어진 가을에 재킷 없이 바깥에 있게 되었다고 가정해보자. 얼마나 오래 바깥에 있었느냐에 따라, 몸은 중요 장기의 온도를 유지하기 위해서 일련의 전술적인 단계를, 예를 들어 피부로부터 피를 몸 중앙으로 더 가까이 옮기고, 신진대사를 활성화하는 것과 같은 단계를 거칠 것이다. 현미경으로 들여다보면, 모든 세포는 각각 임의적이고 무작위적으로 활동하는 것으로 보인다. 몸 전체의 목표가 무엇인지 깨닫기 전까지는 말이다.

우리의 관점에서 볼 때, 우주의 미세 조정은 자연이 얼마나 민감한지를 보여주는데, 먼저 아원자들의 균형을 통해 은하계의 균형을 잡는다.

우주라는 직물 속에 내장되어 있는 자기조직화는 보이지 않는 무대 뒤의 안무가처럼 진화를 유도한다. 하지만 이를 하늘에 있는 초자연적인 신에 의한 '지적 설계intelligent design'라며 관심을 딴 곳에 돌리는 것으로 잘못 이해해서는 안 된다. 우주가 순조롭게 운영되는 것은 일상생활의 수준에서 최종적 결과로 이어지는, 보이지 않는 미세한 선택을 빠르게 행하는 양자 프로세스 덕분이다.

인간이 지구에 존재하는 것은 우주의 룰렛 게임에서 적절한 우주를 발견할 놀랍도록 작은 확률을 극복한 승자이기 때문일까? 아니면 우리가 자연의 숨겨진 계획에 꼭 들어맞기 때문일까? 대부분의 사람은 종교, 과학, 아니면 이 둘의 모호한 결합일 수 있는 자신의 세계관에 따라 대답한다. 그런데도 한 가지는 확실하다. 우리가 숨겨진 계획이나 거대한 설계가 있다고 믿는다면, 우리는 '저기 밖에서' 이를 보게 될 것이다.

우리는 질서를 찾아내고 어디에서 이 패턴들이 왔는지 파악하는 것으로 우주에 참여한다. 아인슈타인은 다음과 같이 말하면서 깊은 진리를 건드렸다. "저는 신의 마음을 알고 싶습니다. 나머지는 그냥 세부 사항일 뿐이에요." '신의 마음'을 '우주의 목적'으로 바꾸면 평생 추구해볼 가치가 있는 목표를 갖게 될 것이다.

3

시간은 어디에서
왔는가?

˅

시간은 우리의 적이 되려는 의도가 전혀 없었다. 그러나 인간은 "시간이 부족하다"거나 "시간이 다 됐다" 같은 말을 하며 시간을 적으로 만들었다. 이런 말은 인간이 벗어날 수 없는 시간의 감옥에 갇혀 있음을 암시한다. 희망에 찬 사후 세계가 있음이 밝혀지기 전까지는 그렇다. 아인슈타인은 시간과 화해하는 방식을 발견했다. 그는 과거와 미래는 환영이며, 존재하는 것은 현재뿐이라고 말했다. 현재는 세상의 영적 전통과 진보된 과학이 융합하는 찬란한 순간이다. 깨달음을 얻은 성인이며 예언자적 시인이기도 한 어느 유명한 물리학자는 다음과 같이 말했다. "영원히 그리고 항상 지금, 하나의 똑같은 지금만이 있다. 현재는 끝이 없는 유일한 것이다."

이 말은 에르빈 슈뢰딩거Erwin Schrödinger의 말인데, 그는 많은 양자이론의 선구자들처럼 신비주의에 더 가까워질수록 양자 혁명을 더 이해하게 되었다. '미스터리함'은 과학에 치명적인 역할을 하는데, 슈뢰딩거의 말을 문자 그대로 받아들인다면 무슨 일이 일어날까? 이제는 친숙한 부조화를 넘겨받게 된다. 일생생활에서 시간은 분명 과거에서 현재로 그리고 미래로 움직인다. 어떻게 시간이 정지하거나 심지어 더욱 놀랍게도 인간의 마음이 만들어낸 것일 수 있을까?

어린 시절 품었던 천국의 이미지를 떠올려보라. 구름 위에서든, 아니면 어린 양들이 뛰어노는 초원에서 하프를 연주하는 천사들을 보든, 아이들은 모두 천국이 영원하다고, 영원히 계속된다고 믿는다. 아이의 마음에는 그리고 많은 어른의 마음에는 영원하다는 건 따분하고 단조롭게 들린다. 시간이 끝없이 펼쳐짐에 따라 하프 연주와 양들은 매력을 잃고 결국 끔찍해지게 될 것이다.

그러나 영원함은 사실 길고 긴 시간 동안 지속되지 않는다. 영원함은 시간의 영향을 받지 않는다. 그리고 어떤 종교든 영원한 삶을 약속할 때는, 두 가지가 관련된다. 하나는 늙고 병들고 죽는 것 등 세월에 따른 괴로움이 없다는 것이다. 둘째 약속은 훨씬 더 추상적이다. 사후에 우리는 시간의 영향을 받지 않는다. 문자 그대로 시간이 존재하지 않는, 영혼이 머무를 곳인 '영원함의 지대'에 있게 된다는 것이다. 그런데 왜 내세를 기다리는가? 시간이 환영이라면, 우리는 우리가 원할 때마다 단순히 현재의 순간을 사는 것으로써 시간 밖으로 나갈 수 있어야 한다. 그러면 천국에 가는 것과 다를 바 없을 것이다.

과학자들은 이런 방식으로 생각하지 않는다. 적어도 대부분은 그렇다. 그러나 시간을 바라보는 새로운 방식에 문을 연 것은 과학이었다. 예를 들어, 아인슈타인이 지적하기 전까지는 누구도 시간이 고무줄처럼 늘어날 수 있다는 것을 알지 못했다. 영적 스승들은 신의 시간은 무한하다고 말했으며, 이제 몇몇 우주론자는 다중우주에 대해 같은 말을 하고 있다. 사실 현대 물리학은 시간을 포착하는 데 점점 더 집착하고 있다. 문자 그대로 무한한 시간이 존재한다면, 무한 우주들도 생겨날 것이고, 우주가 무한하다면 '저기 바깥' 어딘가에 오늘날 인간이 사는 모든 것의 거울상을 지닌 지구의 거울상이 있을 수 있다.

종교적인 것을 포함하여 이 모든 추측은 시간의 기원이 밝혀지기 전까지는 모두 공상이다. 빅뱅에 시간이 걸렸다는 증거는 없다. 왜냐하면 플랑크 시대의 순수한 혼돈 속으로 뛰어들어가 보면, 시간은 '전'이나 '후', 아니면 원인과 결과와 같은 성질 없이 소용돌이에 휩쓸린 채 양자 수프 속을 떠도는 재료 중 하나일 뿐이기 때문이다. 우주는 한때 시간이 없는 곳이었다. 아마도 여전히 그럴 것이다.

미스터리 파악하기

가장 정확한 원자시계는 몇 년마다 한 번만 '윤초leap second'를 넣어야 한다. 신문들은 이 일이 일어날 때 작은 기사를 싣는다. 마지막은 2016년 12월 31일에 일어났다. 추가로 1초를 더하는 일이 일어나는 건 지구의 자전 속도가 서서히 느려지고 있기 때문이다. 추가로 1초를 더해 협정세계시Coordinated Universal Time(UTC)를 태양시(일출과 일몰)와 다시 일치시킨다.

원자의 진동에 기반한 시계들이 100만 분의 1초 단위로 시간을 쪼갤 수 있게 되었을 때, 시간에는 많은 미스터리가 남아 있지 않은 것

같았다. 시계는 시간을 말해주기에 매우 유용하지만, 우리가 시간에 대한 진리를 알지 못하도록 음모를 꾸미기도 한다. 상대성에 대해 설명하면서 아인슈타인은 다음과 같은 유명한 말을 남겼다. "손을 1초 동안 난로에 대보세요. 한 시간처럼 느껴질 겁니다. 한 시간 동안 미녀와 함께 있어 보세요. 1분처럼 느껴질 겁니다. 이게 상대성입니다." 아인슈타인이 말한 것은 시간의 개인적인 측면이었는데, 여기서 미스터리들이 시작된다. 어떤 이는 더없이 행복할 정도로 만족스러울 때, "나는 이 순간이 영원히 지속되기를 바라"라고 말하며 아쉬워하는데, 그런 뭔가를 바라고 있는 건 아닌가?

시간은 두 얼굴, 즉 하나는 직접적인 경험과 관련이 있고, 다른 하나는 과학 방정식에 의해 기술되는 객관적인 세계와 관련이 있다. 이 문제는 얽혀 있다. 치과 의자에 앉아 있거나 막힌 도로 위에 있어서 시간이 느리게 가는 것처럼 보인다고 해도, 시계가 보여주는 시간은 영향을 받지 않는다. 당신은 이 문제를 두 가지로 나눌 수 있다. 시계가 보여주는 시간이 실제이고, 개인적인 시간은 실제가 아니라고 주장할 수 있다. 아니면 시간의 개인적인 측면을 배제하는 건 이론으로만 가능하다고 지적할 수도 있다. 경험의 세계에서는 모든 시간이 개인적이다. 이 시점에서 급진적으로 그리고 기이하게조차 들리지만, 우리는 두 번째 입장을 취한다.

시간이 극도로 개인적인 것이 될 때, 우리는 이를 당연하게 여기기 때문에 일반적으로 보이지 않는 곳에 숨은 인간적 요소를 의식하게 된다. 왕을 죽여 자신의 비극적 운명을 작동시켰을 때 셰익스피어의 맥베스는 가장 낙담하고 있었다. 그때 그는 "내일, 그리고 내일, 그리고 내일, 하루하루 이렇게 살금살금 기어오는, 기록된 시간의 마지막

음절까지"라며 비탄에 빠져 말했다.

이것은 시간의 개인적인 측면에 대한 고전적인 표현이다. 하루가 지나면 가차 없이 다음 하루가 와서 죽음의 순간으로 우리를 점점 더 가까이 데려간다. 하지만 시간의 '더딘' 행보는 사실 환영이다. 시간은 현실의 모든 것이 순수한 잠재력으로 존재하는 양자장에서는 '흐르지' 않는다. 양자장은 시간에 대한 우리의 상식적 관념 바깥에 있다. 한 입자가 장에서 드러날 때 이 입자에는 어떤 내역history도 없다. 입자는 온/오프 스위치와 결부되어 있지, 과거에 결부되어 있는 것이 아니다.

양자 현실에서는 맥베스가 "지금 그리고 지금 그리고 지금. 현재를 빼고는 다른 것은 존재하지 않아"라고 말할 것이다. 더는 시간의 흐름이 받아들여지지 않는다면, 존재 가능성이 있는 유일한 시간은 현재의 순간뿐이다. 아이의 탄생과 노인의 죽음을 낳는 시간의 '흐름'은 환영인 반면, 현재 순간은 '실제' 시간의 척도다. 여기에 어려움이 있다. 우리는 시간의 흐름 속에서 일어나는 많은 일 중에서 아이들이 태어나고 노인이 죽는 걸 본다. 누구도 이런 일들이 환영이라고 말할 수 없다.

당연히, 우리가 우연히 이 지구 위에 살고 있는 것이라면 이 환영은 매우 설득력이 있다. 그러나 물리학자에게 시간의 영향을 받지 않는 양자장은, 우리 자신의 이익을 위해 영원을 깔끔하고 실용적으로 조각 내는 인간 신경 시스템을 통해, 걸러지고 있다. '밖에 저기 있는' 시간은 인간의 관심사와 전적으로 동떨어진 차원의 현실이다. 맥베스는 죽는 걸 두려워할지 모르지만, 자석은 그렇지 않다. 자석은 결코 나이를 먹지 않는 전자기장 속에 존재한다. 현재의 우주가 지속되는 한 전자기장은 결코 변하지 않고 늙지 않는다. 전구는 특정 시간이 지나면 필라멘트가 타서 꺼지지만, 빛 자체는 꺼지지 않는다. 우주가 지금부터 수십억 년 후에 종말에 도달하여 모든 빛의 원천들이 어두워진다고 해도, 빛이 나이가 들었다고 말할 수는 없다. 그냥 꺼진 거다.

우주 닭? 아니면 우주 달걀?

과학자들에게 이러한 상황은 너무나 자명하여 문제가 될 수 없으리라 생각할 것이다. 그러나 우리는 '닭이 먼저인지, 달걀이 먼저인지' 딜레마에 빠지게 된다. 우주 없이는 시간이 있을 수 없고, 시간 없이는 우주가 있을 수 없다. 이 둘은 서로 의존하고 있다. 원자도 마찬가지다. 빅뱅 후 30만 년까지는 나타나지 않았다. 이때는 가장 기본적인 양성자와 전자가 결합되어 있었다. 이전에는 이온화된 물질만이 존재했다. 시간 없이는 원자도 없다. 하지만 원자 없이는 시간을 인지하는 인간 뇌도 없다. 어떻게 이 둘이 연결되었을까? 아무도 모른다. 시계에 의해서 만들어진 환영은 믿을 수 없는데, 이는 객관적인 시간 자체에 의구심을 일으킨다. 극복할 수 없는 모종의 거대한 벽이 플랑크 시대를 넘어 창조 이전 상태와 빅뱅 이전 상태를 자세히 들여다보지 못하게 막는다. 똑같은 벽이 시간에도 존재하지만, 창조된 우주 속에서 시간이 어떻게 작동하는지 과학자들이 설명하는 데 도달하는 걸 막지는 못했다. 시간은 변화를 가져오고, 변화는 창조되는 모든 곳에서 관찰될 수 있는 움직임을 의미한다. 그러나 이상하게도 움직임은 우리가 뭔가 움직이는 걸 관찰하고 있다는 걸 의미하지는 않는다. 이 또한 환영일 수 있다.

원자와 분자가 돌아다닌다는 사실은 시계 환상clock illusion의 일부다. 영화 속 자동차 추격 장면에서, 그 자동차들은 실제로 움직이는 게 아니다. 정지된 사진들로 이루어진 장면들이 움직임의 환상을 만들기 위해 초당 24프레임으로 영사기를 (영사기는 필름을 사용했다) 통해 투사되는 것일 뿐이다. 우리의 뇌도 순간을 촬영하고(고정된 이미지), 이들을 매우 빠르게 묶어 움직이는 세상을 보게 하는 것이다.

양자장 수준에서는 모든 움직임이 속임수다. 아원자 입자는 양자 진공quantum vacuum을 들락날락하며 깜빡인다. 그럴 때마다 약간 다른 장소에 다시 나타난다. 다른 장소는 정확히 상태의 변화이기 때문에, 근본적으로 이들 입자는 움직이는 게 아니다. 텔레비전 화면이 작동하는 방식을 생각해보라. 빨간 풍선 하나가 화면을 지나가는 장면에서, 텔레비전 안의 어떤 것도 움직일 필요는 없다. 인광 물질(옛날 방식의 브라운관) 또는 LCD(디지털 화면) 빛이 깜빡일 뿐이다. 순차적으로 (먼저 빨간 LCD 1번, 그리고 나서 빨간 LCD 2번, 빨간 LCD 3번 등등) 그렇게 함으로써, 풍선은 왼쪽에서 오른쪽으로, 위에서 아래로, 또는 어떤 방향으로든 흘러가는 듯이 보인다.

이 속임수를 알고 있다 해도 영화관에 앉아 있는 우리는 이 환영을 받아들인다. 원하기만 한다면 언제든 일어나 영화관 밖으로 나갈 수 있다. 현실 세계로 돌아오는 것이다. 그러나 현실 세계에서는 어떻게 걸어나올 수 있을까? 만일 매일의 시간이 영화의 시간처럼 그저 환영일 뿐이라면, 문제가 생긴다. 인간 신경 시스템은 온몸의 작은 시계들을 통제하는 더 작은 시계들로 구성되어 있다. 몸이 따르는 정말로 긴 리듬(잠자기와 일어나기, 먹기, 소화하기, 배출하기) 외에도, 중간 리듬(숨쉬기), 짧은 리듬(심장박동), 그리고 매우 짧은 리듬(우리 세포 내의 화학 반응)이 있다.

인간 신경 시스템이 이 모든 리듬을 동기화시킬 수 있다는 것, 그리고 그 이상을 할 수 있다는 것은 기적이다. 근육 섬유의 경련, 호르몬의 흐름, DNA의 분열, 새로운 세포의 생산 등 이 모든 과정은 자기 자신만의 시계를 따른다. 아이에게 이가 나고, 월경을 시작하고, 사춘기의 짧은 변화부터, 탈모, 폐경, 암과 알츠하이머병처럼 더디게 진행되는 만성질환의 시작과 같은 더 오래 걸리는 변화까지의 긴 리듬도 DNA 활동이 통제한다. 짧으면 1,000분의 1초, 길면 7년 이상인 시간 단위들을 어떻게 우리의 유전자가 처리해내는지는 미스터리로 남아 있다.

이 시점에서, 실용적인 마음을 지닌 사람이라면 이렇게 말하고 싶을 것이다. "시간의 미스터리는 너무 추상적이야. 내 뇌가 시계에 따라 작동한다면, 그걸로 충분해." 하지만 그렇지 않다. 여러분이 침대에서 꿈을 꾸고 있다고 상상해보라. 꿈속에서 당신은 전쟁터에서 싸우고 있는 병사다. 전장을 가로질러 돌진할 때 심장이 쿵쾅거린다. 주변에서는 폭탄이 터지고, 총알이 머리 위로 날아간다. 당신은 두려움 속에 꼼짝할 수 없다. 그러고 나서 당신은 잠에서 깬다. 바로 그 순간, 꿈속의 모든 것이 환상임이 드러나지만, 특히 시간이 그러하다. 꿈속에서는 오랜 시간이 흐를 수 있지만, 신경학자들은 거의 대부분의 꿈이 일어나는 급속안구운동rapid eye movement(REM) 시간이 고작 몇 초나 몇 분도 되지 않음을 밝혀냈다.

다시 말해서, 뇌 활동에 의해 측정된 '뇌 시간'과 꿈속에서의 경험은 아무 관련이 없다. 깨어 있을 때도 마찬가지다. 꿈속에서 사람들과 차들이 지나가는 걸 바라보며 창가에 앉아 있다고 생각해보라. 당신이 깨어났을 때, 꿈 연구가는 당신이 반나절이 걸렸다고 느낀 그 꿈이 사실 뇌 시계로 23초였다고 말한다. 당신이 깨어나서 세상을 창가에 앉아 바라본다면, 그 경험 또한 꿈을 창조해낸 동일한 뇌세포에 의해 창조된다. 단지 몇백 분의 1초 걸리는 몇 개의 뇌세포 발화가 당신으로 하여금 오랜 시간 동안 지속되는 밝은 섬광을 당신의 눈 속에서 볼 수 있게 만든다(그런 밝은 빛을 보는 것은 편두통이나 간질과 같은 상황에서는 흔하다). 뇌 시간을 실재하는 것으로 부를지, 경험을 실재하는 것으로 부를지는 우리의 선택에 달려 있다. 하지만 실제 시간을 포착하기 위해 우리가 자신의 뇌 바깥으로 나갈 수는 없다. 이런 이유로 실제로는 한쪽이 다른 한쪽보다 더 실제적이지는 않다. 영화 밖으로 나가기는 쉽다. 이 깨어 있는 꿈에서 나가는 것은 그렇지 않다.

그런데, 뇌는 어떻게 시간을 맞추는 걸 배우는 걸까? 모든 다른 세포들과 마찬가지로 화학 공장인 뇌세포 안쪽에서 일어나는 화학반응을 살펴볼 수 있다. fMRI 스캔에 '환하게 켜지는' 전기적 움직임과 더불어, 이들 반응은 정확하게 시간에 따라 움직인다. 한 가지 중요한 움직임은 뇌세포의 바깥 세포막을 가로질러 일어나는 나트륨과 칼륨 이온의 교환이다. (이온은 양이나 음의 전기를 띤 원자나 분자다.) 이것이 일어나는 데 걸리는 시간은 무한하게 작지만, 즉각적으로 일어나는 건 아니다. 여기에 기초적인 뇌 시계 또는 뇌 시계의 핵심적인 부분이 있다.

불행히도, 그 뇌 시계는 시간의 경험과는 무관하다. 이들 교환된 전하들 모두는 금방 사라지지만, 시간은 꿈 속에서, 환각 속에서, 질병 상황에서, 영감이 일어나는 순간, 아니면 시간이 멈춘 다른 초자연적인 순간에 원하는 어떤 방식으로든 행동할 수 있다. 이온들은 시간의 거동에 대해서는 아무것도 알려주지 않는다. 어쨌든 빅뱅이 없었다면

궁극의 미스터리

애당초 어떤 이온도 존재하지 않았을 것이다. 우리는 이 미스터리가 시작된 막다른 골목으로 다시 돌아왔다. 우주의 닭이 먼저냐, 달걀이 먼저냐의 질문은 누구에게나 아직 열려 있다.

어쩌면 아닐 수도 있다

소위 막다른 골목은 실제로 중요한 단서를 드러냈다. 시간은 뇌 속의 신경세포가 발화할 때마다 존재하게 된다. 시간의 창조는 계속된다. 살아 있는 한, 사람은 시간을 '창조'하고 있는 것이며 시간은 결코 바닥나지 않는다. (누군가가 "난 시간이 없어"라고 말하는 것은 실제로는 마감을 못 지켰다는 걸 의미한다.) 그러므로 시간의 기원을 찾아 빅뱅 이전으로 돌아갈 필요는 없다. 시간이 어디에서 왔는지 묻는 것은 실제로는 우주에 관한 것이 아니라, 지금 여기 우리 경험에 관한 것이기 때문이다. *다른 시간은 존재하지 않는다.* 시간의 미스터리를 해결하면, 인간이 시간의 창조자인지 아니면 자신도 모르는 시간의 희생자인지, 즉 뇌 활동의 노리개인지를 알 수 있을 것이다. 다른 선택은 없는 것으로 보인다. 시간은 뇌에 달려 있고, 뇌는 시간에 달려 있다면, 우리는 모든 사람이 우주에 참여하는 가장 중요한 방식 중 하나에 대해서 말하고 있는 것이다. 상대성이론 전에는 모든 사람이 같은 시간 경험을 공유한다는 믿음이 일종의 우주적 민주주의를 형성했다. 우리는 시간이 작동하는 방식에서 모두 평등했다. 이 상황은, 갈릴레이가 상식적인 현실을 강화한 몇 가지 중요한 관찰을 한 덕분에 (이탈리아의 위대한 르네상스 과학자 갈릴레오 갈릴레이를 기려서) '갈릴레이식 민주주의'라고 부를 수 있다. 예를 들어, 당신이 자동차를 운전하고 있는데, 당신의 차가 지나치는 순간 창밖의 누군가가 같은 방향으로 공을 던진다고 하자. 우리는 그 공의 속도를 확실하게 계산할 수 있고 그 결과는 항상 같을 것이다. 기차가 시속 100킬로미터로 움직이는데 승객 중 메이저리그 투수가 있다고 하자. 이 사람이 기차의 진행 방향으로 시속 150킬로미터의 속도로 공을 던지면, 철로 바깥에 있는 사람(정지 관성계)에게 보이는 이 공의 속도는 기차 속도에 공 속도를 더하여 얻게 되는 시속 250킬로미터다.

이 갈릴레이식 민주주의는 고정된 지점에서 관찰하는 한 적합하다. 기차 안의 투수는 이미 기차와 동일하게 움직이고 있으므로(동일한 등속 관성계), 그에게 보이는 이 공의 속도는 시속 150킬로미터이다. 아인슈타인은 우주 속에 시간을 재는 고정된 지점이란 없다고 지적했다. 모든 관찰자는 다른 모든 관찰자에 상대적으로 움직인다. (적어도 계속된 움직임에 대해서는 누가 움직이고 있는지 어느 누구도 증명할 수 없다.) 그러므로 모든 측정은 상대적이며, 두 대상이 얼마나 빨리 서로에게서 멀어지고 있는지에 따라서 달라진다.

상대성은 갈릴레이식 민주주의를 무너뜨렸다. 모든 참여자에게 동일한 현실은 더는 있을 것 같지 않았다. 빛의 속도로 이동하는 우주선 안에 있는 당신이 앞쪽으로 레이저 총을 쏜다면, 총에서 나온 광자들 또한 빛의 속도로 이동할 것이다. 질주하는 기차 안의 투수와 달리, 당신은 광자의 속도에 우주선의 속도를 더할 수는 없다. 빛의 속도로 이동한다는 것은 모든 움직이는 기준틀 속의 관찰자들에게 강제되는 절대적 한계 속도에 도달했다는 뜻이다. 아인슈타인은 시간이 흐르는 속도는 그 사람이 속해 있는 기준틀에 따라 다르다는 것을 증명했다.

따라서 상대성은 모두가 같은 시간을 경험한다는 가정을 영원히 해체했다. 시간은 모든 관찰자에게 동일한 범우주적 개념이 아니다. 우리는 국부적으로만 시간이 동일하게 적용되는 공간 속을 떠다니는 점과 같다.

그러나 이를 다른 방향에서 살펴본다면, 모든 관찰자는 자신이 경험하는 시간틀을 정의하고 그 시간틀을 급격한 곡선 속에서 더 빠르거나 더 느리게 움직여서, 혹은 강력한 중력장에 접근함으로써 그 시간틀을 변경할 수 있다. 갈릴레이식 민주주의는 아인슈타인식 민주주의로 바뀌었다.

사실, 아인슈타인식 민주주의는 참여자에게 더 많은 자유를 안겨주는 더 보편적인 민주주의다. 상수들도 여전히 존재한다. 빛의 속도는 하나의 물체가 얼마나 빨리 시공간을 통해 움직일 수 있는가에 동일한 한계를 부여할 것이다. 하지만 상수들은 우리를 막고 있는 감옥의 벽이 아니라 게임의 규칙과 같다. 규칙을 따라야만 체스든 미식축구든 마작이든, 원하는 대로 움직일 수 있다. 과학은 지나치게 그 규칙에 치우치는 경향이 있다. 전자기파는 진공 속에서 빛의 속도로 움직이기 때문에, 우주 속 어디에서도 속도를 바꾸지 않을 것이다. 빛의 속도를 어떤 절댓값으로 고정하면 주관적 시간이라는 신뢰할 수 없는 요소를 제거할 수 있기 때문에, 계산을 해낸다는 쪽에서는 바람직한 성취였다.

뇌가 전류의 속도에 묶여 있다고 말하는 과학적 견해는 단지 하나의 견해에 불과하다. 아인슈타인식 민주주의에서 규칙을 앞에 둘 것인지 자유를 앞에 둘 것인지는 각 개인의 자유다. 절대적 입장이란 없다. 전자기파의 고정된 속도는 우리 뇌가 따라야만 하는 경계지만, 우리의 마음은 생각의 자유가 있어서 우리가 선택한 어떤 게임이든지 할 수 있다. 그리고 결국 모든 게임은 정신적이지 않은가. 빛의 속도는 우리의 신경세포만을 제한할 뿐 우리의 인간성을 제한하지는 않는다.

상대성이 절대 시간을 무너뜨리자 공간도 무너졌다. 시간에서처럼, 움직이는 기준틀에서 공간을 측정하면 왜곡된 것으로 보인다. 상대성이론에 따르면, 우주선이 빛의 속도로 접근하는 걸 지켜보는 정지한 관찰자는 우주선이 전진하는 방향으로 길이가 짧아지는 모습을 보게 된다. 일상생활에서는 시공간의 이러한 상대성 효과를 거의 감지하지 못한다. 왜냐면 우리에게 익숙한 속도는 빛의 속도에 비하면 아주 느리기 때문이다. 그러나 스위스 제네바에 있는 강입자충돌기Large Hadron Collider(LHC)와 같은 입자가속기에서는 아원자 입자들을 빛의 속도에 근접하도록 가속하는 게 일상이다. 이곳에서는 상대성의 효과가 전적인 사실로 자연스럽게 받아들여진다.

한마디로, 우리는 시간이 창조에 끼어들었을 때의 모습을 시각화할 수 있다. 보통 책처럼 편평하지만 펼치면 집, 동물, 정교한 조경, 그리고 심지어 그림이 튀어나오는 책을 생각해보라. 양자 수준에서 보면 창조도 이와 같다. 평탄함이 있었는데 갑자기 시공간에 물체들이 나타난다. 모든 것이 한꺼번에 튀어나온다. 따라서 입자들의 독립적 행동은 실제의 참모습을 보여주지 않는다. 나무, 구름, 식물, 혹은 인체는 (집을 짓기 위해 벽돌을 쌓는 식으로) 아원자 입자, 원자, 분자를 쌓아올려 만들어지는 것이 아니다. 아원자 입자들이 *시공간을 가져오는 것이다.*

이 사실은 놀라운 결과를 가져온다. 예를 들어, 빛의 속도에 가깝게 움직이는 입자는 100만 분의 1초라는 아주 짧은 시간에 붕괴할 수 있지만, 움직이는 입자에 대해서 정지해 있는 실험실의 물리학자들에게는 더 오랫동안 관찰될 것이다. 정확하게 빛의 속도로 움직이는 입자는 영원히 지속되는데, 이 입자에게는 시간이 흐르지 않기 때문이다. 이 입자는 그대로 있는 것처럼 보인다. 빛의 관점에서 볼 때 시간은 존재하지 않는다. 우리의 관점에서, 빛의 속도에 의해 차단된 세상 속에서, 광자의 수명은 무한히 길다. 빛의 입자인 광자는 질량이 0이다. 한 입자(어떤 입자든)가 유한한 질량을 가지면, 빛의 속도에 결코 도달할 수 없다.

이제 우리는 이 장을 시작하면서 가졌던 불가능해 보이는 아이디어 중 하나인, '영원eternity은 우리 문 앞에 있다'를 증명했다. 시간이 흐르지 않는 빛은 지구 위에 생명을 주었고, 계속해서 이를 지탱해준다. 그러므로 진짜 질문은 반대되는 이 둘이, 즉 시간과 시간이 흐르지 않음이 어떻게 서로 관련이 있느냐다. 시간, 공간, 그리고 물질은 한꺼번에 편평함에서 튀어나오고, 견고한 물체들은 아인슈타인식 민주주의 속으로 끌려 들어가면서 상대적으로 된다. 상대성에 의하면 한 물체의 질량은 고정된 것이 아니다. $E=mc^2$이 증명했듯이, 물질은 계속해서 에너지로 변하고, 에너지는 물질로 변한다. 그러나 여기에서 우리의 시각화 능력은 붕괴된다. 뇌가 물질로 만들어졌기에, 우리는 뇌의 둔함에 의해 제한을 받는다. 뇌 안의 전기 자극은 높은 속도로 전파되지만, 이들이 촉발시킨 생각은 발전소의 엄청난 전압이 가정용으로 낮춰지는 것처럼 단계적으로 '낮춰'져 느리게 진행된다. 정확하게 빛의 속도로 움직이는 유일한 입자는 광자와, 찾기 힘든 중성미자elusive neutrino처럼 질량이 0인 다른 입자들이다. 마술처럼 빛의 속도를 초과할 수 있다면, 시간은 뒤로 흐를 수 있는데, 이는 시간의 시작으로 거슬러 올라가는 이론적인 출입구가 된다.

아인슈타인은 상대성 효과를 고려한다고 해도 고전적인 세상에서는 이런 일이 일어날 수 없다고 추론했다. 그러나 양자세계에서는 일어날 수도 있다. 모든 시간의 조합이 가능한 것이 양자 가능성인데, 이는 다른 소중한 단서를 제공한다. 양자 영역에서 시간이 가만히 있거나, 뒤로 움직이거나, 아니면 과거에서 현재를 거쳐 미래로 흐르게 해준다면, 빅뱅이 이런 여러 가능성 중 하나만을 다른 것에 비해 선호할 이유가 없다. 왜 우리가 (과거·현재·미래로 흐르는) 시계 시간clock time 속에 살게 되었는지 묻는 것은 왜 우주가 그렇게 완벽하게 들어맞는가를 묻는 것과 상당히 유사하다. 시계 시간은 미세 조정된 우주가 그렇듯이 인간 존재들에게 이롭다.

모든 생명체가 그러하듯이, 인간도 탄생과 죽음, 창조와 파괴, 성숙과 부패 없이 존재할 수 없다. 이들은 시계 시간의 선물이며, 비록 별들과 은하들 또한 탄생과 죽음을 겪지만, 이들의 생명 주기는 우주라는 게임판 위에서 물질과 에너지를 이리저리 뒤섞는 문제일 뿐이다. 인간의 경우는 훨씬 더 복잡한데, 물리적 사물과는 달리, 우리에게는 무한한 것으로 보이는 가능성의 장field 속에서 태어나는 새로운 아이디어를 창조하려는 마음이 있기 때문이다. 시간의 미스터리는 어떤 식으로든 인간의 마음이 작용하는 방식과 분명히 연결되어 있다. 양자혁명으로 과연 시간과 마음이 서로 가까워졌을까?

양자는 시간의 지배를 받는가?

무언가가 빛의 속도보다 더 빠르다는 것은 상대성이론에는 매우 당황스러운 일이겠지만, 실제로 일어났다. 최근 실험물리학자들은 광자들을 한 장소에서 다른 장소로, 그 사이에 있는 공간을 지나지 않고 움직이는 방법을 찾아냈다. 이는 진정한 순간이동teleportation의 예다. 이 광자들은 A 지점에서 B 지점까지 순간적으로 건너뛰기 때문에, 시간이 흐르지 않는다. 빛의 속도를 실제로 넘어선 것은 아니다. 빛의 속도와도 상관 없다. 시간을 건너뛰었다고 말할 수도 있다. 사실, 순간이동은 시간, 공간, 물질이 튀어나오는 깔끔한 그림을 보여준다.

광자의 순간이동에는 엄청난 의미가 담겨있다. 우리가 앞에서 본 것처럼, 아인슈타인의 사고는 고전 세계에 여전히 얽매여 있다. 그런 세상은 빛의 속도에 묶여 있다. 울타리를 뛰어넘는 야생말처럼, 양자 물체들이 빛의 속도를 뛰어넘을 수 있다면 (빛보다 빠르게 이동하는 것이 아니라 순간적인 행동을 통해) 미지의 뭔가가 펼쳐질 것이다.

그 미지 중 하나는 얼마나 많은 차원이 실제로 존재하는가와 관련이 있다. 시계 시간은 1차원이다. 시계 시간은 모든 직선이 그러하듯, 1차원을 점령하는 일직선으로 이동함으로써 A 지점과 B 지점을 연결할 수 있을 뿐이다. 그러나 양자이론에서는 존재하는 차원의 수에 제한이 없다. 이는 차원이 순수하게 수학적으로 존재하기 때문이다. 예를 들어, 다수의 양자이론은 중력을 넘어 11차원을 상정하는 초중력장에까지 이른다. 빅뱅 이전에 이미 창조된 상태는 차원이 없을 수도 있다(수학적으로 0차원을 점령한다고 말한다). 아니면 무한의 차원을 지녔을 수도 있다. 일상 경험과는 너무나 멀리 동떨어진 이 가능성들로 머리가 빙글빙글 돈다.

우리는 해체된 절대성의 더미에 우리 우주의 3차원을 더해야만 한다. 그리고 네 번째 차원인 시간도 포함해야 할 것이다. 수학적으로는 이미 그렇게 되었다. 모든 입자는 소위 양자진공quantum vacuum, 즉 0차원의 한 장소에서 지금 여기로 나오고 있다. 몇몇 급진적인 물리학자들은 실제로 존재하는 유일한 두 숫자는 0과 무한대라는 이론을 세우기까지 한다. 0은 무를 유로 변환시키는 묘기가 일어나는 곳이다. 무한은 절대적 규모로 나타날 수 있는 가능성을 나타낸다. 0과 무한 사이의 모든 숫자는 단지 비누 거품과 연기로만 된 실체를 가진다.

0차원은 볼 수 없다. (너무 많은 변수가 알려져 있지 않거나 순전히 추측에 맡겨져 있어서, 수학조차 숨겨진 속임수처럼 보일 수 있다.) 그러나 시작도 끝도 없는 시간없음timeless은 지금 이 순간에 시간으로 자신을 드러내기 때문에, 분명히 우리 모두는 존재한다. 논리적으로 들리지 않겠지만, 이제는 별로 놀랍지도 않을 것이다.

양자 영역은 시간의 영향을 받지 않으니, 어떤 시간은 전적으로 변경 가능하다는 이 사실을 받아들일 수 있지 않을까? 그렇다면 어떤 형태의 시간이라도 인공물로 보는 게 큰 도약은 아니다. 이를 더 쉽게 이해하려면, 일상에서도 적용되는 양자물리학의 기본 용어인 '상태state'를 탐구할 필요가 있다. 당신이 나무를 볼 때, 나무는 당신이 시공간 속에서 정확한 위치를 찾아낼 수 있고 당신의 오감으로 경험할 수 있고 만질 수 있는 물체의 상태다. 흘러가는 구름은 수증기 같고, 나무보다 분명하게 드러나지는 않지만 똑같은 물질적 상태로 존재한다.

물리학이 양자 영역을 철저하게 연구할 때는 다른 상태, 즉 가상 상태virtual state가 관련된다. 이 가상 상태는 보이지 않고 만질 수 없지만, 그럼에도 불구하고 실재한다. 사실 우리는 깨어 있는 모든 순간에 가상 상태를 경험한다. 어떤 단어든 하나를 생각해보자. '아보카도'를 생각하거나 말할 때, 아보카도는 정신적 대상으로 존재한다. 우리가 이 단어를 생각하거나 말하기 전에, 이는 어디에 있었는가? 단어는 뇌세포 속에 물질적인 상태로 저장되어 있는 것이 아니다. 오히려, 보이지 않지만 바로 보일 수 있게 (가상 상태로) 존재한다. 우리는 우리 의지로 단어들을 뽑아낼 수 있다. 이 능력은 기억을 검색하는 뇌가 늙거나 손상을 입으면 약해진다. 고장난 라디오는 라디오파를 수신할 수 없다. 수신기가 작동하지 않아도 라디오 신호는 존재한다. 보이지 않고 감지되지 않지만, 온통 우리 주위에 있다.

마찬가지로, 우리 뇌는 우리가 사용하는 단어들의 수신 장치이고, 언어를 사용하는 규칙 또한 가상 영역에 존재한다. '집에 바람이 필요한가?'라는 문장은 언어 규칙을 따르지 않는다. 누구나 이 문장을 보는 즉시 알 수 있다. 우리는 말이 되는 것과 그렇지 않은 것의 차이를 확인하는 데 뇌 안의 어떤 에너지도 소비하지 않는다. 언어규칙은 비물질적인 한 장소에 보이지 않게 들어있다. 아원자 입자 또한 비물질적인 장소에서 생겨나는데, 장미라는 단어를 가져오는 곳이 은하가 출현하는 곳이 아니라고 믿을 아무런 이유가 없다.

가상 상태는 드러난 창조 너머에 존재한다. 파장 하나가 입자 하나로 변하여 광자, 전자 또는 다른 입자들이 우리의 경험 세계로 들어오는데, 이 가상 상태는 뒤에 남는다. 물리학에서 계산을 해보니, 빈 공간의 매 입방 센티미터는 실제로 비어 있지 않았다. 이는 가상 상태 때문인데, 양자 수준에서 이 가상 상태는 엄청난 양의 가상 에너지를 담고 있다.

우주 속에 있는 모든 것은 상태를 변화시킬 수 있다. 일상적 경험 속에서는 어느 누구도 물이 H_2O의 또 다른 상태인 얼음이나 수증기로 변하는 모습에 놀라워하지 않는다. 양자 수준에서, 상태의 변화는 존재와 비존재 사이를 왔다 갔다 한다. 부엌 탁자의 경우는 사람이 관찰하기에는 너무 빠른 초당 수천 번, 가상 상태와 존재 상태를 반복한다. 이는 우리가 여러 번 언급한, 들고 나면서 깜빡이는 온/오프 스위치다. 상태의 양자적 변화는 가장 기본적인 창조 행위이다. 우주가 한순간 번쩍하며 존재하게 된 것이 전자가 한순간 번쩍하며 존재하게 된 것보다 딱히 대단한 일이 아님을 깨닫게 되자, 다중우주multiverse가 엄청난 인기를 얻었다. 양자장 속에서도 같은 요동이 일어났다. 육안으로 볼 때 우주는 아주 아주 크다. 반면에 전자는 아주 아주 작다. 그러나 이 차이는 창조라는 행위에 있어서는 문제가 되지 않는다.

양자가 한순간 번쩍하며 존재하게 된 것은 어디 '다른 곳'에서 온 것도 아니고, 어디 다른 곳으로 가는 것도 아니다. 상태만 변하는 것이다. 그러므로, 변화의 척도로 시간이 아니라 '상태state'를 사용해야 한다. 기둥에 묶여 있는 배구공을 생각해보라. 당신이 이 공을 때리면, 공은 기둥 주위를 돌기 시작하지만 어떤 시점에 에너지가 고갈되어 기둥에 점점 가까워지고, 마침내 정지 상태에 도달한다. (태양 주변을 공전하는 행성이 시간이 지남에 따라 에너지와 운동량을 잃게 되면, 태양 중심부로 떨어질 것이다. 행성들이 진공 속에서 저항을 받지 않는다면, 배구공과는 달리 영겁 동안 공전을 계속할 수도 있다.)

이제 원자의 핵 주위를 돌고 있는 전자를 상상해보자. 이 이미지는 기둥을 돌고 있는 배구공과 매우 비슷하다. 원자의 경우, 각 전자의 궤도는 '껍질shell'이라고 불리는데, 양자 사건이 일어나기 전 원자는 자신들에게 배정된 껍질 안에 머문다. 여기서 양자 사건이란 가깝거나 더 멀리 떨어진 껍질로 건너뛰는 경우를 말한다. 에너지 '덩어리packet'로서 양자는 하나의 상태에서 다른 상태로 이동한다. 이때 에너지는 연속이 아닌 이산적인 덩어리 단위로 이동하기에, '양자 quantum'라는 용어를 사용한다. 전자는 미끄러지듯이 연속적으로 한 장소에서 다른 곳으로 움직이지 않으며, 느려지지도 않는다. 전자는 한 궤도(껍질)에서 튀어나와 다른 궤도에 나타날 뿐이다.

'상태'의 중요성을 파악하면, 왜 양자들이 시간에 영향을 받지 않는 지를 알게 된다. 시계 시간은 주식시세 표시 테이프가 기계에서 계속해서 풀어져 나오는 것과 같다. 반면에 양자 영역은 간격, 갑작스러운 상태의 변화, 동시적으로 발생하는 사건들, 원인과 결과의 역전으로 가득하다. 그래서, 창조의 기본이 양자라면, 어떻게 물리적 대상들이 애초에 시계 시간에 얽매이게 되었을까? 가장 간단한 대답은 시계 시간이 단지 또 다른 상태일 뿐이라고 말하는 것이다. 빅뱅 후 약 10억 년 지나 우주가 성숙해지자, 커다란 물체(특히 원자보다 큰 것들)는 동일한 '나타남manifestation'• 상태 속에 갇히게 되었다. 고급 수학은 확률 이론을 사용하여 부엌 탁자가 가상 영역으로 완전히 사라졌다가 3미터 떨어진 곳에서 다시 나타날 아주 아주 희박한 확률을 계산할 수 있다.

그러나 이런 건 실제적 고려 대상이 아니다. 나타남 상태에 갇혀 있는 일상 세계의 커다란 물체들은 시공간 속에서 확실히 믿음직스럽다. 양자는 깜빡이며 존재의 안팎을 나다니며 사라지지만, 식탁이 스스로 어딘가로 사라지지는 않는다.

• 옮긴이: 가상은 드러나지 않는다는 뜻에 대비하여 나타남, 드러남으로 번역했다.

따라서 진짜 질문은 "상태의 변화는 어떻게 일어나는가?"이다. 전체 우주가 순간적으로 나타나게 된 원인인 빅뱅은 어떤 한 장소나 구체적인 한순간에 일어났다고 말할 수 없는 상태의 변화였다. 플랑크 시대 동안은 전과 후가 같은 듯, 모든 곳everywhere과 어디도 아닌 곳 nowhere이 같았다. 플랑크 시기를 볼 수 없게 만드는 벽이 있음에도 불구하고, 우리는 이를 한 상태가 다른 상태로 변화되어 가상 상태가 드러나게 되는 '위상전이phase transition'라고 부를 수 있다. 시계가 똑딱거리는 여기에 앉아, 하나의 전자가 새로운 궤도(껍질)로 뛰어 들어가는 것과 똑같이, 거의 140억 년 전에 똑같은 방식으로 천지창조가 이루어졌다는 것을 깨닫다니 상당히 기이하다. 하지만 우리가 이를 상상해본다면, 전자만큼이나 작은 무언가와 우주만큼이나 큰 무언가가 어떻게 연결되어 있는지를 우리에게 알려준다. 이 둘 중 어느 것도 시간의 지배를 받지 않는다. 따라서 전적으로 새로운 방식의 사고가 적용되어야만 한다.

심리학이 등장하다

이제 우리는 당신을, 직접 시간의 감옥에서 나오게 할 준비가 되었다. 당신의 몸은 여러 상태 변화를 통해 우주에 참여하고 있다. 낯선 사람이 어느 날 당신 집 문을 두드린다고 가정해보자. 당신은 문을 열고, 그는 자신을 소개한다. 그가 "너와 난 오래전에 헤어진 형제인데, 너를 찾으려고 여러 해를 보냈어"라고 말한다면, "저는 국세청에서 왔는데 당신의 집을 압수하려 합니다"라는 소리를 들을 때와는 다른 상태에 놓이게 된다. 당신의 몸은 두 경우 모두 즉시 극적으로 반응할 것이다. 단순히 몇 마디 말을 들었을 뿐인데 당신의 심장박동, 호흡, 혈압, 그리고 뇌의 화학적 균형이 급격히 뒤틀린다.

인간의 삶 속에서 상태의 변화는 전체적으로 일어난다. 원자처럼 당신은 새로운 수준의 들뜸excitation으로 뛰어오를 수 있다. 자신을 소개하는 이방인 탓에 당신의 삶이 엉망으로 꼬일 수 있다. 그럼에도 극적인 상태 변화를 겪을 때조차, 당신은 당신의 세포 속에서 벌어지고 있는 미세한 물리적 과정을 관찰할 수는 없다. 기쁨이나 불안을 만드는 뇌의 특정 영역을 뇌 스캔으로 찾아낼 수 있다 해도 우리가 경험하는 것은 주관적이며, 결과에 이르는 전 과정이 아니라 최종 결과뿐이다.

그러나 한 가지 눈에 띄는 게 있다. 무언가를 촉발한 사건(이방인이 당신 집 문을 두드린 것)이 일어났다는 것은 상태의 변화가 일어나기 시작했다는 것이다. 비록 자연의 기본적인 토대라고 자주 불리기는 하지만, 양자가 실제로 그러한 경험을 쌓는 것은 아니다. 일테면 명령 계통이 위에서 아래로 움직인다. 먼저 이방인이 문에 서 있고, 그다음에 그가 말을 하고, 당신의 마음이 반응하고, 그런 다음 신체적인 것들이 뒤따른다. 간단히 말해, 마음이 물질보다 먼저다. 인간 세상에서만 우리는 이것이 진실임을 확신한다. 정신적인 것을 포함하여 모든 사건은 약간의 에너지를 교환하는 약간의 물질에 의해서 발생한다고 믿는 물질주의자들이 있기는 하지만 말이다. 단어의 목적은 의미의 교환이지, 물질적 에너지의 교환이 아니기 때문에, 단어들은 결국 정신적인 사건이다. 만약 누군가 "나는 당신을 사랑합니다"라는 문장을 입 밖에 낸다면, 그 사람의 몸을 이루는 물질적인 것들은 특정한 방식으로 반응한다. 한편 "나는 이혼을 원해"라는 소리를 듣는다면, 다른 식으로 반응한다.

양자 영역, 그리고 현실 자체가 심리적 요소를 갖고 있다는 대담한 선언을 한 뛰어난 이론가인 존 폰 노이만John von Neumann을 포함하여 몇몇 양자물리학자는 이 사실을 이해했다. 자연은 이중적이다. 주관과 객관 양쪽을 갖고 있기 때문에, 어떤 상황도 양쪽 관점에서 볼 수 있다. 문에서 이방인을 만나는 당신은 그의 신장, 몸무게, 머리색 등을 재거나(객관적) 그가 하는 말에 귀를 기울일 수 있다(주관적). 법정에서 범죄 목격자 증언은 믿을 수 없기로 악명이 높다. 모든 것이 우리의 관점을 뒤섞어버리기 때문이다. 우리 마음속에서는 우리를 위협하는 사람이 더 크게 보이는데, 이로 인해 범인이 얼마나 큰지를 객관적으로 평가하기가 쉽지 않다.

폰 노이만은 현실의 이중적 본성을 상당히 멀리, 자연이 작동하는 방식의 본질에까지 가져갔다. 그는 양자 입자들이 선택을 하는, 그리고 관찰자가 자신이 관찰하는 것을 변화시키는 경우를 설명했다. 양자물리학은 한 세기에 걸쳐 주관적 효과로 가득 차 있었는데, 이는 주로 양자의 속성들은 완전히 알려질 수 없다는 불확정성 원리 때문이다. 관찰자가 한 속성을 선택하면, 갑자기 양자는 그걸 보여준다. 동시에, 다른 속성들은 슬그머니 달아나고, 단지 관찰만 했는데 변하기까지 한다.

추상적으로 들리겠지만, 일상에서 볼 수 있는 예가 있다. 당신은 하와이의 오아후섬 북쪽 해안에 서 있다. 이곳은 거대한 파도로 유명한 서핑의 메카다. 파도가 한 차례 밀려올 때, 당신은 친구에게 보여주기 위해서 사진을 찍었다. 이 사진에서는 파도의 움직임이 멈춰 있으므로 파도가 얼마나 큰지는 알 수 있지만, 파도가 얼마나 빨리 움직이는지는 알 수 없다. 당신은 한 가지 속성만 고른 것이다. 물리학자가 아원자 입자를 관찰할 때도 다른 속성들은 제외하면서, 자신이 측정하고자하는 무언가를 드러내는 일종의 스냅 사진을 찍는 것이다. 그러나 현실은 모든 것을 아우르기 때문에, 이런 방식으로 현실을 살피는 것은 충분하지 않다. 하나의 속성이 관찰될 때 자취도 없이 사라지는 속성들을 보충하기 위해서는 아원자 입자의 다른 속성들을 확률로 계산해야 한다.

일상의 사례로 돌아가보자. 오아후에서 큰 파도를 찍은 사진을 보여주고 있을 때, 누군가가 "파도가 얼마나 빨리 밀려오고 있었나요?"라고 물었다고 하자. 당신은 애매모호하게 "정말 빨랐어요"라고 답한다. 정확히 대답해달라고 하면, 그 파도는 달팽이보다는 빠르고 비행기보다는 느리게 움직였다고 답할 수도 있다. 실제 속도는 아마도 시속 20~60킬로미터 사이일 것이다. 파도는 이미 사라진 지 오래여서, 이런 식의 확률로 말할 수밖에 없다. 양자물리학 역시 같은 입장이다. 다만 한 가지 본질적인 질문이 남아있다. 즉 관찰자는 '실제' 사실들을 어느 정도 변화시키는가?

폰 노이만은 이 점에 대해서 더 파고들지 않았지만, 현실에 심리적 요소(아원자 입자의 마음을 지닌 것 같은 행위)가 있다는 것을 돌파구로 삼았다. 슈뢰딩거 같은 몇몇 물리학자는 심리적 요소가 가장 중요하다고 했는데, 슈뢰딩거는 "일상적으로 생각하면 말도 안 되겠지만, 외부 세상이라는 현실 관념을 반드시 포기해야만 한다"라고 선언했다. 그러나 모든 현상을 외부 세계의 존재에서 기인하는 것으로 여기는 물질주의는 꼼짝도 하지 않았으며, 심리적 요소를 완전히 부정하거나 방정식에서 빼버렸다.

현실의 심리적 측면은 시간에 얼마큼의 영향을 주는가? 트라우마를 안겨주는 경험을 하면 시간이 느리게 간다는 것은 잘 알려져 있다. 연구 대상자들은 전장 한가운데에서 또는 자동차가 충돌하는 동안, 모든 것이 천천히 움직였다고 보고한다. 스포츠에서 '존zone에 있다'라는 말은 선수가 잘못될 수 없는, 즉 모든 것이 완전히 딱 들어맞으며 여기에 더해 세상이 고요해지고 시간은 느리게 가는 그런 변형된 (의식) 상태를 말한다. 운동선수들은 일상의 현실과는 다른, 일종의 꿈과 같은 상태에 있었다고 얘기한다.

이런 증언 중에서 주관적인 요소를 제거하는 건 어렵지만, 좀 더 더욱 통제된 환경 속에서 성공한 실험들이 있다. 어떤 연구에서는 연구 대상자들이 높은 기둥에서 떨어지는 놀이기구를 탔다. 이들은 낙하산이 펴져서 부드럽게 땅에 닿기 전에 자유낙하를 경험했다. 얼마나 오랫동안 자유낙하를 했느냐는 질문에 이들은 트라우마 상황에서 사람들이 그러는 것과 똑같이 항상 시간을 과장했다. 이들이 떨어진 실제 시간은 주관적 왜곡 요소를 빼면 되는 간단한 산수 문제다.

이걸로 충분한가? 만약 폰 노이만이 맞다면, 심리적 요소는 매 순간 우리가 세상을 경험하는 방식과 무관하지 않다. 아마도 '진짜' 현실은 자신을 더 잘 발견할 수 있는 누군가를 저기 밖에서 기다리고 있을지도 모른다. 자신의 세계관이 물질뿐만 아니라 에너지를 포함하기 때문에, 물리주의자physicalist라 불리기를 선호하는 물질주의자들은 어떤 심리적 요소도 필요하지 않다고 주장한다. 하지만 양자물리학의 역사를 보면 그렇지 않다. 슈뢰딩거는 신비주의자라며 묵살당했지만, 그는 경험적 증거에 기반하여 근본적인 수준에서 아원자 입자는 작은 행성처럼 행동하는 것이 아니라 가능성들의 흔적처럼 행동한다는 것을 알았다. 관찰자가 그 가능성 중에 어떤 가능성이 상태 변화를 겪어 측정할 수 있는 대상으로 나타날 것인가를 결정하는 것이다.

"시간은 어디에서 왔는가?"라는 미스터리에 대한 최선의 답은 인간적인 답human answer임이 밝혀졌다. 빅뱅이 심리적 요소를 갖기 위해서 빅뱅의 순간에 우리가 있어야 할 필요는 없다. 우리의 마음과 뇌를 사용하여 인간이 말한 빅뱅 이야기만을 우리는 이해할 수 있다. 똑같은 기제가 바로 이 순간에 현실을 만들어내고 있다. 그러므로 시간의 미스터리는 우리의 눈앞에 존재한다. 인간적인 해답 없이는 이것은 영원히 수수께끼로 남을 것이다.

이 장에서 우리는 시간이 당신의 편인 인간적 우주의 이점을 미리 보여주었다. 당신이 우주를 창조하는 데 참여하고 있으므로 시간이 당신 편인 것이다. 그러나 물리학은 지금도 객관적인 시간을 그대로 유지하기 위해서 여전히 몸부림치고 있다. 즉 객관적인 시간이 과학이 걱정해야 하는 유일한 '실제 시간'이라며 보존하려 한다. 그러나 유일한 진짜 시간이 현재 순간이라면 어떻게 할 것인가? 개인적 시간과 객관적 시간을 갈라놓는 벽이 무너질 것이다. 그렇게 된다면, 일상의 삶은 영원한 삶, 즉 지금 그리고 여기로 변형될 수 있을 것이다. 이 깜짝 놀랄 가능성 덕에 시간의 미스터리는 누구에게나 중요하게 된다. 우리 각자는 시간과 독특한 관계를 맺는데, 그럼에도 불구하고 우리의 근원source은 시간과 무관하다. 만약 우리가 시계가 만든 환영 너머를 볼 수 있다면, 시간과의 경주는 끝나고, 죽음에 대한 공포는 완전히 지워질 것이다.

4

우주는 무엇으로
이루어져 있는가?

˅

우주는 오랜 세월에 걸쳐 하나씩 차례차례 자연에 대한 진실의 베일을 벗겨왔다. 처음에는 따분할 정도로 느렸다. 관객은 딱딱한 원자라는 첫 번째 베일이 벗겨지기까지 수 세기를 기다려야 했다. 원자는 데모크리토스와 그의 추종자들까지 거슬러 올라가는 고대의 개념이다. 고대 그리스의 철학자들은 원자를 볼 수 없었지만(2,000년 후의 우리도 마찬가지다), 이들은 한 물체를 잘게 자르다 보면, 궁극에는 더는 자를 수 없는 작은 조각에 도달하게 된다고 추론했다. 원자를 뜻하는 atom이라는 단어는 '아니다'와 '자르다'라는 의미를 지닌 두 개의 그리스 단어에서 나왔다.

누군가 원자의 존재를 증명하는 방법을 찾을 수 있었다면 이 쇼는 훨씬 빠르게 진행되었겠지만, 그럴 수가 없었다. 따라서 만약 당신이 우주가 무엇으로 이루어졌는지를 묻는다면, 당신이 얻게 될 대답은 실제가 아닌 이론뿐이었다. 그러나 어떤 종류의 가장 작은 단위가 존재한다는 것은 확실했다. 과학자들이 실제로 실험을 하기 시작한 18세기부터 베일을 벗기는 일은 매우 빨리 진행되어, 화학 반응의 거동은 '단일한 전체 원자single, whole atom'들이 서로 반응하고 있다는 첫 번째 단서를 제공했다. 20세기에는 전자, 방사선, 핵, 아원자 입자 등 원자의 구성요소가 하나씩 발견되었다. 우주는 더 이상 숨을 곳이 없었다.

마지막 베일이 벗겨지자 사람들은 충격에 빠졌다. 베일 뒤에 아무것도 없었기 때문이다. 빵 한 덩어리를 계속해서 더 작게 자르면, 빵을 이루던 원자는 양자진공 속으로 사라진다. 앞에서 본 것처럼, 유가 무가 된다. 그러나 이 쇼에는 체제전복적인 면이 있다. 일단 아무것도 없음이 드러나자, 우리는 보는 걸 멈추고 우주에 대해 생각하게 되었다. 마치 고대 그리스인들이 그랬던 것처럼, 증명할 수 있는 사실이 아닌 논리와 추측에 의존하기 시작한 것이다.

지금 대중들의 눈에는 "물리학의 가슴(마음)과 영혼을 위한 전투"가 벌어지고 있다. 저명한 학술지인 《네이처》에서 차용한 문구다. 많은 존경을 받는 물리학자인 조지 엘리스George Ellis와 조 실크Joe Silk는 2014년에 순수한 사고가 데이터와 사실을 대체하는 이 문제를 비판하는 글을 썼다. 500년 동안 관찰과 실험을 통해 진실을 추구해왔는데, 순수한 사고를 과학이라고 부를 수 있는가? 일단 무, 우주의 영점zero point에 이르게 되면, 어쨌든 실험의 가능성은 끝나게 된다. 그런데 우리가 왜 지금 신경을 써야 하는가?

일상생활에서 비유를 찾을 수 있다. 도시의 복잡한 교차로를 건너려 한다고 상상해보라. 앞에는 신호등이 있다. 차들은 계속해서 교차로를 지나치고 있다. 어떤 차들은 빨간 신호인데도 오른쪽으로 돈다. 당신의 목적은 차에 치이지 않고 길을 건너는 것이다. 이 도전을 어렵게 하려는지, 당신은 마차를 끄는 말들이 쓰는 눈가리개를 써야만 한다. 이제 당신은 앞만 볼 수 있다.

차에 치이지 않으려면 당신은 어떻게 해야 할까? 당신의 시각은 대단히 좁아서 단서를 모으는 것만 할 수 있다. 이것은 물리학자들이 블랙홀 속이나 빅뱅 전 아니면 양자진공의 안을 들여다보려 하는 것과 상당히 유사하다. 이때 제법 쓸 만한 단서가 드러난다. 당신은 자동차의 소리를 들을 수 있다. 보행 신호가 켜지면 그것을 볼 수도 있다. 모퉁이의 다른 보행자들을 따라 움직일 수도 있다. 언제 길을 안전하게 건널 수 있는지를 짐작하기에 아주 좋은 생각이다. 하지만 당신이 진짜 아는 것은 아니다. 당신이 차에 치이지 않을 확률은 높다. 그리고 그게 당신이 말할 수 있는 전부다.

블랙홀 안의 현실을 보고 싶다고 해도, 그럴 수 없다. 단지 다양한 단서에 기초하여 확률을 파악할 수 있을 뿐이다. 우리가 이 책에서 다루고 있는 거의 모든 미스터리도 마찬가지다. 과학은 너무 작거나, 너무 크거나, 너무 멀거나, 세상에 있는 가장 강력한 도구로도 접근할 수 없는 지점에 이르렀다. 수십억 달러가 넘는 가장 큰 입자가속기가 양자장으로부터 만들어 낼 수 있는 가장 작은 아원자 입자(또는 어떤 것으로 모습을 드러내든)는 모든 입자가속기가 감지할 수 있는 것보다 여전히 1경 배 작다.

우리는 갈림길에 섰다. 한쪽에는 '사고 다발'이라는 표지판이 있고, 다른 쪽에는 '막다른 길'이라는 표지판이 있다. 과학은 막다른 길을 싫어하기 때문에 물리학은 계속해서 더욱 깊이 사고해 들어간다. 한 진영은 오랜 시간 유용성이 입증된 실험을 계속 신뢰하면서 전보다 훨씬 큰 입자가속기를 건설하자고 한다. 어떤 계산에 따르면, 이처럼 거대한 기계에 필요한 에너지는 지구 위의 모든 전력망을 오가는 전기와 맞먹는다. 다른 진영에서는 실험을 포기하고, 지금은 볼 수 없지만 언젠가 자연이 새로운 증거를 제공할 것이라 기대하면서 순수한 사고(오래전 그리스 방식)를 하자고 제안한다.

셜록 홈스와 알베르트 아인슈타인에게는 한 가지 공통점이 있다. 논리를 믿는다는 것이다. 아인슈타인은 상대성 뒤에 논리가 있음을 전적으로 믿었다. 그는 한때 농담식으로, 자신의 이론이 틀렸다고 증명된다면, "신을 애처롭게 여길 거예요"라고 말한 적이 있다. 손에 빵한 덩어리를 들고 "이건 뭐로 만들어졌나요?"라고 묻는 사람에게 끝내 "무無에요. 그렇지만 우리는 그것에 대해서 좋은 아이디어들을 많이 갖고 있습니다"라고 대답하면 이상할 것이다. 이런 것이 "우주는 무엇으로 구성되었나?"라는 미스터리를 추구할 때 겪게 되는 상황이다. 더 나은 방법이 있어야만 한다.

미스터리 파악하기

증거가 숨겨진 곳에서 문제가 일어날 때 과학에서는 이것을 검은 상자black box 문제라고 부른다. 예를 들어, 새 차가 후드가 닫힌 채로 조립 라인을 지나고 있다고 상상해보라. 누구도 차의 엔진을 볼 수 없다. 검은 상자 안에 있는 것이다. 하지만 당신은 여전히 차가 달리는 방식에 관해 많은 걸 이야기할 수 있다. 하나하나 사실이 모인다. 예를 들어, 그 차가 갑자기 멈추면, 차에 연료가 필요하다는 걸 알게 될 것이다. 계기판에 불이 들어와 있기 때문에, 당신은 어떤 방식으로든 엔진이 전기와 관련이 있다고 추론한다.

검은 상자는 재미있지만 동시에 좌절감을 준다. 과학자들은 검은 상자를 사랑하는 경향이 있다. 하지만 후드를 열 수 있을 때까지는 엔진이 실제로 어떻게 작동하는지 결코 그 존재를 알 수 없는 것이다. 우주 전체가 궁극적으로 검은 상자임을 깨닫는다면 매우 불안할 것이다. 물리학자가 우주의 구성을 이해하기 시작하면 모든 것이 손바닥 위에 있는 것처럼 분명해진다. 물질과 에너지의 속성 같은 자연법칙은 쉽게 이해할 수 있다. 양자장 이론의 표준모델은 중력을 제외한 모든 기본 힘에 대해 설명할 수 있다. 중력은 고집스럽게 저항하고 있지만, 작은 진전이 계속해서 쌓이고 있다(현재 두 종류의 선두적인 경쟁 상대는 고리 양자중력과 초끈 양자중력으로 알려져 있다. 둘 다 매우 난해하다). 그리고 느리더라도 꾸준히 나아가는 쪽이 승리할 거라고 모두가 계속 속삭이고 있다.

막다른 길에 도달하지 않는다면 그럴 것이다. 초기 우주는 누구도 갈 수 없는 곳에서, 심지어 사용된 재료가 무엇인지도 모르는 채로 만들어졌다. 뛰어난 과학철학자인 루스 캐스트너Ruth Kastner가 지적한 것처럼, 물질 우주는《이상한 나라의 앨리스Alice's Adventures in Wonderland》의 히죽히죽 웃는 고양이와 같다. 녀석은 희미한 웃음만 공중에 남긴 채 몸이 점점 흐려진다. 물리학은 그 고양이를 설명하기 위해 그 웃음을 연구하는 셈이다. 헛된 모험일까? 히죽히죽 웃는 고양이 은유는 선견지명이 있는 물리학자 존 아치볼드가 물질이 블랙홀로 붕괴하는 과정을 묘사하는 작업에서 비롯됐다. 아인슈타인은 재치 있게 표현했다. "제 이론 전에 사람들은, 우주에서 모든 물질을 제거하면 공간만이 남을 거라고 생각했습니다. 제 이론은 모든 물질을 제거한다면, 공간 또한 사라질 거라고 말합니다." 블랙홀이 문자 그대로 물질적 현실의 전체 구조를 먹어 치운다고 생각하면, 빙빙 도는 거대한 은하단조차 그 고양이의 사라져가는 웃음처럼 사라질 것이다.

물리학은 단 하나의 방법으로 현실을 설명하려고 한다. 하지만 갈림길을 통과하지는 못한다. 한쪽은 물질이 실체이고, 믿을 만하고, 잘 이해되는 우주로 향한다. 현실에 이르는 실용적인 길이지만 양자물리학은 이쪽은 거의 포기했다. 많은 과학자들이 여전히 이 길을 선택하고 있다 해도 말이다. 그 이유에 대해서는 다음에 다룰 것이다. 또 다른 길은 물질적 존재는 환영이라는 사실에 기반하여, 우주를 처음부터 다시 생각하는 길을 선택한다. 이 딜레마는 로버트 프로스트Robert Frost의 유명한 시와 같다. "노란색 숲속에서 두 갈래 길이 나타나네/ 그리고 나는 양쪽 길을 모두 가지 못함이 안타까워…"

양자이론에서 합의에 이르지 못한 대부분의 주제는 어떤 길을 택했나와 관련이 있다. 순수한 생각? 아니면 새로운 데이터? 프로스트의 시에서처럼 가장 답답한 점은, 택하지 않은 그 길에서 무슨 일이 벌어질지 결코 알 수 없다는 것이다.

블랙박스 엿보기

우주론자들은 우리가 볼 수 있는 우주는 빅뱅이 불러일으킨 에너지와 물질의 일부만을 보여준다는 것을 인정한다. 창조의 어마어마하게 큰 부분이 거의 순간적으로 사라졌지만, 암흑물질과 암흑에너지를 방정식에서 지우지는 못했다. 예를 들어, 공간은 비어 있지 않다. 공간에는 양자 수준에서 아직 손대지 않은 엄청난 양의 에너지가 있다. 정확한 에너지의 양을 계산했지만, 우주가 얼마나 빨리 팽창하는지를 고려할 때, 이 숫자는 터무니없이 동떨어져 있다. 양자진공에서 아원자 입자들의 '거품'이 일어날 때는 엄청난 양의 에너지가 필요하다. 1세제곱센티미터 공간 속의 에너지 밀도를 우주 상수라고 한다.

불행히도, 이 숫자는 10의 120제곱(0이 120개) 차이가 나는 것으로 판명 났다. 공간은 양자이론이 예측한 것보다 훨씬 더 비어 있다. 왜 그런지 모르지만, 진공 상태 내부에는 소용돌이 치고 있을 거라고 예상된 모든 힘이 서로 상쇄될 것이라고 추측된다. 적어도 한 명 이상의 물리학자가 이 완벽한 상쇄를 "마술"이라고 불렀다. 기껏해야, 지금 벌어지고 있는 건 암흑에너지 그리고 암흑에너지가 은하에 미치는 영향으로 인한 것이지만, 암흑에너지는 적어도 지금까지 실험할 수 없는 것들의 목록에서 높은 위치를 차지한다.

창조의 숨겨진 부분이 팽창하는 우주를 실제로 제어하고 있음이 밝혀지면, 우리는 자연의 법칙에 관해 인정된 견해(표준모델)를 거부하게 될 수도 있다. 간단히 말해, 견고하고 믿을 만한 물질이 사라지면, '물질'이라는 개념도 사라진다. 물리적 대상에 대해 우리가 당연하게 여기는 모든 것, 즉 바위의 단단함, 설탕의 단맛, 다이아몬드의 빛남 등이 만일 모두 인간의 마음에서 만들어진다면, 이것은 엄청나게 중요한 발견이 될 것이다. 이는 전체 우주가 인간의 마음속에서 만들어진 것임을 암시할 수도 있지만 우리는 아직 거기에 이르지 못했다.

어느 누구도 애초에 물리적 우주가 존재한 이유를 실제로 알지 못한다. 빅뱅 동안 에너지는 미친 듯이 활동적이었고, 시공간을 "흔들어 섞었다." 물리학의 계산은 이런 격렬한 휘저음 속에서도 물질이 찢어지고 분리되지 않은 이유를 우리에게 말해줄 수 없다. 만약 원초적 물질이 방정식이 말하는 대로 흔들렸다고 하면, 초기 우주들은 (블랙홀 안에서처럼) 중력의 엄청난 힘에 의해 내부로 붕괴되었거나, 아니면 살아남은 우주는 순수한 에너지가 되었을 것이다. 반면에 물질이 존재하게 되었다는 건 확실하다. 그렇기 때문에, 이후 진행된 일에 들어맞을 때까지 이 방정식들을 계속 고쳐야 한다. 이 작업은 숫자를 적당히 꾸며내는 것처럼 보일 수도 있다.

현실(실재)은 명백히 물리학 이상의 것이다. 양자적인 '것들'을 하나의 물리적 상자 안에다 욱여넣는 짓은 현실과 거리가 먼 짓이다. 그래도 물질적 현실감에 대한 믿음은 대부분 과학자의 DNA에 일부 남아 있다. 표준모델의 성공을 들먹이는 과학자들은 남아 있는 간극이 곧 채워질 것이라고 약속한다. "우리는 거의 다 왔어요"라는 낙관론을 부채질한다. 그러나, '물질'이 진부한 개념임을 받아들인다고 전제하면, 우주에 대한 비물질적 설명은 시작 지점으로 돌아가게 된다. '우리는 거의 다 왔다'와 '우리는 시작도 하지 않았다' 사이에서 선택이 주어진다면, 대부분의 과학자는 의심 없이 전자를 고른다.

우리가 보는 것

물질주의자의 생각에 도전하기 전에, 이들이 축적한 지식을 인정해야만 한다. 이 모두는 "보는 것이 믿는 것이다"라는 격언에 기반을 두고 있는데, 이는 인상 깊은 성취다. 확실히 볼 것이 많다. 약 140억 광년(실제로는 훨씬 더 클지도 모르지만) 크기인 우주에는 아마도 800억 개의 은하가 있을 것이다. 천문학자들은 은하를 큰 은하, 작은 은하, 나선형 은하, 타원형 은하, 불규칙 은하, 정상(중심에 주요한 활동이 없음) 은하, 활발한(중심에서 방대한 에너지와 물질이 분출함) 은하 등으로 분류한다.

우리의 은하수처럼 전형적인 은하, 즉 커다란 나선은하 안에는 무려 2,000억~4,000억 개의 별이 있다. 이들 중 대부분은 적색왜성red dwarves이라고 불린다. 작고, 희미하고, 붉은색이며, 100억 년이 되었다. 밤에 우리가 보는 이 별들은 약간 하얗거나 푸르스름하다. 이 빛나는 별들은 훨씬 멀리서도 볼 수 있지만, 우리가 보는 건 진짜 분포와는 무관하다. 적색왜성이 아닌 다른 별들은 우리 태양처럼 행성을 보유한 것으로 보인다. 우리가 봤듯이, 이들 행성 중 몇몇에 생명체가 살기에 적정한 조건이 갖춰져 있다면, 무작위를 믿는 진영은 지구의 생명체가 특별하다고 믿는 인류 중심 진영보다 우위에 설 것이다.•

전부 합해서, 우주에는 무려 10^{23}개, 즉 100섹스틸리언sextillion 개의 별이 있다. 믿기 어렵지만 불가능한 숫자는 아니다. 별의 형태로 빛을 내는 방대한 양의 물질이 은하를 빛나게 하는데, 별은 지구 위

• 행성을 추적하는 NASA의 케플러Kepler 우주선은 현재까지 먼 우주에서 1,000개의 잠재적 지구를 찾아냈다. 이 책을 쓰는 시점에서 새로운 후보인 케플러 452b가 목록에 추가되었다. 지구에서 1,400광년 떨어진 곳에 있는 이 행성은 궤도를 돌고 있는 별과의 거리가 '골디락스Goldilocks' 구역에 속하는데, 너무 뜨겁거나 차지 않은 큰 바다가 있어서 생명체가 살기에 적합할 것으로 추정된다.

모래 알갱이보다 많지만, 관찰할 수 있는 것은 우주 전체 질량의 10퍼센트밖에 안 된다. 보통의 물질을 구성하는 양성자와 전자들의 전체 숫자를 계산하면, 10^{80}개의 원자가 나온다! 이는 2,500만 섹스틸리언 개의 지구와 맞먹는다.

게다가 눈에 보이는 자취도 점점 사라지고 있다. 어둠에서 빛나는 모든 물질은 우주 속 물질의 약 4퍼센트로 여겨지기 때문이다. 대부분, 즉 96퍼센트는 어둡다. 그래서 보이지 않고 알 수 없다. NASA의 윌킨슨 마이크로파 비등방성 탐사선Wilkinson Microwave Anisotropy Probe(WMAP)이 작성한 목록에 따르면, 우주 구성 물질의 4.6퍼센트는 보통 물질, 24퍼센트는 암흑물질, 71.4퍼센트는 암흑에너지다. 우주의 대부분은 적어도 상당히 희한하다. 진짜 검은 상자다.

현재 암흑물질과 암흑에너지는 세심하고 정교한 추론에 의해 추측되는데, 이들의 실제 존재는 "보는 것이 믿는 것이다"라는 말과는 여러 단계 동떨어져 있다. 몇몇 회의론자들은 물리학이 환상에 손을 대고 있다고 경고한다. 당신이 동물의 왕국을 구경하고 있는데 평원을 질주하고 있는 말 무리를 봤다고 상상해보라. 고개를 돌리니, 일각고래라는 뿔 하나 달린 바다 포유류도 있다. 이런 장면을 보고 말의 몸통에 뿔이 달린 유니콘이 실제로 존재한다고 추론하는 게 가능할까? 우리의 대답은 "아니다"지만, 중세에는 실제와 신비가 그렇게 엄격하게 구분되지 않았다. 현재 우주론은 수학적인 추론만으로 만들어진 쿼크와 초끈에서 다중우주에 이르기까지 신비한 창조물로 가득하다.

암흑물질은 추론에 의한 실재real-by inference의 아주 좋은 예다. 먼저, 암흑물질은 전형적인 은하 속 별들의 가속 회전으로부터 추론된다. 이 별들은 물리학이 설명할 수 있는 것보다 빠른 어떤 외부 질량의 중력에 의해 잡아당겨지고 있다. (NASA는 우주 탐사기를 목성이나 토성 같은 거대 행성 가까이 조종하여 행성의 중력을 가속에 이용한다) 보통 측정된 바와 같이, 전형적인 은하는 관측된 회전을 설명할 만큼 질량이 충분하지도 않으며, 어떤 알려진 우주도 그만한 질량을 갖고 있지 않다.

둘째, 대부분의 은하는 다양한 크기의 무리(은하단)를 이룬다. 어떤 것은 단지 몇 개의 은하만 있을 정도로 작은 반면, 다른 것은 수만 개의 은하가 있고 막대한 양의 엑스선을 방출할 정도로 거대하다. 이들 거대한 무리들은 별 또는 클러스터 안쪽 가스 물질 속에 엑스선을 통해서만 관측되는 모든 것을 더한 것보다 더 많은 질량을 갖고 있는 것으로 보인다. 추론에 따르면, 더 많은 물질이 클러스터 안쪽 어딘가에 들어 있어야만 한다. 마지막으로 먼 배경 은하들은 (불릿 은하단Bullet Cluster과 같은) 그 빛이 더 가까운 은하단을 통과해 지나갈 때 관찰된다. 이 빛은 가까운 은하단 내의 중력장에 의해 휘게 되는데(중력 렌즈로 작용한다), 가까운 은하단 내에 훨씬 더 많은 질량이 있음을 보여준다. 이 세 가지 증거 모두 중력으로 설명된다. 이들 증거는 정밀한 수치로 예측되고 확인되었다. 암흑물질에 대한 이 추론은 약하지는 않지만, 충분하지도 않다.

별처럼 도는 창 없는 방에 갇혀 있다고 상상해보자. 당신은 원심력에 의해 벽 쪽으로 밀린다. 그래서 당신은 무언가가 바깥에서 이 방을 당긴다고 추론한다. 설득력 있는 추론이지만, 그 한계는 분명하다. 다시 말해, 외부의 힘이 어디에서 오는지를 설명하려면(예를 들어, 회오리바람, 성난 코끼리, 장난감을 가지고 노는 거인 등), 추론만이 계속될 뿐 현실적으로 아무것도 할 수 없기 때문이다. 가장 정교한 계산을 통해 그 힘이 얼마나 강한지만 밝힐 수 있을 뿐이다.

어둠이 지배할 때

암흑이 창조의 규칙임이 드러났기 때문에, 우주가 무엇으로 만들어졌는가라는 미스터리를 푸는 건 거기(어둠)에서 시작해야만 한다. 그리고 시작하자마자 좌절된다. 대부분의 우주론자들은 현재 암흑물질이 '차갑다'라고 믿는다. 차갑다는 것은 빅뱅 이후 1년 이내에, 입자들이 빛보다 느리게 움직인다는 걸 의미한다. (이 시점에서 이들 입자는 추측만 할 뿐이다.) 또한 암흑물질은 세 가지 형태, 즉 뜨거운, 따뜻한, 차가운 형태를 취한다고 제안되었다. 예를 들어, 중성미립자로 알려진 아원자 입자는 뜨거운 암흑물질을 이루는 것으로 추정되었는데, 이는 일반적인 물질의 영역에 가장 가깝다. 따뜻한 암흑물질은 정상적인 별들처럼 열핵 반응-thermonuclear reactions-으로 빛을 내기에는 너무 작은 '갈색왜성'으로 존재한다고 생각되었다.

증거가 쌓임에 따라, 오늘날 차가운 암흑물질은 무겁고 천천히 움직이는 '약하게 상호작용하는 무거운 입자weakly interacting massive particles(WIMPS)'로 이루어져 있다는 데 의견이 일치한다. WIMPS는 중력과 약력만을 통해 상호작용한다. WIMPS는, 만약 그것이 전체 우주에 분포하지 않고 또 전체 질량의 많은 부분이 강력한 중력을 행사하지 않는다면, 완전히 숨어 있을 수 있었다.

암흑에너지는 훨씬 더 희한하며 엄청난 존재감을 드러내는 것으로 보인다. 암흑물질은 비록 보이지는 않더라도 중력의 끌어당김을 통해 여전히 가시적인 우주에 영향을 미칠 수 있는데, 암흑에너지는 우주를 큰 규모로 (예들 들어, 은하와 은하단의 규모를 넘어) 잡아 찢어 반 중력으로 작용한다. 실제로 이것이 어떻게 일어나는지에 대한 이론적 설명을 제공하는 것은 간단한 일이 아니다. 이것이 존재하기 위해서는 은하들이 얼마나 빨리 서로 가속하며 멀어지는지를 정밀하게 측정해야 한다. 얼마나 많은 별을 대상으로 할 수 있는지에 따라(중요한 건 아주 멀리 떨어져 있는 초신성supernovas이다), 암흑에너지에 대한 수치는 상당히 달라진다. 몇몇 비판자들은 은하들이 모두 가속하고 있다는 가설에 이의를 제기한다. 암흑에너지 이론이 완벽하게 약화될 수도 있다. 그러나 차가운 암흑물질은 암흑에너지와 함께 현재 우주의 표준모델에 포함된다. 우리는 적은 양의 암흑물질 그리고 훨씬 더 적은 양의 별, 그리고 보통의 물질과 함께, 암흑에너지가 지배하는 평평한 우주에 거주하고 있다고 여겨진다.

전혀 다른 관점에서 보면, 암흑은 실제와는 달리 우주를 관찰하는 방식 중 한 가지 사례일 수 있다. 아원자 입자를 쪼개 관찰하는 거대한 입자가속기는 겨우 수십억 분의 1미터와 수십억 분의 1초인 가장 작은 규모에서 작동한다. 이런 종류의 관찰이 가장 큰 규모, 크기가 수십억 광년에서 작동하는 암흑물질의 효과와 양립될 수 있을까? 이 질문에 대답하기 전에, 오늘날 우리가 보는 것이 오래전에 존재했던 것과 같은지를 먼저 물어야 한다. 거의 확실히 그렇지 않다. 은하들을 점점 더 빠르게 떨어지게 만드는 가속은 약 60억 년 전에 시작되었다. 우주론자들은 그전에는 확장 속도가 실제로 줄어들고 있었다고 믿는다. 이는 암흑물질과 암흑에너지가 확장하는 우주 속에서 다르게 진화하기 때문이다. 초기 우주의 부피가 2배가 되었을 때, 암흑물질의 밀도는 반이 되었지만, 암흑에너지의 밀도는 일정했다(지금도 일정하다). 균형이 암흑에너지 쪽으로 유리하게 작용했을 때, 감속이 가속으로 전환되었다.

"아직 시작조차 안 했다"고 이야기하는 진영은 표준모델 속의 허점에 집중한다. 어떻게 해야 전적으로 새로운 사고를 확고히 할까? 여정은 폰 노이만이 근본적이라고 부른 현실의 심리학적 측면에서 시작된다. 양자 시대가 시작되었을 때부터 그를 지지하는 일련의 저명한 물리학자들이 있었다. 막스 프랑크는 현실의 밑바닥에는 의식이 있다는 것에 단호했다. 그는 이렇게 말했다. "모든 물질은 힘에 의해서만 비롯되고 존재한다. 이 힘의 이면에는 의식과 지적인 마음이 존재했을 것이다. 마음이 모든 물질의 매트릭스(모체)다."

이는 물질의 덩어리가 더 이상 하늘에서 떨어져 옷깃에 쌓이는 눈송이처럼 '바깥 저기에' 떠돌아다니지 않는다는 것을 의미한다. 오히려, 물질은 생각과 꿈을 유지하는 같은 매트릭스 속에 담겨 있다. 마음이 물질보다 근본적이라는 플랑크의 믿음은 여기서 완전히 명료하게 표현된다. "나는 의식이 근본적이라고 여긴다. 물질은 의식에서 파생되었다. … 우리가 말하고 있는 모든 것, 우리가 존재하고 있다고 여기는 모든 것은 의식을 전제해야 한다."

전적으로 새로운 사고방식을 찾고 있다면, 그것은 오랫동안 우리 주변에 있었다. 부족한 것은 그것을 받아들이는 자세였다. 다시 시작해보자.

현실은 마음 게임이다

선구자들은 원래 용감하지만, 플랑크는 어쩌다 우주가 우리의 마음을 닮았다는 슈뢰딩거와 함께하게 되었을까? 이건 너무나 기본적이어서 거의 말할 필요가 없는 한 가지 사실로 돌아간다. 다시 말해, 우리가 경험하는 모든 것은 하나의 경험이라는 것이다. 이게 무슨 소리일까? 뜨거운 커피에 혀를 데는 건 분명 하나의 경험이다. 그리고 뉴호라이즌New Horizons이라는 우주탐사선을 만드는 것도, 이 탐사선이 시속 5,800킬로미터로 날아가는 것도(목성을 선회하여 추진력을 받았을 때는 7,500킬로미터였다), 9년에 걸쳐 거의 70억 킬로미터를 이동하여 명왕성에 도착하여 2015년 7월 14일 태양계의 마지막 주요 천체(명왕성)의 첫 번째 근접 사진들을 보내왔을 때 천문학자들이 환호성을 지른 것 역시 하나의 경험이다.

혀를 데는 것과 명왕성의 사진을 찍는 것은 경험이라는 점에서는 같다. 그리고 어떠한 종류의 연구를 한다면 그것도 또한 경험이다. 그래서 플랑크는 이 사실이 중요하다고 주장했다. 항상 그리고 아주 철저히 장미의 향, 화산 폭발의 소리, 셰익스피어의 소네트, 우주 탐사선처럼 아주 다른 사물들을 동일하게 취급할 수 있다면, 즉 하나의 경험으로 취급할 수 있으면, 현실의 '매트릭스'는 더는 물질이 될 수 없다. 이는 물질적인 '것'이 막다른 골목에 도달했을 때 엄청난 장점을 제공한다. 새로운 패러다임으로 완전히 전환하면 암흑을 더 이상 생경하게 여길 필요가 없다. 이 매트릭스에서는 우주의 모든 것들이 '마음 같은 것mind-stuff'이 되기 때문에, 암흑을 포함해도 문제가 되지 않는다.

여기서 물질주의자들이 쓸데없는 참견을 한다. 견고한 물체를 사라지게 만드는 건 골치덩어리인 이들을 다시 불러오는 것에 비하면 아이들 장난이다. 어떻게 질량이나 에너지가 없는 마음 같은 것이 질량과 에너지를 만들어낼 수 있는가? 플랑크가 의식이라고 부른 매트릭스는, 물질주의자들에게 어떠한 미스터리도 풀리지 않은 우주에 지나지 않는 것이다. '의식'이라는 꼬리표를 붙인다고 해서 어떤 해답이 실제로 생기는 것은 아니다. (이런 비판론적 자세는 다음 문구로 표현되어왔다.) "What is matter(뭐가 문제인데)? Never mind(마음 쓰지마). What is mind(뭐가 마음인데)? Doesn't matter(중요하지 않아)." 공정하게 이야기하면, 두 진영은 모두 어려움이 있다. 한쪽은 물질적 우주가 어떻게 마음이라는 현상을 일으켰는지 보여야만 하고, 반면 다른 쪽은 우주적 마음이 어떻게 물질을 만들어냈는지 보여야만 한다. 언뜻 보기에, 우리는 하나님이 어떻게 어느 한쪽을 선택했는지에 대한 답을 찾는 데 실패한 신학 속으로 다시 돌아온 것 같다.

관찰자 문제가 대두되다

존 폰 노이만은 자신의 양자역학 속에 심리학적인 요소를 포함시키면서 양쪽 진영에 모두 발을 걸쳐 휘청거리는 것처럼 보였다. 현실과 개인적 경험은 분리될 수 없다는 그의 말이 맞다고 해보자. 이것은 어떻게 한 경험이 양자 수준에서 작용하는지를 설명하지 못한다. 주관이 현실을 바꾸는 강력한 힘이라는 데는 의심할 여지가 없다. 유머 작가 개리슨 케일러Garrison Keillor는 자신의 인기 라디오 쇼 〈프레리 홈 컴패니언Prairie Home Companion〉에서 다음과 같이 말했다. "좋아요, 와비건호수*에서 온 뉴스입니다. 거긴 여성들이 모두 강인하고,

---

* 옮긴이: 와비건호수는 설문조사에서 자신의 능력을 평균 이상이라고 답변하는 경향을 설명하기 위해 미국의 작가 개리슨 케일러가 설정한 가상의 마을이다. 본문처럼 이곳 사람들은 외모부터 능력까지 모두 평균 이상이다.

남자들은 모두 잘생겼고, 아이들은 모두 평균 이상인 곳이지요." 이건 주관이 현실을 압도하는 경우다. 하지만 주관이 현실을 창조하는 건 또 다른 이야기다.

주관을 객관의 반대로 보지 않으면 문제는 좀 더 쉬워진다. 사실 주관과 객관은 서로 합쳐진다. 경험의 주관적 측면이 분리되거나 제거될 수 없기 때문이다. 다시 말해서, 모든 것이 경험이면(모든 것은 경험이다) 주관은 반드시 존재해야만 한다.

자연스럽게 물질주의자 진영은 이 주장에 상당히 강하게 저항한다. 한 세기 동안 이 거대한 다툼은 관찰자 문제라고 알려져 왔다. 무언가를 측정하기 전에, 과학은 먼저 관찰을 해야만 한다. 고전 세계에서는 우리 앞에 놓인 것이 올챙이, 토성의 고리, 또는 프리즘을 지나 굴절하는 빛, 혹은 그 무엇이든 그것을 관찰하는 데 아무 문제가 없었다. 실험자는 방을 떠날 수 있었고, 누가 그 자리를 대신해도 문제가 되지 않았다. 관찰은 똑같았다.

관찰자는 관찰이라는 그 행위가 사물에 변화를 일으키는 경우에 문제가 될 뿐이다. 인간 세상에서는 늘 이런 일을 겪는다. 누군가가 사랑스러운 눈으로 당신을 쳐다보고 있다면, 당신은 쉽게 변한다. 그리고 그 눈빛이 무관심이나 적대감으로 변한다면 당신 또한 변하게 될 것이다. 이러한 변화는 매우 깊게 확대되어 신체의 물리적 반응으로 나타날 수 있다. 볼이 빨게지거나 심장이 빨리 뛴다면, 신체의 화학물질이 단지 보기만 했는데 반응하고 있다는 뜻이다. 관찰자 문제가 양자물리학 속에서 독특한 지위를 갖는 이유는, 관찰자의 행위가 입자들을 시간과 공간 속에 존재하게 만들기 때문이다. 이는 전문적으로 '파동함수wave function의 붕괴'로 알려져 있는데, 볼 수 없으며 모든 방향으로 무한하게 확장되는 확률파동이 상태를 변화시켜, 갑자기 입자가 보이게 됨을 뜻한다.

양자역학의 기본원리 중 하나는 양자(예를 들어, 광자나 전자)가 파동처럼 행동할 수도 있고 입자처럼 행동할 수 있다는 것이다. 아무도 여기에 이의를 제기하지 않는다. 문제가 되는 건 관찰이라는 단순한 행동이 파동함수를 붕괴시키는가이다. 물질주의자들에게 사물은 사물이다. 더 이상 말이 필요 없고, 관찰자가 양자장으로부터 입자를 출몰시킨다는 주장은 신비주의지 과학이 아니다. 하지만 가장 널리 수용되고 있는 양자역학의 버전인 코펜하겐 해석(덴마크 물리학자 닐스 보어의 코펜하겐연구소에서 행해진 업적을 기리기 위해 명명되었다)은 관찰자를 파동과 입자 사이의 교차로에 세운다.

이 해석 또한, 바라보는 행위가 물질적 사안에 영향을 미치는 메커니즘에 대해서는 여전히 알려주지 않는다. 뭔가가 은밀히 진행되고 있음이 분명하다. 관찰자 A가 대상 B의 질량, 위치, 운동량 등 뭔가를 측정하려는 의도로 보고 있다고 하자. 이 의도가 구체화되는 순간, 그 대상은 명령을 따른다. 이 부분이 은밀히 진행되는 부분이다. 어느 누구도 누구나 받아들일 수 있는 설명을 내놓지 못하고 있다. 하이젠베르크는 이를 가장 분명한 방식으로 묘사했다. "우리가 관찰하는 건 자연 그 자체가 아니라 질문하는 방식에 노출된 자연일 뿐이다." 관찰자는 관찰되는 것과 분리될 수 없다. 자연은 우리가 구하고자 하는 것을 우리에게 주기 때문이다. 전체 우주가 와비건호수인 셈이다.

이제 코펜하겐 해석에 따라 관찰자 문제를, 우주의 구성에 관한 미스터리로 확장해보자. 하이젠베르크가 말한 것처럼, "원자나 소립자 자체가 실재하지 않는다"면, '우주는 무엇으로 이루어져 있는가?'라는 질문은 잘못된 질문이 된다. 우리는 환상에서 주스를 쥐어짜려 하지만 제대로 되지 않을 것이다. 우주는 우리가 바라는 모습대로 이루어져 있다. 물질주의자들은 이런 아이디어에 당혹해하지만, 확실한 사실들은 부정할 수 없다. 누구도 파동함수 붕괴를 본 적이 없다. 관찰할 수 있는 게 아니기 때문이다. 반면에 불확정성과 확률로 물질의 작용을 계산하는 건 놀라울 정도로 성공적임이 입증되어왔다. 양자 물체들은 상식적인 인과율의 법칙을 따르지 않는다.

이런 사실들을 종합해보면, '물질stuff'로 가득 찬 우주가 아니라 '물질로 변할 가능성'이 가득한 신비한 우주가 떠오른다. 변형transformation 이야말로 우리가 당연히 여기는 물질적 겉모습보다 더 현실에 가깝다. 아직 "우주는 무엇으로 이루어져 있는가?"라는 질문에는 더 나은 답이 없다. 투덜거리는 물질주의자조차 파동함수의 붕괴는 변형이라는 걸 인정해야 한다. 모자에서 토끼를 꺼내는 건 환상이지만 장에서 광자를 꺼내는 건 현실이다.

불행하게도 코펜하겐 해석(그리고 어떤 해석을 선호하든 모든 현대 물리학)은 여기서 여정을 멈춘다. 실험실의 관찰자는 광자의 행동에 영향을 미칠지 모르지만, 이런 것은 일상생활에서 한참 동떨어진 것이다. 전체 우주, 우주의 별들과 은하들을 보면, 혹은 나무, 구름, 산을 보면 실제로 이들이 변형할까? 이 시점에서 터무니없게 들리겠지만, 사실 이것은 '인간적인 우주human universe'의 핵심 주장이다. 우리는 아직 거기에 도달하지 못했다. 목적지에 도달하기 위해서, 우리는 '마음mind'이 우주에서 여러 요소 중 단지 하나가 아니라 모든 창조물의 작동 방식을 지배하는 요소라는 걸 입증해야만 한다. 이 도전은 하나씩 수수께끼가 풀리면서 조금씩 해결되고 있다.

5

우주는
설계되었는가?

⌄

우리가 사는 우주는 거대한 설계를 거쳐 창조되었을까? 이 '지적 설계론'은 과학계가 검토하기 훨씬 전부터 뜨거운 논쟁거리였다. 지적 설계는 창세기에 대한 믿음에 기반해 있지만, 기준을 완화하여 "신은 창조에서 어떤 역할을 하고 있는 걸까?"라고 묻게 되면, 마찬가지로 불같은 논쟁이 일어난다. 과학은 설계 이론에 반대한다. 종교에 대한 과학의 태도(과학은 종교를 실험실에 들여놓지 않는다), 정치(정부는 교회가 연구비에 간섭하도록 놔두지 않는다), 그리고 합리성(하나님이나 신들에 의해 주도된 거대한 설계를 암시하는 어떤 데이터도 없다) 때문이다.

무작위의 우주는 설계라는 개념을 배제한다. 아원자의 출현에서 빅뱅에 이르기까지 모든 사건이 우연에 의해서 일어난다면, 굳이 설계자가 우주를 감독할 필요가 없다. 그렇다면 풀어야 할 미스터리가 있는 걸까? 우리의 마음이 두 개의 세계관 사이에 잡혀 있기 때문이다. 두 층 사이에 멈춘 엘리베이터 안에 갇힌 것과 같다. 조지프 러디어드 키플링Joseph Rudyard Kipling의 동화《어떻게 표범은 자신의 반점을 갖게 되었는가How the Leopard Got Its Spots》에서는 에티오피아의 사냥꾼이 표범들이 '반점이 있고, 얼룩덜룩한 그림자' 속에 섞여 눈에 띄지 않도록 반점들을 그려줬다고 한다. 현대 과학도 이에 동의한다. 어둠 속이나 빽빽한 숲의 어룽거리는 빛 속에서 사냥하는 고양이들은 반점이나 줄무늬가 있을 확률이 훨씬 높은 것으로 밝혀졌다. 반점이나 줄무늬가 있도록 진화한 덕에 숨어서 사냥하기가 편해졌기 때문이다. 활짝 트인 곳에서 사냥하는 고양이들은 꾸밈 없는 평범한 단색 옷을 입을 확률이 훨씬 더 높다. (규칙에는 항상 예외가 있는데, 치타는 활짝 트인 곳에서 사냥감을 뒤쫓지만, 반점이 있다.)

키플링은 진화생물학자와 동일한 해답을 제시하는 것으로 보인다. 의도하지 않았겠지만 말이다. '에티오피아의 사냥꾼' 자리에 하나님이나 대자연 혹은 무엇이든 당신이 좋아하는 '설계자'를 넣어보자. 아이들을 위한 기발한 이야기의 형태로, 키플링은 이유가 있어서 표범에게 반점을 그려넣는 세계관을 고수한다. 그 이유는 전부터 위장이라고 알려져 있다. 이 세계관에는 특별히 하나님이 필요하지 않다. 표범에게 반점이 필요한 창의적 이유가 필요할 뿐이다. 에티오피아인 사냥꾼은 표범을 밝은 오렌지색으로 칠하지 않았다. 그렇게 하면 목적을 달성할 수 없을 테니까.

과학은 이유를 원인이 아닌 결과로 뒤에 놓는다. 표범은 모르포겐morphogen으로 알려진 두 개의 특별한 화합물의 상호작용에 의해 반점을 무작위로 얻었다. 이들 화합물은 혀가 입천장에서 느낄 수 있는

궁극의 미스터리

돌기를 비롯한 모든 패턴을 만든다. 모르포겐과 관련된 무작위 돌연 변이와 모르포겐이 상호작용하는 방식을 통해, 반점은 고양이에게 오래전, 아주 오래전에 나타났고, 몸을 숨기는 역할을 한다. 이 동물은 자신이 어떻게 보이는지 전혀 모른다. 다윈설(자연선택에 의한 생물의 진화를 주장한 이론)에서 오로지 중요한 건 생존이며, 반점을 지닌 고양이는 어룽거리는 빛 속에서 더 나은 사냥꾼이 될 수 있기에 생존에 유리하다. (야생 고양이에게 있는 반점과 줄무늬 패턴 역시 무작위지만, 이들의 배열은 제2차 세계대전 당시의 암호 해독가 앨런 튜링Alan Turing이 개발한 컴퓨터 모델을 사용해 예측되었다.)

그런데 층 사이에 갇힌 엘리베이터처럼 왜 우리는 두 세계관 사이에 끼어 있는가? 우리의 마음은 키플링이 말한 것과 마찬가지로, 표범에게는 반점이 필요해서 반점이 있을 뿐임을 받아들인다. 그와 동시에 우리는 과학이 말하는 것과 마찬가지로 그 반점 이면의 메커니즘을 받아들인다. 인간의 마음은 자연의 모든 것이 절대적으로 무의미하다는 것을 받아들이기가 무척 힘들지만, 다윈설, 빅뱅, 우주 팽창, 태양계의 형성은 결국 그런 식이다. 즉 목적이나 의미 같은 인간적 개념을 거부한다.

과학자들은 사라졌다고 여겼던 세계관의 기습 공격처럼 느껴지기 때문에 '설계design'라는 단어를 싫어한다. 그러나 당신이 우리가 갇혀 있는 두 세계관에 대한 논의를 잠시 잊는다면, 설계, 패턴, 구조, 형태라는 단어는 사실상 같은 말이다. '설계'만 유난히 끔찍하게 여겨야 할 어떤 합리적인 이유도 없다.

하지만 우리는 현실적이어야 한다. 단어에는 역사가 있기 마련이고, '설계'라는 단어의 역사는 창조론과 연관되어 있기 때문에 많은 과학자들이 거부하는 것이다. 창조론 캠페인은 과학이 지적 설계의 개념을 지지한다고 주장하면서 성경의 창세기를 업데이트한다. 반대편에 있는 사람들은 이를 과학의 진실성을 파괴하는 위협으로 본다. 실제로, 지적 설계는 주로 종교인과 흥미 있는 이야기를 쫓아다니는 대중 매체가 매력을 느낀다.

법원은 창조론에 학교 과학 교과 과정과 동등한 시간을 제공하려는 모든 시도를 기각해왔다(불행히도 비록 몇몇 예외가 남아 있지만). 이 들판을 다시 경작하는 건 무모한 것처럼 보인다. 하지만 층 사이에 갇힌 엘리베이터는 꼼짝하지 않을 것이다. 자연을 둘러보면, 우리는 모든 곳에서 설계를 본다. 이게 마음의 속임수일 뿐이란 말인가? 누구도 곰과 개구리가 무지개를 경이롭게 바라본다고 생각하지 않는다. 이들에게는 보는 각도에 따라 색깔이 변하는 곡선의 아름다움이 없다. 사실 어떤 패턴도 전혀 느끼지 못한다. 무지개의 아름다움을 설명하는 건 주의를 딴 데로 돌리는 것일 수도 있다. 아마도 우리는 매우 냉정한 질문을 해야 할지도 모른다. 우주에 설계된 게 있기는 한가?

미스터리 파악하기

무작위성을 믿음에도 불구하고, 과학자들은 원자의 구조를 주기적으로 언급한다. 나선형 성운은 설계라고 불러도 해를 입지 않을 수 있는 패턴을 형성한다. 이걸 염두에 두면, 설계-패턴-형태-구조라는 엉망진창인 문제는 다음과 같이 명확해질 수 있다. 우주가 생긴 것은 혼돈에서 질서가 출현한 덕택이다. 형태와 형태 없음 간의 싸움은 우주 전체에서 여전히 우리와 함께한다. 현대 물리학은 목적과 의미가 존재하지 않는 무작위 프로세스에 기반해 있다. (우리는 '중력은 목성에 어떤 의미인가?'와 같은 질문을 하지 않는다.) 그러나 인간의 삶에는, 과학의 추구를 포함하여, 목적과 의미가 있다. 이들은 어디에서 온 것인가?

의심의 여지없이, 수학이라는 언어는 균형, 조화, 대칭, 혹은 아름다움이라고 말하는 설계의 모든 특성을 보인다. 중국 서예에서는 한 획으로 완벽한 원을 그리는 능력이 대가의 표시인데, 미술 감식가는 이 성취물에서 아름다움을 본다. 전자는, 적어도 가장 낮은 궤도에서는, 원자의 핵 주위를 완전한 원으로 돈다. 이것 역시 아름다운 설계가 아닌가? 앵무조개의 껍데기, 해바라기 씨의 패턴, DNA의 구조는 모두 자연에 있는 나선형, 소용돌이 모양의 예들이다. 이들 중 어떤 것이 정교한 설계의 결과물일까? 일부? 전부? 아니면 모두 우연의 산물일까?

전적으로 무작위성에 의존하여 우주를 설명하는 과학은 아직 한참 부족하다. 지능과 설계는 우주를 매우 신비스럽게 만드는 같은 실뭉치에 얽혀 있기 때문에, 과학의 이성적 활동 내부에는 여전히 논쟁할 것이 많다. 우리는 특정 주제에 얽매이지 않고 꼬인 매듭을 풀려고 노력하겠지만, 그 과정에서 몇 가지 감춰진 주제를 언급할 수밖에 없다.

우리는 상당히 훌륭했던 보어와 하이젠베르크의 혜안, 즉 자연은 관찰자가 찾고 있던 그 특성들을 보여준다는 것을 받아들인다. 이 개념은 분명 설계에도 관련된다. 풍부한 진홍색, 꽃잎의 비단결, 날카로운 가시, 화려한 향기 등 장미의 어떤 것도 관찰자 없이는 존재하지 않는다. 그럼에도 인간의 뇌가 원천 데이터를 시각·청각·촉각·미각·후각으로 변형 또는 번역하기 때문에, 당신의 마음은 활짝 핀 화려한 장미 한 송이를 그릴 수 있다. 광자는 스스로 빛을 내지 않는다. 따라서 누군가 보지 않으면 세상에는 빛조차 없다. 시각피질의 칠흑같이 어두운 깊은 곳, 시신경을 따라 전적으로 화학적이고 전기적인 자극이 빛으로 변하는 것일 뿐이다.

세상은 빛으로 가득한데 뇌는 완전히 어둡다는 사실은 미스터리 중 미스터리라고 부를 수 있다. 아직 이 미스터리를 밝힐 준비가 많이 되어 있지는 않다. 우선은 관찰자와 관측 대상을 결합하는 수준에 머물 것이다. 자연의 원재료들을 처리하여 아름다운 붉은 장미로 만드는 데 뇌가 필요하다면, 같은 처리 과정이 설계를 만들어 낼 수도 있지 않을까? 대답은 명백히 "그렇다"다. 장미꽃을 씹고 있을 때, 애벌레는 한 시간 안에 장미의 아름다움을 파괴할 수 있지만, 애벌레가 가져간 장미의 아름다움은 인간 존재가 거기에 갖다 놓은 것이다. 장미를 먹은 벌레에게 꽃은 단지 먹이일 뿐이다.

아름다움을 창조하는 건 사실 뇌가 아니라 마음이다. 장미에 심하게 알레르기가 있는 사람에게 장미는 아름답기에는 너무 성가시다. 그런 사람도 짐작건대 나폴레옹 시대에 장미 그림으로 유명한 화가였던 피에르 요셉 프루동Pierre-Joseph Redouté과 같은 뇌 메커니즘을 갖고 있을 것이지만, 이들의 마음가짐은 같지 않을 것이다. 그리고 만약 장미가 아름다운 것이 오로지 인간의 마음이 이들 속에서 아름다움을 찾기 때문이라면, 전체 우주에 대해서도 마찬가지가 아닐까? 질문을 이런 방식으로 하는 건 순진무구하지만, 폭발적인 영향을 갖고 있다.

특히나 동요를 일으키는 한 진영은 '소박한 실재론naive realism'으로 알려져 있다. 과학적 논쟁에서 소박한 실재론자들은 상식의 위대한 옹호자들인데, 자신들의 생각에 힘을 실어주는 데 현실을 사용한다(소박함이라는 단어는 경멸의 의미가 아니라 과도한 생각의 반대를 의미할 뿐이다).

예를 들어, 여기에 인간 두뇌와 관련된 두 가지가 이야기가 있다.

모든 생각에는 신경세포의 발화가 동반된다.
많은 생각에는 1 + 1 = 2와 같은 정보가 담겨 있다.

누구도 이런 사실들에 이의를 제기할 수 없을 것이다. 그리고 소박한 실재론자들에 따르면, 뇌 스캔으로 신경 활동을 관찰하면 뇌가 마음을 만든다는 것과, 뇌는 기본적으로 '고기덩어리로 만든 컴퓨터'임을 충분히 알 수 있다. 이 표현은 내키지는 않지만 인공지능 분야에서 인기가 높다. 그리고 뇌에 의해 제기된 모든 수수께끼는 뇌의 물질적 구조와 작동을 조사함으로써 풀 수 있다고 한다.

추측하건대, 90퍼센트의 신경과학자들 그리고 그보다 더 높은 비율의 인공지능artificial intelligence(AI) 연구자가 이런 아이디어를 믿고 있다. 그러니 당신은 소박한 실재론의 힘을 볼 수 있다. 반면에 다른 각도에서 보면, AI는 명백한 실수를 하고 있다. 컴퓨터에게 독일어로 된 페이지를 영어로 번역하라고 하면, 번역 프로그램은 거의 순간적으로 그 일을 할 수 있다. 이게 컴퓨터가 독일어를 안다는 뜻일까? 물론 아니다. 사고를 인공적으로 흉내 내는 건 진짜가 아니다. 번역 프로그램은 사전에서 단어와 구를 찾아 번역 작업을 한다. 독일어를 아는 사람은 전혀 이렇게 하지 않는다. 사고에는 마음이 필요하다. 앞에서 얘기한 뇌에 대한 두 가지 이야기가 사실이긴 하지만, 뇌가 마음을 창조하고 컴퓨터와 뇌는 같다고 말하는 게 자동적으로 참이 되지는 않는다. 이들은 단순히 가정일 뿐이고, 소박한 실재론은 이런 식으로 검토 없이 받아들인 다른 가정들로 가득하다. 검토되지 않은 가정들은 '설계'라는 골치 아픈 미스터리를 풀기 더 어렵게 만든다. 하지만 양탄자 아래 숨겨놓은 것처럼, 그 가정들은 여전히 존재한다. 소박한 실재론자들은 현실을 주어진 대로만 보기 때문에, 마음의 역할을 무시한다. 많은 AI 전문가들은 독일어 'guten Morgen'을 영어 'good norning'으로 변환하는 번역 프로그램이 (인간의) 정신 활동과 동등한 행동을 했으며, 따라서 인간의 마음과 유사함이 증명되었다고 믿는다. 하지만 마음이 실제로 우주를 주도한다면, 소박한 실재론은 (많은 과학자가 이를 믿는다고 해도) 완전히 틀린 것이다.

우주가 마음이 있는 것처럼 행동하는 걸 우리의 토론에서 빈번히 보았다. 이제 우리는 가장 큰 도전이었던 무작위성을 직면할 준비가 됐다. 무작위성은 '목적 없음'을 암시한다. 그러나 이 둘은 같은 게 아니다. 우리는 양자 활동과 관련하여 이를 보여줄 것이다. 우주가 전적으로 무작위적이고 목적이 없다면, '설계'의 모든 가능성은 실패할 것이다. 반면에, 양자이론이 시도하는 것처럼, 무작위성과 조화를 이룰 수 있는 어떤 방법이 있다면, 우주는 마음처럼 행동하는 데 조금 더 가까워진다. 단지 그것뿐 아니라, 인간의 마음에도 가까워진다. 의자에 앉아 발을 달랑달랑 거리면, 발은 거의 무작위로 움직인다. 먹을거리를 찾기 위해 냉장고로 갈 때, 발은 목적에 따라 움직인다. 여기서 우리는 가장 단순하면서도 가장 심오한 단서를 얻는다. 즉, 무작위성과 설계는 자연에서, 우리의 몸에서, 우리의 사고 속에서 서로 협조한다. 순전한 우연만이 과학적 행위라는 단단한 집착을 이 통찰로 약화시킬 수 있는지 살펴보자.

우연을 운에 맡기기

물리학자들이 가스 분자의 작동과 같은 기본 현상을 설명하고자 했을 때, 위대한 무작위의 신은 얌전히 시작했다. 먼지 티끌이 추는 춤은 무작위다. 이 무작위성은 과학적 문제를 낳는다. 어느 먼지 티끌이 미래에 어디에 있게 될지 어떻게 예측할 수 있는가? 불가능하거나 아주아주 어려울까? 각각의 움직임을 무작위로 가정하면 먼지보다 숫자가 훨씬 더 많은 기체 분자의 전반적인 행위를 이해할 수 있다. 공간상에서 기체 분자의 특정 위치는 상관없다. (큰 무리의 입자들에 대해서는 이렇게 가정하는 게 좋다.)

개개 분자의 미시적 특성은 알려지지 않았지만, 분자 전체 집합의 평균적인 거시 특성은 쉽게 정의될 수 있다. 단순히 각 분자의 평균 운동을 더하면 된다. 춤추는 기체 분자의 특성들은 열역학이라는 분야에서 다루는데, 열역학에 따르면 온도가 올라가면 기체의 열 또는 열적 상태로 인해 분자가 더 빨리 움직인다. (이는 끓는 물에서 거품이 빨리 움직이는 이유다. 열은 물 분자를 훨씬 더 흥분된 상태인 증기로 변하게 한다.) 비록 특정 분자의 운동이 밝혀지지는 않았지만, 평균 운동은 정확하게 예측할 수 있다. 따라서 단 하나의 매개변수, 즉 온도만 알면 무작위성을 실질적인 문제로 다룰 수 있다.

이런 종류의 평균값은 어느 범위까지 타당할까? 이 질문은 충분하게 다뤄지지 않았다. 평균값을 얻을 때는 다른 많은 지식을 잃을 수 있다. 붐비는 고속도로 위를 나는 헬리콥터 안에 있다면, 당신은 어떤 자동차가 어느 출구로 나갈지 예측할 수 없다. 통계적 평균을 이용하면, 길 위에 있는 모든 차량에 적용할 수 있는 신뢰할 수 있는 숫자가 얻어지지만, 당신은 가장 중요한 것을 완전히 간과했다. 즉, 이 경우 무작위는 전적으로 환상이다. 각 운전자는 자신이 어디로 가고 있고 어느 출구로 나갈지를 알고 있다. 바깥에서 보기에 운전자들의 행동이 무작위적인 것으로 보일지라도, 운전자들은 무작위로 결정을 내리는 게 아니다. 이 구별은 각양각색의 방향으로 이어진다. 당신은 당신의 머릿속에 떠오를 다음 생각을 예상할 수 없지만, 생각이 전적으로 무작위라고 말하는 건 매우 부정확하다.

저녁 메뉴를 고민하는 것은 무작위가 아니다. 이때는 목적이 있다. 반면에 우리 모두는 백일몽을 꾸고, 정말로 우연한 생각은 마음속을 보풀처럼 떠다닌다. 이는 무작위적 확률과 조화를 이루는 것이 단순히 신비로운 문제나 어떤 종류의 지적인 게임이 아님을 말해준다. 무작위성은 여러 방식으로 우리를 속인다. 많은 것이 누가 무엇을 관찰하느냐에 따라 달라진다. 그림을 그리는 화가의 팔레트에 개미 한 마리가 기어간다고 상상해보라. 붓끝이 무작위로 빨간, 파랑, 녹색을 향할 때, 이 개미는 이런저런 방식으로 허둥지둥 피해간다(개미는 붓이 어떤 색을 향할지 알 수 없다). 반면에, 각각의 붓칠은 예술적 창작이라는 목적에 따라 계획적으로 이루어지기 때문에, 화가에게 무작위성은 환상이다.

당신이 전적으로 집착하지 않으면, 순수한 무작위성은 결코 전체 이야기를 말해주지 않는다. 그런데도 먼지 티끌이 햇빛 속에 춤을 추고 기체 분자들이 서로 충돌하는 걸 보면서 소박한 실재론자들은 관찰의 유용성을 과도하게 써댔고, (하이젠베르크가 멋지게 직감한) 자연은 모든 관찰자에게 관찰자 자신이 원하는 걸 준다는 주장을 의도적으로 무시한다.

혼돈에서 질서를 분리하는 건 고전 물리학에서는 상대적으로 간단했지만, 양자 시대에는 입자가 이론상 무작위로 행동한다는 것이 제안되면서 훨씬 더 모호해졌다. 방 안에 있는 모든 공기 분자의 위치를 결정하는 것은 실용적이지 않지만, 고전 물리학에서는 무한한 속도와 메모리를 지닌 가공의 슈퍼컴퓨터를 사용하여 각각이 어디에 있고 한 시간 후에 어디에 있을지를 계산할 수 있었다.

그러나 양자우주 속의 아원자 입자는 상황이 다르다. 불확정성 원리에 따르면, 입자들은 명확하게 정의된 위치나 움직임이 아니라 오로지 확률적인 정보만 가진다. 방 안에 있는 모든 산소 원자가 한쪽 모퉁이에 모일 확률은 얼마인가? 사실상 영이다. 하지만 슈뢰딩거 방정식으로 알려진 아름다운 계산은 그런 경우에 대해, 아무리 사소하다고 해도, 소수점 이하 여러 자리까지 정확한 확률을 제공할 수 있다. 우리는 더 이상 평균을 사용할 필요가 없다. 무작위성은 훨씬 더 정밀하고 우아한 계산 방법을 찾았다.

하지만 이같은 성공이 질서와 혼돈에 균형을 맞추는 데 동일한 진전이 있었음을 의미하지는 않는다. 한 말을 다른 말로 번역하는 방식은 종종 설명할 수 없다. 가장 정교한 예측조차도 나름대로 결함을 갖고 있다. 자동차 정비소 차고를 상상해보라. 여기에서는 타이어 접지면을 측정할 수 있고 타이어가 조만간 언제 터질지도 예측할 수 있다.

이상적일 수 있지만 이 예측은 타이어가 터질 때 당신이 어떤 길에 있을지, 당신이 왜 그 길을 골랐는지, 당신의 목적지가 어디인지에 대해서는 아무것도 말해줄 수 없다. 만약 정비소 직원이 어깨를 으쓱하며 말한다. "그런 건 저랑 상관 없어요. 내 관할이 아니니까요." 당신은 동의할 것이다. 하지만 분자, 원자, 아원자 입자가 취하는 길, 이들이 향하는 목적지는 무시될 수 없다. 이에 따라 당신의 핏속 콜레스테롤 분자가 관상동맥을 막느냐 몸 밖으로 해 없이 나가느냐가 결정되고, 이는 삶과 죽음의 문제가 될 수 있기 때문이다.

많은 과학자들은 특유의 물질주의적 믿음 때문에, 마치 무작위를 다루는 가장 좋은(혹은 유일한) 방식이라도 된다는 듯이 어려운 문제들에 계속 평균을 계산한다. 인상적인 예가 진화론이다. 코끼리를 보면, 뱀 같은 코와 돛과 같이 생긴 귀가 독특하다는 걸 알 수 있다. 코끼리는 이런 특성을 갖도록 진화했는데 다윈설에 따르면, 이런 특성을 지닌 첫 번째 코끼리가 생존하기에 유리했기 때문이다. 다른 이유는 없다. 새로운 적응은 전에 보지 못한 돌연변이와 함께 유전자 수준에서 시작된다. 돌연변이는 무작위로 일어난다. 표준 진화론은 그렇게 말한다. 그리고 돌연변이는 다음 세대로 전달되어야 고착된다. 한 마리 분홍빛 코끼리가 몇 백만 년 전에 나타났다 해도, 유전적 돌연변이가 다음 세대로 전달되는 데 실패했기 때문에, 우리는 결코 알 수 없을 것이다.

어떻게 긴 코를 지닌 첫 번째 코끼리가 생존에 유리했을까? 말할 수 없다. 그 코끼리가 이득을 얻었는지도 명확하지 않다. 하지만 전체 종은 결국 이득을 얻었다. 개별 코끼리에게 일어난 일을 전혀 알지 못하면서 코끼리 전체를 살펴보면 일종의 평균을 낼 수 있다. 달리 말해,

진화 사상가들은 매우 복잡한 생활을 지난 생물을 마치 기체 분자들의 집합인 것처럼 다룬다. 이건 표면적으로는 얼버무림처럼 보인다. 동물의 삶은 (가뭄이나 유행병 같은) 급작스럽고 불가피한 일, 독특한 사건, 알려지지 않은 도전, 기타 등등으로 가득하다. 모든 단계마다 사자, 침팬지, 수달은 각자 선택을 한다.

그럴싸한 집단적 근사치를 얻으려고 방정식에서 이런 복잡한 부분을 빼버리면 전체 이야기를 할 수 없게 된다. 아마도 심지어 맞는 이야기가 아닐 수도 있다. 예를 들어, 적자생존(다윈은 이 단어를 결코 사용하지 않았다)은 아마 두 가지 요소로 요약할 수 있다. 충분한 식량을 얻는 데 성공하는 것과 짝짓기를 위해 경쟁자를 물리치는 능력을 얻는 것이다. 이 기반에서 유전자 돌연변이는 다음 세대로 전달된다. 하지만 이렇게 경쟁만 강조하면 자연에는 협업이 경쟁만큼이나 흔하다는 사실이 간과된다. 새들은 떼지어 날고, 물고기는 무리 지어 헤엄친다. 자연에서는 안전과 자원을 공유하기 위해 함께 사는 무수히 많은 동물을 관찰할 수 있다. 때로는 거의 하나의 생명체처럼 행동하는 듯이 보인다. 많은 해양 생물종 중에는, 수컷과 암컷이 모두 한 장소에 모여 알과 정자의 구름을 물속에 흩뿌리는 경우가 있다. 누구도 배제되지 않는 하나의 거대한 짝짓기 파티와 같다. 다윈의 진화설은 협업을 수용하기 위해 몇몇 이론가들에 의해 수정되어왔지만, 경쟁적인 행위와 협조적인 행위 사이에서 균형을 찾기란 매우 까다롭고 논란의 여지도 많다.

우연이 사라졌을 때

무작위성에 대한 숭배가 무너지고 과거의 신은 물러나고 있다고 가정해보자. 그렇다면 질서와 혼돈은 어떻게 균형을 잡을 것인가? 자연이 드러나지 않지만 창조적으로 결정을 내리는 예술가라고 한다면, 무작위 사건들은 붓에 물감을 적실 때 팔레트 위 개미가 겪었던 일과 같다. 이것이 단순히 공상적인 은유가 아님을 알려주는 매혹적인 단서들이 있다. 우리는 물리학자가 수학을 신뢰한다고 계속 강조해왔다. 미세 조정 문제는 우연으로 이루어진 광활한 놀이터가 되어버린 우주 속에 균열을 일으켰다. 같은 맥락에서, 몇몇 숫자는 아주 작은 규모와 아주 큰 규모로 자연에서 계속 다시 나타나고 있다.

설계쪽에서 흠 없이 남아 있는 건 수학이다. 우리는 미세 조정과 관련하여 어떻게 상수들이 의아할 정도로 서로 정확하게 맞아떨어지는지를 이미 다루었다. 폴 디랙은 너무나 많은 일치가 단순히 우연이 길게 반복된 것일 수 없다고 확신했다. 그는 숨겨진 설계를 찾아서 무작위성을 거부하게 될 방정식을 찾아 나섰다.

수학적 설계 덕에 몇몇 물리학자는 우주에 구조와 형태가 있다는 걸 받아들였다. 역사가 잃어버린 전기 중 하나는 기하학의 아버지이자 고대 세계의 수학에 가장 위대한 공헌을 한 유클리드Euclid의 전기다. 기원전 4세기 알렉산드리아에서 파라오 프톨레마이오스 1세 치하에서 살았던 그리스인 유클리드는 어떤 전기도 남기지 않았다. 유클리드는 모래에 선을 그으며 원, 정사각형, 그리고 다른 기하학적 모양들을 지배하는 규칙을 알아냈다고 전해진다. 허구의 이야기지만, 유클리드와 관련하여 그리고 그를 포함하여 일반적으로 그리스 수학자들과 관련하여 가장 놀라운 것은, 자연을 깔끔한 기하학적 패턴으로 축소하려 했다는 것이다.

사실 자연 속에서 패턴은 종종 매끄럽지 않고 대략적이다. 수 세기 동안 과학자들은 자연이 완전함을 구현한다는 믿음에 이끌려 계속해서 직선, 원, 정칙곡선을 살펴보았다. 멀리서 보면 그리스 기둥처럼 보이는 가장 둥그런 나무 몸통은 껍질이 고르지 않다. 가능한 한 직선으로 던진 공은 바람, 공기 저항, 그리고 중력에 의해 궤적이 휘게 된다. 기우뚱한 지구의 자전과 한쪽으로 치우친 태양 주위의 공전 궤도를 포함하는 좀 더 넓은 시각에서 보면, 가능한 한 직선으로 발사된 총알조차 실제로는 복잡한 곡선을 그린다. 상대성이론 이후로 기하학은 4차원에 들어섰다. 이는 유클리드의 깔끔한 2차원 기하학을 치워버렸고, 그런 다음 양자 혁명이 완전히 새롭고 이질적인, 아직 일반상대성이론과 통합되지 못한 수학을 제공했다.

그러나 이런 극적인 변화 중 어떤 것도 우주 설계의 개념을 부정하지 않는다. 이들이 제거한 것은 자연의 마음heart of nature에 있을 것이라고 여겨졌던 깔끔한 기하학적 디자인, 즉 완벽한 원, 완벽한 정사각형, 완벽한 삼각형이다. 그렇다 하더라도, DNA는 여전히 아름다운 이중 나선형이고, 무지개는 완벽한 호를 그리며(비행기 조종사가 볼 때 무지개는 완벽한 원이다), 야구 투수는 공을 어떤 종류의 곡선(아니면 직선)으로 던질 것인지를 계산할 수 있다(직업상 그래야만 한다). 자연은 매일 이러한 '설계'를 보여주고 있지만 양자역학에서는 전적으로 무작위 사건들로부터 자연이 형성된 것이라 하니 큰 격차가 생겼고, 이를 해결할 필요가 있다.

로저 펜로즈가 제시한 한 가지 대안은 양쪽 세상 너머의 어떤 영역,

즉 단지 순수한 수학만이 존재하는 곳에 설계가 존재한다는 것이다. 펜로즈에 따르면 우리는 여기서 플라톤의 순수한 '원형'을 닮은 불멸의 특성들을 만나게 된다. 플라톤은 이들 원형을 아름다움, 진리, 사랑과 같은 특성들의 근원으로 보았다. 순수하고 신성한 사랑이 모든 사랑의 원천이라는 개념은 매우 매력적이어서, 모든 전통 문화에서 신성과 인간을 연결하게 되었다. 펜로즈는 우주의 신성한 원천을 찾지는 않았다. 하지만 그는 수학에서 순수성을 보았다(대부분의 수학자가 동의할 것이다). 더 중요한 것은 만약 수학이 모든 창조된 것 이면에 존재한다면, 수학은 상수를 안정시키고 자연의 혼돈, 거침, 불규칙성이 닿지 않는 곳에 현실을 고정시킨다.

수학의 영역 속에 플라톤 원형을 끌어들인 펜로즈의 개념은 널리 받아들여지진 않았다. 그는 이들 원형을 사랑, 진실, 아름다움이라는 주관성과 멀리 떨어진 객관적인 용어로 묘사했다. "플라톤식 존재는, 내가 보기에는, 우리의 견해와 관련이 없으며 우리의 특정 문화와도 관련이 없는 객관적인 외적 표준을 지닌 존재를 말한다." 펜로즈는 모든 변화 너머에 있는 일종의 완벽함에 현실(실제)이 기반하기를 바란다. 그의 평생 연구가 수학에 기초해 있었지만, 그는 참나무, 삼색얼룩고양이, 물 등 일생생활의 모든 것에 완전한 원형Form(구체적인 항목을 언급할 때는 보통 대문자를 쓴다)이 있다고 생각한 플라톤과 깊은 친밀감을 느낀다.

펜로즈는 자신의 이론을 수학 너머로 확장시키는 데 반대하지 않는다. "그런 '존재'는 또한 도덕이나 미학과 같은 수학 이외의 것일 수도 있다. 플라톤 자신은 두 가지 종류의 다른 근본적인 절대적 이상형, 즉 아름다움의 이상형과 선함의 이상형이 있다고 주장했을 것이다.

그런 이상형의 존재를 인정하는 것을 반대하는 게 절대 아니다." 이 솔직한 인정은 영구히 존재하는 것은 단지 숫자일 뿐이라고 하는 과학자들과의 관계에서 불리하게 작용한다. 하지만 물러나서 보면, 수학을 질서정연하고 균형 잡혀 있다고 말하는 것은 아름답고 조화롭다고 말하는 것과 별반 다르지 않다.

야단법석 세상을 초월한 아름다움

노벨상 수상자 프랭크 윌첵Frank Wilczek은 다음 단계로 나가서 아름다움에 대한 물리학자들의 변호를 내놓았는데, 그는 아름다움을 "바깥 어딘가에 있는" 현실 속에 뿌리 박힌 하나의 이상형이라고 했다. 그의 책 《뷰티풀 퀘스천A Beautiful Question》(2015)에는 "자연의 심오한 설계를 찾아서Finding Nature's Deep Design"라는, 책의 의도를 담은 부제가 달려 있다. 이 책이 제기하는 문제는 플라톤이 2,000년도 더 전에 했던 질문과 같다. 세상은 아름다운 이상형을 구현하는가? 플라톤에게 이상이라는 단어는 원형과 바꿔 쓸 수 있다(그리고 자신을 이상주의자로 여기는 어떤 사람이든 그들의 염원은 고대 그리스까지 거슬러 올라갈 수 있다). 수학적 측면에서, 윌첵은 자연이 완벽한 기하학을 따르고 있음이 밝혀질 것이라는 꿈을 공유한 피타고라스를 지목했다.

이 믿음은 쉽게 죽지는 않았지만 결국 죽고 말았다. 그렇다면 왜 저명한 두 물리학자가 이를 부활시키려 하는가? 윌첵이 볼 때, 양자물리학은 그의 용어로는 '핵심the core'인 "깊은 실체"를 이미 드러냈다. 모든 자연의 법칙과 물리학의 원리가 핵심에서 통합되어 있음을 제시하는 구체적인 증거가 충분히 있다. 완벽한 원을 따라 행성이 돈다는 고전적인 발상은, 윌첵이 말했듯이 살아남지 못했지만, 양자 시대에서는 "창조의 중심에서 개념적 순수성, 질서, 그리고 조화를 찾고자 하는 피타고라스와 플라톤의 가장 대담한 희망치조차 창조는 크게 뛰어넘었다." 이것이 고등 수학자들이 부리는 조화인데, 너무나 추상적이어서 물질세계 속의 아름다움으로 번역할 수 없다고 생각할 수도 있다. 그리고 우리가 양자 실체와 일상적 실체 사이에 메울 수 없는 그 차이를 물려받게 될 거라고 생각할 수도 있다. 물리학자들이 첫 번째로 근원적인 설계를 찾도록 자극한 것이 바로 이 차이였다.

윌첵은 누구나 이해할 수 있는 용어로 말할 수 있었다. "일상적인 의미에서의 음악과는 상관없지만, 원자 속에 그리고 현대의 진공Void 속에 천체의 음악Music of the Spheres이 실제로 구현되어 있다." 아르모니아 문디Harmonia mundi,• 즉 '천체의 음악'은 요하네스 케플러Johannes Kepler를 포함하여, 많은 고전 천문학자들에게 소중한 목표였다. 행성 운동의 법칙을 발견했을 때, 케플러는 아르모니아 문디가 존재함을 증명하는 방식(천사가 정말 노래한다는 걸 의미하는 발견)에 따르는 부수적인 성취로 여겼다.

펜로즈와 윌첵이 인간 세상을 자신들의 이론에 끼워 맞추기 위해 밀고 당기는 운동을 사용했음에 주목하라. 펜로즈는 주관성에 대한 오래되고 인습적인 불신을 다시 언급하면서, 개인의 마음이 작동하는 방식에 공개적으로 의구심을 나타냈다. 이것 때문에 그는 수학적

• 옮긴이: 케플러의 책 제목(1619년). 5장으로 되어 있는데 마지막 장에 그의 유명한 행성 운동의 제3법칙이 실려 있다.

구조에 그 자체의 현실을 부여하고자 했다. "우리 개인의 마음은 판단에 있어 부정확하고 믿을 수 없으며 변덕스럽기로 악명이 높다. 과학 이론이 요구하는 정밀도, 신뢰성, 일관성은 모든 개인의 (믿을 수 없는) 마음을 넘어서는 뭔가를 필요로 한다."

월첵은 좀 더 인간중심적이다. 그는 아름다움을 동경하여 인간을 만물의 척도로 여기는 고대의 이상적인 인간상을 구해내고자 했다. 그의 책에서 주요한 그림 중 하나는 레오나르도 다빈치가 그린 유명한 남자 그림으로, 팔과 다리가 두 가지 자세로 그려져 있다. 첫 번째 자세에서는 팔다리가 완벽한 원 안쪽에 꼭 맞는다. 두 번째 자세에서는 사각형 안쪽에 들어맞는다. 여기에서 언급된 고대 수학은 원과 면적이 같은 정사작형을 작도하는 '원적문제squaring the circle'라고 알려져 있다. 수 세기 전에 기하학은 캘리퍼스와 자 같은 간단한 도구를 사용해서 사각형, 삼각형, 그리고 다른 직선 형태를 그려낼 수 있었다. 사람들은 원을 그릴 때도 간단한 도구만을 사용하고자 했다. 즉, 자와 컴퍼스만 사용해 정해진 원의 면적과 같은 면적의 정사각형을 만들어내는 것이었다.

이 문제는 결코 풀리지 않았지만, 레오나르도의 그림은 인간 육체에 실마리가 있음을 알려주는 것 같다. 월첵은 이런 종류의 사고에 무척 공감한다. "그의 그림은 기하학과 '이상적인' 인간의 비율 간에 근본적인 연관성이 있음을 제시한다." 이 아이디어는 우주가 인간의 몸 안에 반영되어 있고, 역으로 인간의 몸이 우주에 반영되어 있다는 훨씬 더 오래된 고대의 신념으로 거슬러 올라간다. "슬프게도 우리 인간이나 우리 육체는 과학적 연구로부터 그려진 세상의 그림 속에서는 돋보이지 않는 것 같다."

이들은 자신을 현실주의자로 여기기 때문에, 압도적인 수의 과학자들은 '설계'를 불신하는 것과 똑같이 '이상ideal'이라는 단어도 불신할 것이다. 윌첵과 펜로즈는 자신들이 가파른 오르막길에 직면하고 있음을 깨닫는다. 이 책의 앞부분을 읽은 독자들은 우주에서 인간을 특별한 지위로 복귀시키려는 인간중심원리를 기억할 것이다. 펜로즈의 영원한 수학은 인간중심원리에 딱 들어맞는 건 아니다. 그리고 윌첵은 인간원리에 반대되는 여러 사항을 상세히 다뤘는데(우리 또한 그랬다), 이는 인간중심적 사고를 뭔가 모호한 것으로 만든다. 하지만 모호하든 그렇지 않든, 누구든 인간과 우주를 설계로 연결하려 하자마자 수많은 갈림길이 생긴다. 물론 우리는 우리의 집인 우주에 애착을 느끼고 있지만, 이런 유대가 우주적인 청사진의 일부라고 말하는 건 어떤 종류의 합의도 끌어내지 못한다.

앞으로도 그럴까? 지구의 생물권은 '부 엔트로피negative entropy의 섬'이다. 실제로 존재한다는 걸 제외하고는 어떤 과학적인 존재 이유도 없다. 우주의 설계도 마찬가지일 것이다. 물리학은 혼돈에서 형태를 찾아내는 마술 같은 방정식은 써내지 못했지만, 자연은 어쨌든 패턴, 구조, 형태로 가득하다. 개략적으로 말해서, 현대 물리학은 핵심 또는 깊은 실체가 질서정연한 통합 원칙들의 지배를 받는다고 믿는 데 만족한다. 약간의 얼버무림과 함께, 대부분의 과학자 역시 수학이 지구에서의 삶과 오류를 범하기 쉬운 인간의 마음을 초월한다는 걸 받아들인다. 숫자는 발견되기를 기다리는 진리이지만, 이들은 발견되지 않아도 변하지 않고 존재할 것이다.

분명히 이 두 가지 합의점만으로는 인간적 우주를 건설하기에 충분하지 않다. 남아 있는 미스터리들은 나머지를 채우는 것과 관련이 있다. 무작위가 절대적으로 지배하는 차갑고 텅 빈 진공 속에서 인간 존재가 부차적인 먼지 입자들처럼 하찮게 취급되지는 않을 것이다. 이 견해를 주장하는 물리학자들의 수가 얼마이든지 간에, 인간은 창조의 바로 그 직물 속에 엮여 있다는 걸 부정할 수는 없다. 우리가 빅뱅이 아니라 '인간의 마음에서 시작되는 우주'의 공동 창조자인지 아닌지는, 인간이 엮인 이 직물이 어디까지 가느냐에 따라 결정될 것이다. 이 사실에 부합되는 다른 대안은 없을 것이다. 그리고 사실에 부합하는 게 과학의 전부다.

6

양자 세계는 일상생활과
연결되어 있는가?

〉
〈

인류의 역사에는 너무 많은 괴물이 등장했다. 그들은 어떻게 그들 자신으로 살 수 있었을까? 히틀러·스탈린·마오쩌둥에 의해 수천만 명이 목숨을 잃었다. 괴물이 아니라 좋은 아저씨처럼 아이들과 어울려 놀고 있는 히틀러의 홍보영상은 보기만 해도 소름이 돋는다.

왜 죄책감이 들지 않았을까? 한 가지 설명은 '분열splitting'이라는 인간 심리의 특정 양상까지 역추적해 들어간다. 분열은 상당히 흔하며 '흑백사고black-and-white thinking'라고도 불리는데, 사람이 자기 성격의 긍정적인 면과 부정적인 면을 연결할 수 없을 때 일어난다. 우리는 모두 다른 사람들이 보지 않기를 바라는 자신의 모습을 숨기면서 마음의 구획을 나눈다. 하지만 분열은 극단으로 치달아 누군가를 괴물로 만들기도 하고 좋은 사람으로 만들기도 한다. 이 양쪽이 한 번

궁극의 미스터리

도 만나지 않고 말이다. 연쇄 살인범의 이웃들은 예외 없이 그 살인자를 평범하고 좋은 사람이라고 말한다. 이것이 분열의 증거가 될 수 있다. 괴물 같은 짓을 하고 살기 위해서는 소통하지 않는 두 개의 구획으로 존재를 분리하는 대가를 치러야 한다.

비유적으로 사용한다면, 분열에는 과학적 측면도 있다. 이미 여러 번 다루었듯이, 아인슈타인의 상대성이론은 중력이 작용하는 방식과 시공간에서 큰 물체가 취하는 행동을 매우 적확하게 묘사한다. 반면에 양자이론은 세 가지 기본 힘의 작용 방식과 아주 작은 물체가 취하는 행동을 설명하는 데 똑같이 정밀하다. 이 분열이 얼마나 중요한지는 추상적으로 느껴진다. 우리가 크고 작은 모든 것이 작용하는 기전을 안다면, 그것은 완벽한 지식과 같은 것 아니겠는가?

이 문제는 우리 모두에게 영향을 미치는 단순한 사실로 귀결된다. 즉 실체는 둘이 아니라 하나라는 것이다. 자신의 괴물 같은 면모를 분리한 사람은 그 괴물의 행위에 여전히 책임이 있다. 재판으로, 악한 면은 감옥에 가고 선한 면은 남게 되는 게 아니다. 물리학은 실체를 통합하려 애썼지만, 제한적인 성공만을 거두며 한 세기를 분열된 상태로 살았다. 우리 삶의 방식이 우리가 무엇을 진짜라고 받아들이느냐에 따라 달라지기 때문에, 일반인도 이 경우 관심을 둔다. 중세에 하나님을 차단해버리고 산다는 것은 상상할 수 없었다. 믿음의 시대에는 어떤 것도 하나님보다 더 진짜일 수 없었다. 하나님의 실체를 배제하는 것은 망상과 같은 것이고 자연에 대한 범죄이며 의심의 여지 없이 영원한 지옥살이로 향하는 길이다.

오늘날 우리는 양자 세계에 어떤 관심도 보이지 않은 채 태평하게 산다. 그리고 누구도 망상이나 이단이라고 고발당하지 않는다. 이 가장 근본적인 수준의 현실을 둘로 분리해도 해를 입지 않는 것처럼 보인다. 하지만 이 책에서 우리는 '현실이 기본적으로 인간적'이라고 주장하며, 만일 양자 세계가 배제된다면 이 주장은 이치에 맞지 않는다. 정확히 양자의 거동이 가장 중요하다. 여기에 아주 좋은 예가 있다. 글자 맞추기 보드게임에서 당신은 A, O, R, S, S, S, U, U를 갖게 되었는데 희망이 없어 보인다. 다른 사람들을 보니 보드에다 ALL이란 단어를 놓는다. 약간은 측은한 미소를 지은 당신은 의기양양하게 외치면서, 이제 당신의 모든 글자를 사용해 ALLOSAURUS(알로사우루스: 공룡의 이름)를 만들고 엄청 큰 보너스를 받는다.

언뜻 보기에 이 작은 승리는 상대성과 양자역학의 분열과는 상관이 없는 것으로 보이지만 사실 당신은 보드게임을 하는 내내 양쪽 세상에 있었다. 단어를 만들기 위해 글자를 뒤섞는 것은 '큰 물체'의 활동이다. 당신은 올바른 철자를 배열해 뒤섞인 철자들 속에서 의미를 만들어야만 한다. 하지만 당신의 뇌는 당신이 어떤 단어를 말할지 선택할 때 이 같은 절차를 거치지 않는다. 마음속으로 당신은 말하고자 하는 단어를 빼내고, 뇌는 이것을 전달한다. 알파벳 글자를 검색하지는 않는다. 당신의 어휘 속 모든 단어는 철자·의미·소리가 하나의 개념으로 융합된 것이지, 흐트러져 있는 부품을 모아 조립된 게 아니다.

일반적으로, 당신의 뇌는 수십억 개의 널리 분포된 신경세포가 연결되어 있다. 이 연결은 순식간에 그리고 어떤 가시적인 통신도 없이 작동하는데, 정말 신비롭다. 신경세포의 처리 속도는 측정할 수 있지만, 이는 흩어져 있는 신경세포 무리가 팀워크 활동에 어떻게 합류할지를 '아는' 것과는 다른 문제다. 전화선처럼 연결된 일련의 신경세포들에 특정 신호를 보내려는 것과는 다르다. 몸의 움직임, 말하기, 의사 결정에 필요한 다양한 패턴은 자동으로 이루어진다. 그럼으로써 당신이 어머니의 얼굴을 바라볼 때, 코·눈·귀를 일일이 분석하지 않고 당신이 알아볼 수 있는 얼굴로 마음에 나타난다. 원인과 결과가 한 단계씩 진행되는 게 아니기 때문에, 적어도 이건 양자 작용과 비슷하게 보인다. 당신의 마음이 선형으로, 즉 한 단계씩 진행되어야만 한다면, 어머니의 얼굴을 알아차리는 건 다음처럼 된다.

호출자1   안녕, 대뇌피질. 난 시각피질이야. 메시지 남겼어?

호출자2   그래. 엄마 얼굴을 알아보려고. 도와줄 수 있지?

호출자1   그럼. 기다려. 오케이. 눈 비슷한 뭔가를 받았어. 그걸로 시작해보지. 대부분의 사람은 자신의 어머니의 눈을 상당히 뚜렷이 기억하잖아. 오른쪽 눈을 고르고 나면 다른 부위를 검토할 거야.

호출자2   오케이. 이봐, 나 일정이 있는데! 얼마나 걸리니?

이 대화는 그저 우스개일 뿐이지만, 뇌가 어머니의 얼굴 각 부분을 번개 같은 속도로 조립한다고 해도, 즉각적이고 전체적으로 반응할 수는 없다. 반면에 뇌는 양자 세상quantum world이 산, 나무, 어머니 같은 커다란 대상을 만들듯이 3차원 세상을 즉각적이며 전체적으로 만들어낸다.

양자 세상을 당신의 삶에서 배제하는 것은 당신의 뇌를 배제하는 것과 같다. 물론 누구도 실제로 그렇게 하지 않는다. 뇌는 우리 삶의 매 순간마다 절대적으로 필요하기 때문이다. 우리가 배제하는 것은 양자 세상으로의 연결이다. 이것은 우주에 영향을 준다. "우주는 우리가 상상하는 것보다 더 이상할 뿐만 아니라, 우리가 상상할 수 있는 것보다 더 이상하다." 아서 에딩턴이 했다는 말로 유명하지만, 출처가 에딩턴이 아닌 것으로 밝혀졌다. 누가 처음 했는지는 아직 알려지지 않았다. 그리고 다른 의미의 말일 수도 있다. 우주는 우리가 상상할 수 있는 것과 정확하게 일치할 수도 있다. 입자·원자·분자가 마음을 가진 것처럼 행동하는 것이 아니라 '우주적 마음universal mind'이 물질처럼 보이고 행동하는 방식을 알고 있다는 것이 더 그럴 듯하게 보인다. 이 문제는 새로운 미스터리, 즉 "양자 세상은 일상과 연결되어 있는가?"를 따지기 전까지는 해결될 수 없다.

미스터리 파악하기

양자가 일상 세계의 일부분이라는 것에는 의심이 없다. 식물이 햇빛을 화학 에너지로 변환할 때, 양자인 광자가 처리된다. 또한 새들은 양자 활동을 통해 지구의 자기장을 따라 긴 이동을 한다고 여겨진다. 새의 신경계에서 전자기를 처리하는 것은 양자 효과일 것이다. 그렇다고 해도, 양자 작용과 우리가 경험하는 일상적인 작용을 구분하는 것은 물리학에서 엄청 중요하다. '하이젠베르크 컷Heisenberg cut'이라는 구체적인 이름이 양자 사건들을 우리의 지각perception에서 분리하는 구분선에 주어졌다. 하이젠베르크 자신은 이 명칭을 제안하지 않았다. 그를 기리기 위해 나중에 지어진 것이다. 하지만 그의 사고 방식은, 양자 시스템에는 그 자체로 (파동으로) 작동하는 방식과 인간 관찰자에 의해 관찰될 때 작동하는 방식을 나누는 (이론적인) 선이 있

궁극의 미스터리

음을 반복적으로 내비쳤다. 그는 수학적으로 말했다. 파동함수는 양자역학의 주된 특징 중 하나지만, 우리가 여러 번 언급했듯이, 이 우아한 생각은 실제로 자연에서 나타난 적이 없다. 이건 추론을 통해서만 알 수 있다.

하이젠베르크 컷은 현실 세상을 분리하는 것이 아니라 선의 한쪽 또는 다른 쪽에 맞는 수학을 구분하는 데 유용하다. 이건 한쪽에서는 프랑스어만 말하고 다른 쪽에서는 영어만을 말하는 국경선과 같다. 하지만 이것은 양자적 현실이 정말로 일상적 현실에서 격리되고 분리되어 있는지를 묻게 만든다. 아마도 양자는 우리 주변 모든 곳에서 우리가 의식하지 못하는 일들을 일으키고 있는지도 모른다. 아니면 전체 그림의 위아래가 바뀌어서 양자 작용이 일상 세계에서 정상이고, 우리는 파동과 입자로 된 미시적 세계에서 아주 우연히 양자 작용을 먼저 발견한 것일 수도 있다.

우주의 모든 이론이 하이젠베르크 컷을 따르지는 않지만(예를 들어, 다중우주는 그렇지 않다), 의심의 여지 없이 양자는 우리 감각의 경계 너머에 있다. 우리는 양자를 시각화할 수 없는데, 암흑물질과 암흑에너지를 마주해야만 하기 때문에, 우리는 우리가 생각할 수 있는 한계에 도달했을지도 모른다. 경계 너머에는 모든 것everything과 아무 것도 아닌 것nothing이 함께 놓여 있다. 가상 양자 영역은 지금까지 일어났거나 앞으로 일어날 모든 사건의 잠재력을 지니고 있기 때문에 모든 것이다. 또한 물질, 에너지, 시간, 공간, 그리고 우리가 어디에서 왔는지는 생각조차 할 수 없기 때문에 '아무것도 아닌 것'이다. 어떻게 창조가 이뤄지는지를 설명하기 위해 '모든 것'과 '아무것도 아닌 것'의 이원성을 조화시키는 건 상당히 신비로워졌다.

이상하게 행동하는 빛

일상생활이라는 단어가 가지고 있는 함의를 더 잘 이해하려면, 양자역학의 핵심에 놓여 있는 한 가지 실험을 검토해야만 한다. 이것은 역사적으로 1801년까지 거슬러 올라가는 이중슬릿 실험double-slit experiment이다. 초기 실험자들은 빛의 파동이 예를 들어 물의 파동처럼 행동하는지를 알고자 했다.

고요한 연못에 조약돌을 떨어뜨리면, 그 충격은 원을 그리며 파동이 되어 퍼져나갈 것이다. 1미터 떨어진 곳에 두 개의 조약돌을 물에 떨어뜨리면, 각각은 몇 개의 원을 형성하고, 둘이 만나는 곳에는 간섭무늬가 형성된다. 양자물리학에서는 파동 간섭에 대한 이 기본적인 사실이 수수께끼를 담고 있다. 고전적인 이중 슬릿 실험에서는 집중된 한 줄기의 광자(빛 입자)가 두 개의 슬릿(좁고 기다란 구멍)이 뚫린 막에 발사된다. 이들 슬릿을 통과한 광자들은 첫 번째 막 뒤에 놓인 다른 막에서 검출된다(사진 건판을 간단한 검출 스크린으로 사용할 수 있다). 각각의 광자는 하나의 슬릿만 통과할 수 있다. 광자가 검출될 때 나타나는 건 하나의 점인데, 발사된 총알에 맞은 곳이 작은 흔적을 남기는 것과 같다.

하지만 이중 슬릿을 통해 다수의 광자를 쏘면, 검출면에 두 개의 파동에 의해 만들어진 전형적인 간섭파의 막대기 패턴이 형성된다. 이런 일은 일상 세계에서는 일어날 법하지 않다. 이건 두 무리의 사람들이 분리된 문을 지나 강당으로 들어갔는데, 정치 성향 같은 것은 전혀 없었는데도 앉고 보니 한 자리 건너 하나씩 민주당원과 공화당원으로 채워진 것과 같다. 한 슬릿을 통화하는 광자는 다른 광자와 어떤 사전 연관도 없다. 그럼에도 광자들은 난사한 총알이 막을 때리는 것과 같은 무작위 패턴이 아니라, 파동의 간섭 패턴을 보여준다. 개개의 양자가 한 번에 하나씩 가서, 비록 '나중에' 왔을지라도, 다른 양자와 간섭을 일으키는 것과 같다.

이중슬릿 실험은 양자의 입자-파동 이중성을 보여주는 대표적인 사례다. 여기서 중요한 건 왜 두 개의 반대 특성이 공존하는가다. 물리학에는 '상보성complementality'이라는 단어가 있는데, 같은 광자가 두 가지 특성 모두를 보일 수 있기 때문에 반대opposite보다 더 정확한 말이다. 엄청난 가능성을 지니고 있으니, 이 '상보성'을 기억하자. A가 더 이상 B의 원인이 아닌 우주에서 A와 B는 같은 동전의 양면이 될 수 있다. 자연계에서 예를 찾아보면, 아프리카에서 사자와 가젤은 같은 물웅덩이를 공유한다. 전체적으로 보면 사자는 가젤을 잡아먹고, 가젤은 사자에게서 달아난다. 하지만 물에 관한 한 이들은 공존한다. 사자는 가젤이 물을 마시지 못하게 할 수는 없다. 그렇게 하면, 사냥감도 목말라 죽어버릴 것이다. 가젤은 무조건 달아날 수만은 없다. 그러면 물을 못 마시게 되니 이리 죽으나 저리 죽으나 마찬가지다. 수백만 년에 걸쳐 이 두 종은 먹고 먹히는 역할에 대해서 상보적인 타협을 이루는 방식을 찾아냈다.

시간이 지나면서, 이중슬릿 실험은 더욱 복잡해지고 흥미로워졌다. 양자물리학은 우리가 보았던 것처럼 생명선이 측정과 관찰이다. 그 어떤 과거의 과학보다도, 폰 노이만이 양자 실체 자체가 심리적 요소를 지녀야만 한다고 믿을 정도니, 관찰자가 측정에 미치는 영향이 방정식 안에 포함된다. 관찰자가 이중슬릿 실험의 결과를 바꾸고 있는 건가? 상보성의 두 측면인 파동과 입자는 동시에 관찰될 수 없다. (실험 기법에 대해 말하자면, 광자는 검출기에 닿자마자 순식간에 검출기에 흡수되기 때문에 애당초 광자를 관찰하는 것은 엄청나게 어렵기도 하다. 그렇지만 이중슬릿 실험은 전자와 같은 다른 입자들로도 구현되는 것으로 알려져 있는데, 81개의 원자를 갖고 있는 무거운 분자로도 구현이 가능하다.)

광자는 경로를 어떻게 결정하는가?

물리학자들이 광자가 결정과 선택을 한다거나 어떻게 관찰되느냐에 따라 자신의 특정을 바꾼다는 이야기를 할 때 물질주의자들은 매우 불편해진다. 1970년대 후반부터, 존 아치볼드 휠러는 이 중대한 문제를 테스트할 수 있는 일련의 사고실험을 개발했다. 광자는 실험자의 질문/의도 때문에 자신들의 행동을 바꾸는가? 아니면 검출 장치와의 상호작용 같은 뭔가 완전히 물리적인 이유로 자신들의 행동을 바꾸는가?

   휠러는 광자가 실제로 날아갈 때 어떻게 행동하는지를 사고실험으로 살펴보았다. 우리는 광자가 날아가는 모습을 볼 수 없으며 검출되는 순간만 알 수 있다는 걸 기억하라. 검출기를 슬릿 바로 위에 놓으면, 각각의 광자가 어떤 슬릿을 통해서 지나가는지(작은 총알이 통과하는 방식)를 실시간으로 보여준다. 슬릿 뒤에 검출기를 놓으면 어떻게 될까? 휠러의 질문이다. 광자는 슬릿을 지나 검출막에 도착하기 전까지 파동처럼 행동할지, 입자처럼 행동할지에 관한 결정을 미룰 수 있음이 밝혀졌다. 상당히 기이한 일이다. 하지만 몇몇 이론가들이 그랬던 것처럼, 파동 모드에서 광자는 동시에 양쪽 슬릿 모두를 동시에 지나간다고 가정하는 것도 그만큼 기이하다.

한 단계 더 나아가서, 광자는 결정을 내리고 난 다음에 자신의 마음을 바꿀 수 있을까? 휠러의 사고실험에서는 충분히 가능하다. 예를 들어, 파동 같은 간섭을 제거하기 위해 두 개의 편광판을 이중 슬릿에 일렬로 갖다 놓는다. 그러고 나서 이 효과를 지워버리는 세 번째 편광판을 광자들이 지나게 하면, 광자는 자신들의 원래 상태로 돌아갈 것이고, 지워진 듯했던 간섭 패턴을 만들며 파동과 같이 행동할 수 있다.

'지연된 선택'과 '양자 지우개'라는 이 쌍둥이 같은 현상에 엄격한 물질주의자들은 곤란해했다. 양자가 관찰되는 방식이 광자가 파동처럼 행동할지 입자처럼 행동할지를 결정하다니! 또 다른 묘안들도 있었다. 물리학자 리처드 파인만Richard Feynman은 개개 광자를 검출하는 장치를 두 슬릿 사이에 놓으면, (광자가 어느 슬릿을 통과했는지 알 수 있으므로) 파동 같은 간섭 패턴이 사라질 것이라고 제안했다. 이를 입증하는 실제 실험은 굉장히 어려움에도 불구하고, 휠러와 파인만의 사고실험 둘 다 일반적으로 받아들여진다. 하지만 이 사고실험에서 관찰자가 무슨 짓을 했길래 광자가 그렇게 한 것인지에 관한 미스터리는 해결된 것일까? 관찰자 효과는 마치 유령처럼 우리 눈앞에 모습을 나타내지만, 우리는 이들을 팔로 감쌀 수 없다.

휠러의 결론이 맞다고 우리는 생각한다. 그는 물리학자들이 애당초 입자들이 파동과 입자 이중성을 갖는다고 믿는 것 자체가 잘못이라고 말했다. "사실 양자현상은 입자도 파동도 아니다. 관측을 하기 전까지는 물질적으로 정의할 수 없다. 어떤 의미에서 2세기 전 영국의 철학자 버클리 주교가 '존재하는 건 (인간에게) 인식된다는 것이다'라고 말씀하신 게 맞다."

달리 말해, 관찰자가 이리저리 찔러보아 자연의 사생활을 방해하는, 자연에 불쑥 끼어든 침입자가 되는 것과 같은 관찰자 '효과'나 '문제'는 처음부터 없었다. 대신에, 사물은 인식perceive되기 때문에 존재한다. 휠러는 이러한 통찰을 바탕으로 우리가 참여우주 속에 살고 있다고 거듭거듭 주장했다. 관찰자는 현실을 낳는 바로 그 직물에 엮여 있다. 갑자기 인간적 우주가 가까워 보이게 되었다.

양자 혁명이 일어난 지 한 세기가 지났다. 마음을 가진 우주가 널리 알려지지 않은 것은 무엇 때문일까? 왜 학교에서 가르치지 않을까? 오히려, 우주는 양자 시대의 처음 25년 또는 30년보다 지금 더 종잡을 수가 없다. 오늘날 당혹스러움을 느끼는 많은 이들은 하이젠베르크 컷으로 돌아간다. 양자와 고전 세계 사이의 엄격한 구분은 수학적으로는 가능할지 모르지만, 현실에서 이 같은 구분선은 구멍이 많고 모호하며, 마치 신기루 같다. 고전 세계에 확고하게 자리 잡고 있는 관찰자가 양자 세계에 있는 광자에게 선택을 종용한다고 하면, 이 두 영역이 이질적이어서는 안 되는 것이 아닌가?

주제를 옮겨 일상생활에서 양자 효과를 감지하지 못하는 이유를 살펴보자. 양자가 매우 작아서 그럴까? 바이러스도 작지만, 질병을 일으켜 항상 큰 영향력을 행사한다. 감기 또는 독감 바이러스는 우리 몸에 왔다가 가지만, 양자는 매 순간 영향을 미친다. 손을 들고 바라보라. 본다는 행위는 눈의 망막을 때리는 양자인 광자와 함께 시작하기 때문에, 이 간단한 몸짓에서도 우리는 양자 활동을 했다. 정원과 나무들을 보라. 햇빛의 광자가 이들을 성장시킨다. 미시적인 것이 광자에게는 문제가 아니다. 문제는 광자의 행동을 감지하지 못하게 만드는 어떤 내재된 메커니즘을 우리가 갖고 있다는 것이다.

뇌를 믿을 수 있을까?

우리가 지각(인식)하기 전까지는 어떤 것도 우리에게 현실이 될 수 없다. 공교롭게도 인간의 뇌는 매우 선택적인 인지 메커니즘인데 가장 정교한 광자 검출기, 즉 시각피질만큼이나 정교할 수 있다. 동시에 뇌는 자신의 프로세스가 작동하는 방식에 대해 전혀 모른다. 우리는 뇌 속에서 일어나는 신경세포들의 발화를 볼 수 없다. 우리는 커다란 소음에 화들짝 놀란다. 자동적인 뇌 메커니즘이 반응을 일으키기 때문이다. '싸우거나 도망치는' 반응을 부추기는 아드레날린과 같은 스트레스 호르몬을 볼 수도 없다. 뇌가 자신의 활동을 알아차리지 못하기에, 사춘기나 노화가 찾아왔을 때 우리는 놀라게 된다.

소박한 실재론의 큰 문제점은 인간의 뇌가 현실의 모습을 전달한다고 가정하는 데 있다. 사실은 그렇지 않다. 단지 하나의 지각perception일 뿐인 3차원 이미지만을 전달한다. 우리가 방금 다룬 이중 슬릿 실험을 생각해보자. 대부분의 어려움은, 광자가 날아갈 때는 볼 수 없고 이들이 사라질 때만 검출된다는 사실에서 생긴다. 애초에 빛이 보이지 않는다면, 신경 시스템을 지날 때를 제외하고는 보이게 만들 방법이 없다. 그리고 일단 신경 시스템을 지나게 되면, 빛은 더 이상 자신의 자연스러운 자기가 아니라 신경이 창조한 것이 된다.

신경 시스템을 바꾸면 빛도 이에 따라 바뀔 것이다. 뻐꾸기의 예민한 야간 시력, 공중에서 독수리가 수백 미터 떨어진 땅 위의 쥐를 찾아내는 능력, 돌고래의 수중 시력, 그리고 반향 위치 측정을 사용하는 박쥐의 '시각' 능력, 이들 모두는 인간의 시력과는 근본적으로 다르다. 그러므로, 우리가 '실제' 빛을 보고 있다는 가정은 근거가 없는 애

기다. 광자를 보이게 만드는 것은 광자에게는 없다. 수십억 개의 별과 은하는 신경 시스템이 인식하여 이들을 빛나게 하기 전까지는 전혀 보이지 않는다.

지각(인식)은 믿기 어렵다. 그 어떤 두 사람도 세상을 똑같이 볼 수 없기 때문이다. 이건 당연하다. 하지만 여러모로 뇌와 현실과의 관계는 모호하다. 선구적인 수학자 알프레드 코지프스키Alfred Korzybski는 데이터를 처리할 때 뇌가 어떤 일을 하는지를 정밀하게 계산하려 했다. 먼저, 뇌는 모든 것을 흡수하지 않고 복잡한 필터 세트를 구축한다. 이 필터 중 어떤 것은 생리적이다. 뇌의 생화학적 기관이 자신에게 들어오는 신호를 모두 처리할 수는 없다.

수십억 비트의 데이터가 매일 우리의 감각 기관에 퍼부어진다. 이 중 단지 소수만이 뇌의 필터 메커니즘을 통과한다. 우리가 "너는 내 말을 안 듣고 있어" 혹은 "너는 보고 싶은 것만 보네"라고 말할 때, 이 표현들은 코지프스키가 수학적으로 수량화하려는 그 사실을 잘 드러내고 있다.

하지만 다른 필터들은 심리적이다. 우리가 원하지 않는 것은 보지도 듣지도 못할 수 있다다. 지각은 스트레스와 고조된 감정, 아니면 여러 가지 뒤섞인 뇌 신호에 의해 왜곡될 수 있다. 예를 들어, 밤에 혼자 있는데 삐걱거리는 소리가 들리면 당신은 경계심을 갖고 반응할 것이다. 기본적인 생존을 책임지는 하부 뇌가 위협의 가능성을 감지했기 때문이다. 대뇌피질은 그보다 조금 늦게 반응한다. 대뇌피질은 그 소리가 침입자가 내는 소리인지, 아니면 나무 바닥에서 나는 소음인지 판단한다. 일단 이성적인 결정을 하고 나면, 뇌 메커니즘은 상황에 대한 명확한 평가에 기반하여 균형잡힌 반응을 할 수 있다.

하부 뇌의 생존 메커니즘이 너무 많이 발화하면(포격이 이어지는 전쟁터), 뇌는 균형 상태로 돌아가지 못한다. 그 결과 아무리 용감하고 충직한 군인이라도 전투피로증이나 셸쇼크shellshock●를 피할 수 없다. 뇌의 대처 능력이 심한 압박을 받으면, 뇌의 지각 능력은 믿을 수 없게 된다.

또 한편으로는, 그 한계가 필터링 때문이 아닐 때도 있다. 사람이 지각할 수 없는 것들은 단순히 감각기관이 지각할 수 있는 범위를 벗어난 것일 수도 있다. 예를 들어, 우리는 자외선을 볼 수 없고 초음파를 들을 수 없다. 우리 인식 능력에 한계가 있는 건 맞지만, 대다수 현실 왜곡은 기대·기억·편견·공포·의도 때문에 생긴다. "그 사실들로 나를 괴롭히지 마. 내 마음은 이미 닫혀 있어"는 너무 현실적이어서 웃을 수도 없다. 필터 대신, 우리는 스스로 받아들일 수 없기 때문에 특정 정보를 차단하는 스스로 만든 검열관, 정신적인 감시자를 다루고 있다. 누가 히틀러나 스탈린을 빼닮은 남자와 데이트를 할까? 파티에 갔는데, 할리우드 스타가 올 거라는 이야기와 하필 그가 얼마 전에 가석방된 죄수라는 이야기를 들었다고 해보자. 당신은 완전히 다른 두 사람을 만나는 셈이다. 이런 선택적인 제한을 모두 고려해볼 때, 코지프스키가 지적한 대로, 뇌는 현실을 보고할 때 굉장히 부정확할 수 있다.

하지만 이건 시작에 불과하다. 뇌는 훈련 받을 수 있고, 모든 이의 뇌가 훈련을 받아왔다. 뇌는 받아들이도록 훈련된 현실의 모델만을

● 옮긴이: 전투 중 포격 등의 충격으로 발생한 흥분상태나 심리적 장애를 가리키는 말. '전투 스트레스 반응combat stress response'(CSR)이라고도 부른다.

받아들인다. 이로 인해 종교적 근본주의자의 세계관이 과학에 흔들리지 않는다. 이들은 자신들의 뇌가 받아들이는 모델과 일치하지 않는 정보를 처리하지 않을 뿐이다. 바로 이 순간 당신이 따르고 있는 현실의 모델은 뇌의 시냅스와 신경 통로 속에 연결되어 있다. 허름하게 입은 노인이 길을 걷고 있다고 생각해보라. 오가는 사람들은 같은 시각 정보를 보지만, 어떤 이는 이 노인을 보지 못할 것이고, 어떤 이는 노인을 동정할 것이며, 또 다른 이는 그 노인을 사회적인 위협이나 무거운 짐으로 여기고, 혹은 노인을 보며 자신의 조부모를 떠올릴 것이다. 노인은 동일한 사람이지만 수많은 사람에게 매우 많은 인식을 만들어낸다. 심지어 한 사람의 인식(지각)도 시간·분위기·기억 등에 따라 변할 수밖에 없다.

우리는 세상에 대한 우리의 반응을 통제하고 있다고 생각하지만, 사실은 전혀 그렇지 않다. 두 사람이 같은 것을 보면서 정반대로 반응한다면, 이들이 자신의 반응을 통제하는 것이 아니라 반응이 이들을 통제하고 있는 것이다.

과학은 이성적 모델을 따른다고 자부하지만, 그럼에도 합리성을 훼손하는 부정할 수 없는 사실들이 존재한다. 아무리 자신이 합리적이라 믿는다고 해도, 우리의 뇌는 피하는 게 불가능한 방식으로 세상을 인식하도록 훈련받아왔다. 만약 당신이 자살하지 않으면, 한 번도 만난 적 없는 수천 명의 낯선 사람이 죽게 될 거라는 말을 들었다고 해보자. 이때 합리성은 큰 힘을 발휘하지 못할 것이다. 뇌는 살아남기위해 프로그램되었기 때문이다. 마찬가지로, 군인은 동료를 구하기위해 전투에서 자신들을 희생한다. 용감한 이타심은 군인이 지켜야할 규범의 일부로서, 생존 본능보다 중요하기 때문이다.

모델은 강력하다. 하지만 현실은 모든 모델을 초월한다. 존 폰 노이만은 신경세포의 유일하게 만족스러운 모델은 신경세포라고 말했다. 다시 말해, 모델은 자연적인 현상의 복잡함과 풍부함을 대체할 수 없다. 또는 코지프스키가 말한 대로, "지도는 영토가 아니다." 한 도시의 가장 좋은 지도조차, 심지어 슈퍼 GPS가 제공하는 3차원의 움직이는 실시간 지도조차 실제 도시와는 다르다.

모든 모델에는 동일한 치명적 결점이 있다. 꼭 맞지 않는 것은 버린다는 것이다. 주관성은 과학적 방법에는 맞지 않는다. 그래서 대다수의 과학자는 주관성을 버린다. 물질주의자들은 자연에서 힘으로 작용하는 마음을 버린다. 이 내재된 결점 때문에, 모델은 자신이 품고 있는 것에 대해서는 맞지만 자신이 배제한 것에 대해서는 틀리다. 우리의 견해로는, 신에 대해서 마지막으로 상담해올 사람이 무신론자이듯이, 마음에 대해서 마지막으로 질문을 던질 사람은 물질주의자다.

우리는 아주 놀라운 결론에 이르게 된다. 즉 뇌가 우주를 보는 일종의 창이라면, 누구도 무엇이 '진정한' 현실인지 안다고 주장할 수 없다. 우리는 신경계 밖으로 나갈 수 없다. 우리의 뇌는 시공간 밖으로 나갈 수가 없다. 따라서 시간과 공간 바깥에 있는 것은 무엇이든, 인식할 수 없는 선험적인 것이다. 필터되지 않은 실체(현실)는 아마도 뇌 회로를 태워버리거나, 아니면 그냥 지워질 것이다.

이 모든 사실은 하이젠베르크 컷이 나누는 세계 중 고전적인 세계에 우리가 살고 있음을 증명하는 것처럼 보인다. 그러나 그건 틀린 결론이다. 우리가 말하고 생각하고 행하는 모든 것은 양자 세계와 연결되어 있다. 우리는 양자 현실 안에 포함되어 있기 때문에, 어떻게든 이 양자 현실과 소통을 하고 있다. 양자 상태는 일상적인 세계만큼이나 접근이 가능하다. 양자 상태 속으로 들어간다고 모든 단단한 물체가 환영이 되고, 모든 친구가 가상의 인물이 되는 게 아니다. 그것은 당신이 다른 관점으로 발을 들여놓았다는 걸 의미하며, 자신의 삶을 다차원적인 일련의 양자 사건들로 인식하게 됐음을 뜻한다.

양자에 적응하기

뇌를 포함하여 당신의 신체는 양자역학적이다. 이는 당신이 "나"라고 부르는 '나'가 양자적 창조물이라는 뜻이다. 세상도 다르지 않다. 그래서 양자이론은 자연이 실제로 어떻게 작동하는지에 대한 지금까지 제일 좋은 안내서다. 하이젠베르크 컷을 엄격하게 믿는 사람들은 고전적인 세상과 양자적인 세상이 서로 영향을 미치는 걸 용납하지 않지만, 두 세상은 명백히 서로 영향을 미친다. 당신이 광자처럼 행동하거나, 광자가 당신처럼 행동한다는 말인가? 그렇다. 예측 불가능성 unpredictability이 그 좋은 예다. 고전 물리학에서는 사건들을 자연의 규칙·상수·법칙에 의해 '저기 바깥'에 살게 하여, 자연의 혼란스러움을 다스리는 것이 중요했다. 이 프로젝트는 양자역학이 새로운 마을 보안관이 되기까지 대단히 효과가 좋았다.

이제, 예측 불가능성은 인간의 행동에서와 마찬가지로 어쩔 수 없이 받아들여야만 하는 현실이 되었다.

방사성 원자핵이 초기 값의 반을 잃게 되는 데 걸리는 시간을 반감기라고 한다. 우라늄 238의 반감기는 45억 년이다. 일반적으로 방사능 붕괴는 매우 느린데, 이 때문에 방사능에 오염된 지역이 인간의 수명을 훨씬 넘어서까지 위험한 것이다. 방사성 붕괴는 무작위로 일어나는 사건이어서, 특정 원자핵이 언제 붕괴될지는 예측이 가능하지 않다. 따라서 확률이 대신 주어진다. 확률이야말로 양자 현실에 들어가는 열쇠다. 불확실성은 당연한 것이다.

예를 들어 특정 핵의 반감기가 하루라면, 하루 안에 감소될 확률은 50퍼센트, 이틀 안에 붕괴될 확률은 75퍼센트가 된다. 양자역학 방정식(특히 슈뢰딩거 방정식)을 풀면 특정 원자핵이 붕괴될 확률을 매우 정확하게 알 수 있다. 하지만 한 가지 문제가 있다. 모든 확률은 그것이 핵붕괴의 결과든 아니면 경마 경기의 결과든 일어나려고 하는 무언가를 나타낸다는 것은 명백한 사실이다. 하지만 일단 일어나면 결과는 갑자기 100퍼센트로 상승하거나(붕괴가 일어났고 내 말이 경마에서 이겼다) 아니면 0퍼센트가 된다(붕괴가 일어나지 않았고 내 말이 졌다). 실제 삶의 사건들이 일어날 확률은 일단 결과가 알려지면 0 또는 100이 된다. 그렇지 않으면 확률은 아무 의미가 없다.

슈뢰딩거 방정식은 핵의 '생존 확률'(즉 붕괴하지 않을 확률)을 계산한다. 100퍼센트에서 시작해 계속해서 떨어져, 반감기 후에 50퍼센트에 도달하고, 두 번째 반감기에 25퍼센트에 도달하고, 그렇게 계속 이어진다. 하지만 결코 0퍼센트에 도달하지 못한다. (느린 경주마에게는 좋은 소식이다. 극미량으로 결승선에 더 가까워지지만 결코 결승선을 넘을 수 없어 패자로 선언되지 않을 테니까.)

그래서, 놀라운 성공과 존중을 받아온 슈뢰딩거 방정식조차 실제 사건을 설명하지는 못한다! 실제 붕괴가 일어나면, 그 확률은 순식간에 100퍼센트로 치솟는다. 일단 우리가 관찰을 했을 때만이 붕괴가 일어났음을 확신할 수 있기 때문이다. 수학과 현실 간의 이 간격은 슈뢰딩거의 고양이 역설로 유명하다. 이는 1935년에 슈뢰딩거가 고안한 사고실험인데, 비록 모든 이론물리학자들이 나름의 해답을 제시했지만, 아직도 제대로 설명되지 않고 있다.

고양이 역설

실험 환경은 이렇다. 슈뢰딩거는 자신의 고양이를 강철 상자 안에 넣고 뚜껑을 덮었다. 상자 안에는 미소량의 방사능 물질 덩어리, 가이거 계수기, 독이 든 플라스크가 들어 있다. 방사성 물질 덩어리는 작아서 자신의 원자 중 하나가 한 시간 안에 공중에서 붕괴하거나 하지 않을 수 있다. 슈뢰딩거가 제시한 확률은 50 대 50이다. 이제, 한 원자가 붕괴한다면, 가이거 계수기는 이를 검출할 것이고, 기계 해머를 당겨 독이 든 플라스크를 떨어뜨려 산산조각 낼 것이다. 그러면 불행한 고양이는 죽게 된다. 붕괴가 일어나지 않으면, 고양이는 위험에서 벗어나고, 상자 뚜껑을 열어 확인하면 고양이는 살아 있을 것이다. 지금까지 이 두 가지 결과는 상식에 맞다.

하지만 양자 세계에서는 그렇지 않다. 뚜껑을 열지 않는 한 고양이는 두 가지 가능성, 즉 방사성 물질의 붕괴와 방사능 물질의 비붕괴가 중첩된 상태(흐릿한 상태) 속에 존재한다. 그 당시 유행하던 코펜하겐 해석에 따르면, 어떤 중첩이 특정한 상태로 붕괴되기 위해서는 관찰자가 있어야 한다. 관찰자가 어떻게 이를 행하는지는 누구도 충분히 설명할 수 없었지만, 관찰자가 나타나기 전까지 양자는 중첩 상태로 남는다.

이 유명한 사고실험을 떠올릴 때마다 골치가 아파진다면, 슈뢰딩거도 실제 생활에서는 중첩을 터무니없는 것으로 여겼다는 사실을 위안으로 삼자. 방사능 물질의 핵붕괴가 중첩 상태에 있다면, 코펜하겐 해석에 따라 상자를 열고 관찰자가 나타나기 전까지 붕괴 가능성은 50 대 50이다. 양자(핵)에게는 그렇다 쳐도, 고양이는 어쩌란 말인가? 관찰자가 상자를 열기 전까지 핵의 두 상태가 50 대 50이라면, 고양이는 동시에 죽어 있고 살아 있게 된다. 원자가 붕괴하지 않는 한 고양이는 살아 있다. 그러나 원자가 붕괴하여 독이 퍼지면 고양이는 죽는다.

물론 고양이는 동시에 죽거나 살아 있을 수 없다. 이것은 가장 기발한 역설이긴 하지만, 그 이유를 이해하려면 약간 더 치밀하게 생각해봐야 한다. 슈뢰딩거의 고양이는 양자 행위와 현실 삶 간의 괴리에 관한 것이다. 중첩은 실제 세상에서는 아무 의미가 없다. 실제 세상에서 고양이는 죽거나 살아 있을 뿐, 자신의 운명이 정해지기 전에 누군가가 자신을 바라보기를 기다리지 않는다.

아인슈타인은 이 사고실험을 반기며 슈뢰딩거에게 편지를 썼다.

당신은 우리가 현실에 대한 가정을 피할 수 없다는 걸 이해하는 유일한 동시대 물리학자입니다. 사람들이 정직하면 좋을 텐데…. 대부분은 자신들이 현실을 가지고 만지작거리는 게임이 얼마나 위험한 것인지를 모르고 있습니다. 그 고양이의 있음과 없음이 관찰 행위와 무관하다는 것을 의심하는 사람이 진짜로 아무도 없습니다.

불행하게도, 이 역설은 아인슈타인의 생각만큼 단순하지 않다. 물리학자 휴 에버릿Hugh Everett이 제안한 다세계이론many-worlds theory 에서 그 고양이는 동시에 죽어 있고 살아 있지만, 다른 현실이나 세상에서 그렇게 된다. 양자적 결과는 이것 아니면 저것이 아니라 양쪽 모두다. 그리고 당신이 서 있는 세상이 어디냐에 따라 결정된다. 상자가 열릴 때 관찰자가 결과에 마법적으로 개입하는 게 아니다. 오히려 죽은 고양이를 보는 관찰자와 살아 있는 고양이를 보는 관찰자가 있을 뿐이다. 이 두 개의 동등한 현실 시나리오는 서로 간에 어떤 소통도 없이 서로에게서 분리된다. 한 관찰자는 다른 관찰자를 알아차리지 못한다.

다중우주에서와 마찬가지로, 다세계 이론은 머리를 긁적거리는 문제를 전혀 문제가 되지 않는 것으로 바꾼다는 점에서 멋진 방법이다. 당신은 고양이를 살릴 수도 있고 죽일 수도 있다. 하지만 정확히 어떻게 이 분리된 현실들이 (양자 결풀림decoherence으로 알려진) 분리되는 가라는 새로운 문제가 생긴다. 그리고 다세계는 다중우주만큼이나 이론적이기 때문에, 이들이 상상의 산물인 순수한 수학적 공상이 아니라고 믿기가 어렵다. 다세계 해석의 실제 효과는 코펜하겐 해석이 낳은 문제를 무한대로 확장시켰을 뿐이다.

아마도 슈뢰딩거의 고양이는 완전히 다른 뭔가를 우리에게 말하고자 하는 것일 수 있다. 양자적 행위를 이국적인 것으로, 역설로, 일상생활과 완전히 동떨어진 것으로 보지 말고, 우리 모두는 양자 상태 속에 이미 존재하고 있으며, 양자가 단지 우리를 흉내 내고 있는 것일 수도 있다. 우리가 상자 안에 있는 슈뢰딩거의 고양이가 죽었는지 살아 있는지를 묻는다면, 가능한 대답은 네, 아니오, 둘 다, 그리고 둘 다 아님이다. 왜 이 대답이 그렇게도 역설로 보이는가? 한 남자가 여자와 최근에 개봉한 영화를 보러 갔을 때 팝콘이나 콜라를 원하냐고 여자에게 묻는다면, 여자는 둘 중 하나에 대해 그러거나 아니거나 혹은 양쪽 다 혹은 아무것도 원하지 않을 수도 있다. 자유의지는 이런 식으로 자연스럽게 작동한다. 이루어지기 전까지, 선택은 모든 가능성에 열려 있다.

이 여자를 독과 방사능을 제거한 슈뢰딩거 상자 안에 넣어보자. 그녀가 팝콘이나 콜라를 원하는지를 알아보기 위해서 상자를 열기 전에, 그녀의 대답은 어떤 상태에 있을까? 그렇다, 아니다, 둘 다, 둘 다 아님의 중첩일까? 대답은 질문 자체가 잘못되었다는 것이다. 마음이 작동하는 방식을 안다면 말이다. 여자는 그저 결정을 기다리고 있다. 그녀의 대답은 원자가 붕괴와 비붕괴 사이에 얼룩져 있는 이질적인 중간 지대에 있지 않다. 그러나 이 두 상황이 완전히 다른 것은 아니다. 우리는 항상 생각을 하고 있지만, 우리가 생각하기 이전에 이 생각들이 어디에 존재하는지 우리는 알지 못한다. 같은 이유로 우리는 우리의 다음 단어가 우리가 말하기 전에 어디에 존재하는지를 알지 못한다.

사실, 난데없이 단어를 불러낼 수 있다는 것은 상당히 신비한 일이다. 친구에게 당신이 워싱턴 동물원에서 판다들을 봤다고 말하려 한다면, 당신은 그냥 그렇게 말하면 된다. 맞는 단어를 발견할 때까지 중국 포유류에 관한 마음속 도서관을 샅샅이 뒤질 필요는 없다. 컴퓨터는 이 재주를 복제할 수 없다. 단어와 의미를 일치시키기 위해 프로그램된 저장 장소를 찾아야만 한다(사실, 컴퓨터는 단어의 의미를 알지도 못한다).

당신의 머릿속에 떠오르는 생각과 입에서 나오는 말은 마음이 호출할 때까지 어떤 중간 지점에서 조용하게 대기하고 있는지도 모른다. 단어는, 양자가 그렇듯이, 세상 속으로 드러나기를 기다리는 가능성에 지나지 않는다. "양자는 지각되기 전까지는 특성을 갖지 않는다"라고 말함으로써 휠러는 현실에 대해 중요한 점을 지적했다. 우리 마음속의 내용도 마찬가지다. 내일 정오에 있을 당신의 생각을 정확하게 묘사해보라. 화가 나거나, 슬프거나, 행복하거나, 불안하거나, 낙관적일 수도 있다. 점심, 일, 가족, 아니면 미식축구에 대해서 생각하고 있을지도 모른다.

양자와 마찬가지로 생각도 불쑥 튀어나오기 전까지는 어떤 특성도 갖지 않기 때문에 정확히 예상할 수 없다. 현실과 게임을 해서는 안 된다는 아인슈타인의 경고를 따른다면, 이 미스터리는 사라지게 된다. 물리학자들이 '양자 비결정성indeterminacy'이라고 부르는 것은, 측정되는 바로 그 순간이 되기 전까지는 양자를 알 수 없다는 사실을 말한다. 생각, 단어, 인간 행위, 저녁 뉴스도 마찬가지여서, 대면(측정) 후에야 알게 된다. 우리가 저녁 뉴스에서 최근에 일어난 참사를 알려고 서두르는 이유는, 우리가 혼란스럽고 예측할 수 없으며 거친 현실에 잘 적응하고 있고, 불확실성에 지배당하고 있기 때문이다. 양자 혁명은 이들 요소를 우리 삶 속에 끌어들인 게 아니다. 단지 인간 세상에서 양자 세상으로 이들을 확장했을 뿐이다.

이제 크게 도약해 인간이 양자 세계를 창조했다고 말할 수 있을까? 꼭 그렇지는 않다. 관찰자가 어떻게 현실에 영향을 미치는지의 문제는 해결되지 않았다. 몇몇 아주 이상한 양자 행위는 여전히 길들여질 필요가 있지만, 우리는 전환점에 이르렀다. 하이젠베르크 컷은 현실 생활에서는 신기루다. 우리는 모두 다차원 양자 세계 속에 살고 있다.

단순히 관찰하는 것만으로가 아니라 나타나는 현실 속에 참여하여, 우리 자신을 우리가 경험하는 모든 곳에 투영한다. 우리는 허영심 때문에 우리 인간의 특성들을 우주에 주입하면서 자기중심적이 되고 있는 것일까? 아니면 우주에 원래 마음이 내포되어 있어 그런 게 아닐까? 이것이 다음 장에서 풀어야 할 미스터리의 핵심에 놓여 있는 뜨거운 쟁점이다.

7

우리는 의식을 지닌 우주에
살고 있는가?

˅

여기저기 그리고 모든 곳에서 부글부글 끓어오르는 무한한 우주의 개념은, 보통 사람에게는 멋진 상상이거나 괴상한 과학 이론일 것이다. 어떤 경우든 다중우주multiverse에 도전하는 회의론자는 많다. 또 논쟁이 격렬해짐에 따라, 이렇게 질문하는 사람도 있을 것이다. "다른 우주는 그렇다 치고, 이 우주가 어떤지 우리가 정말로 알고 있는 거요?"

일리 있는 말이다. 다중우주는 인류 전체에게 로맨스 소설과 같은 것이다. 로맨스 소설에서 여자 주인공은 결국 이상형을 발견한다. 다중우주에서 인간 존재는 알맞은 이상형 우주를 발견했다. (알맞은 우주를 발견할 확률은 일상생활에서 이상형을 발견할 확률보다 더 작아서, 본질적으로 0이다.) 로맨스 소설의 주인공처럼 운명이 완벽하게 어울리는 이

　　　　　　　　　　　　궁극의 미스터리

상형을 만든 것인지, 아니면 단순히 뜻밖의 행운이었던 것인가? 이 책에서 우리는 둘 다 아니라고 말할 것이다. 인간 존재와 우주의 완벽한 만남이란, 마음들의 만남에 관한 것이다. 인간의 마음은 우주의 마음과 짝이다. 과학이 설명할 수 없는 어떤 신비한 방식으로, 우리는 '의식을 가진 우주conscious universe' 즉 '의식하는 우주' 속에 살고 있는 자신을 발견한다. 제정신이 아닌 것처럼 들리지만, 우리는 우리가 우주라고 부르는 무한한 의식 상태 속에 산다.

전형적인 물리학회나 신경과학회에서 이런 주장을 펼쳤다간 회의론자들이 격렬히 반대할 것이다. 그러나 앞에서 우리는 양자 영역이 인간의 마음처럼 거동한다는 많은 증거를 보았다. 이 증거는 신중하게 의도적으로 무시되어왔다. 현대 물리학에서 의식은 명확한 답을 제시하려는 모든 연구자를 블랙홀처럼 삼켜왔다. 지금까지 어느 누구도 《바보들을 위한 마음 설명서Mind for Dummies》라는 제목의 책을 쓴 적이 없다. 왜냐하면 마음이라는 주제는 가장 뛰어난 사상가들을 패배시켰고, 계속해서 패배시키기 때문이다. 우리는 우리에게 마음이 있음을 확실하게 알지만, 동시에 우리 마음은 자신을 설명할 수 없다. 우리는 이러한 모순에 처해 있다. "생각은 어디에서 오는가?"라고 그냥 묻기만 해도 심한 두통과 좌절, 시끄러운 논쟁이 일어난다. 하지만 '의식하는 우주'라는 개념은 많은 질문을 한꺼번에 해결해주니 아름답지 않은가? 다음은 그런 질문이다.

질문   인간은 지구에서 의식을 가진 유일한 존재인가?

대답   아니다. 살아 있는 모든 존재는 우주적 의식에 참여한다. 사실, 소위 불활성 물체라 불리는 모든 것도 우주적 의식의 일부이다.

질문   뇌가 마음을 만드는가?

대답   아니다. 뇌는 정신적 사건을 처리하는 육체적 도구일 뿐
이다. 마음과 뇌는 둘 다 같은 근원, 즉 우주적 의식에서
기원을 찾을 수 있다.

질문   의식은 '바깥 저기' 우주 안에 있는가?

대답   그렇기도 하고, 아니기도 하다. 우주 안 모든 곳에 의식
이 있다는 점에서 그렇다. '여기 안'과 '바깥 저기'는 더
이상 적절한 개념이 아니라는 점에서 아니다.

이 질문들의 단순함은 우주에 마음이 있다고 생각하는 모든 과학자
에게 매력적이다. 우리는 꾸준히 블랙홀에서 기어나오고 있다. 오늘
날에는 우주의 의식을 다루는 논문, 책, 학회가 있다. 그렇지만 실상을
말하자면, 주류 과학은 여전히 의식의 존재를 인정하지 않는다.

과학은 문제를 푸는 데 필요하지 않은 가정들은 배제하는 습성이
있다. 물리학의 세계에서는 우주가 의식이 있는지 없는지는 $E=mc^2$나
슈뢰딩거의 방정식이나 혼돈적 팽창chaotic inflation과 관련이 없다. 과
학은 마음과 관련된 전체 이슈를 무시함으로써 어마어마한 지식을 축
적했다(갓난아이도 출생 후 얼마 동안은 자의식이 없는 인형으로 간주해도 별
문제가 없다).

하지만 이것이 실제로 기이한 부분은 아니다. 우리가 대단히 이상
하다고 여기는 건 과학자들이 자신들의 마음과는 관련이 없다고 여기

는 것이다. 마음은 호흡과 같이 그야말로 당연한 것으로 간주한다. 입자가속기에서 양성자를 때리고 있을 때, 어느 누구도 "숨 쉬고 있는지 확인하라"라고 말하지 않는다. 더구나 "당신이 의식이 있는지를 확인하라"라고는 더더욱 말하지 않는다. 호흡이나 의식 둘 다 가정할 필요가 없다. 그렇지만 다른 관점에서는 어떤 것도 마음보다 중요하지 않다. 특히 인간의 마음이 우주의 마음과 어떤 식으로든 통한다면 더 그렇다. 만약 인간 존재들이 우주적 차원을 가진다면 우리 모두에게 중요해진다. 바깥 우주의 어마어마한 추위 속 티끌 한 점에 불과한 존재에 관한 모든 이야기는 영원히 끝나고 말 것이다. 휠러가 시적으로 표현했듯이 우리는 "가장 중요한 보석의 운반자, 어두운 우주 전체를 밝히는 번쩍이는 목적"이다.

미스터리 파악하기

우주의 마음을 가로막는 주된 장애물은, 마음은 항상 자신의 주관성에 의해 오염된다는 가정이다. 주관성은 데이터와 숫자, 과학을 성공으로 이끄는 것과는 거리가 멀다. 사실, 오로지 사실에 대한 연구를 통해 전반적인 합의에 이를 수 있다. 그러나 의식 연구에서 객관성은 인간 인식human awareness의 한 가지로 분류된다. 객관성은 '제3자 의식third-party consciousness'이라고 알려져 있는데, 어떤 3자도 무대 위에 등장해서 무엇이 관찰되었는지에 동의할 수 있다는 것을 의미한다. 예를 들어, 1945년 7월 16일 최초의 원자폭탄이 폭발한 뉴멕시코 사막 포인트 트리니티Point Trinity의 땅을 살펴보고 있는 지질학자 팀을 생각해보라. 첫 번째 지질학자는 땅 위에 놓인 특이한 광물을 보았다. 이들이 이 광물을 조사는 동안 두 번째 지질학자는 이전에 본 적 없는 것 같다는 데 동의한다.

다른 지질학자들이 이 암석 샘플을 테스트하고 합의에 이르게 된다. 첫 번째 폭발의 엄청난 열이 지구 다른 곳에서는 알려지지 않은 광물을 만든 것이다. 이들은 이 광물의 이름을 트리니타이트trinitite로 지었다. 석영과 장석으로 된 사막의 모래가 녹아서 유리 같은 녹색 결정체가 된 것으로, 방사능이 약간 있지만 위험하지는 않다.

트리니타이트의 발견은 제3자 의식에 깔끔하게 들어맞는다. (당사자 의식으로 알려진) 모든 주관적 반응을 제거했기 때문에 객관성이 보장된다(또는 보장된다고 한다). 제2자 의식이란 것도 있는데, '나'에게서 탁자 너머 앉아 있는 '너'가 주인공이다. 제2자 의식은 두 사람이 같은 망상을 공유할 수 있기 때문에 거의 당사자 의식만큼이나 신뢰할 수 없다. 같은 경험을 공유하는 두 관찰자로부터 실질적인 객관성을 담보할 수 있는지는 누구도 보여주지 못했다.

제3자 의식을 제외하고 의식에 대한 모든 언급을 포기하는 것이 물질주의자에게는 엄청나게 편리한 선택이다. 이는 또한, 이런 방식이 과학을 하는 유일한 방식이라고 계속 말하면서, 엄청난 양의 경험을 양탄자 밑으로 감추는 것이다. 과학과 기술 위에 세워진 현대 세계를 둘러보면, 사람들은 제3자 의식의 어마어마한 가능성을 본다. 당신은 왜 과학이 당사자 의식, 즉 일상적 경험의 '나'를 내던져버리려 그렇게 안달인지를 볼 수 있다. 렘브란트Rembrandt는 "그건 내 자화상이야"라고 말할 수 있지만, 아인슈타인은 "그건 내 상대성이야. 당신이 어떤 상대성을 원한다면, 너 자신의 것을 구해"라고 말할 수가 없다.

그렇지만, 제3자 의식을 표준으로 만들면, 결국 우리는 어떤 '나'도 존재하지 않는 SF의 세계를 맞이하게 된다. 이 상황이 얼마나 기묘한지 보려면, 제3자가 되어 돌아다니면서 자신을 언급해보라. "그는 막 잠자리에서 일어났다. 그녀는 자신의 이를 닦고 있다. 이들은 마지못해 일하러 가는 것처럼 보이는데, 생활비를 벌어야 하기 때문이다." 주관성이 엉망이란 건 부정할 수 없지만, 주관성은 경험이 작동하는 방식이기도 하다. 일들은 사람(1인칭)에게 일어나는 것이지, 대명사(3인칭)에게 일어나는 게 아니다.

자연스럽게, 모든 과학자는 '나'가 있고 개인의 삶이 있다. 하지만 물리학과 현대 과학에 의해 발전된 현실에 대한 모델에서는 일반적으로 우주는 제3자 경험이다. 존 아치볼드 휠러가 한 유명한 말처럼, 유리를 깨뜨려야 할 때 두꺼운 유리를 통해 우주를 바라보고만 있는 것과 같다.

의식 없는 우주는 죽은 우주다. 반면에 인간 존재들이 경험하는 우주는 살아 있고 창의적이며, 훨씬 더 창의적인 웅장한 구조를 향해 진화하고 있다. 케플러 망원경이 제공한 최신 데이터가 유효하다면, 관찰 가능한 우주 속에 지구와 유사한 행성의 숫자는 10^{22}개 정도가 될 수 있다. 생명을 유지할 수 있는 행성이 이렇게 많다는 것은 의식이 있는 우주가 자신을 몇 번이고 다시 표현하고 있다는 증거일 수 있다.

인간들은 어떻게 지구에서 진화했는가에 대한 논쟁은 의식 자체가 미스터리로 남는 한 결론이 날 수 없다. 논쟁이 결실을 맺으려면 의식은 명확하고 합리적이고 믿을 만해야 한다. 어떤 시각(당사자, 제2자, 제3자)도 배제해선 안 된다. 공평한 경쟁의 장이 있어야만 한다. 은근슬쩍 넘어갈 수 있다는 이유로 대명사에 기대선 안 된다.

원자가 생각하는 걸 배웠을 때

우주의 모든 것은 의식이 있거나 없거나 둘 중 하나다. 좀 더 정확하게 말하면, 물체가 마음의 영역에 참여하거나 참여하지 않는다. 그러나 어떤 게 어떤 것인지 선택하는 건 보기만큼 쉽지 않다. 왜 우리는 뇌에 의식이 있다고 말하는가? 뇌는 평범한 원자와 분자로 만들어져 있다. 뇌의 칼슘은 영국 동남부의 항구 도시 도버의 해안 절벽 화이트클리프White Cliffs를 이루는 칼슘과 같다. 뇌의 철은 못 속의 철과 같다. 못과 화이트클리프와는 달리 우리는 모두 인간 두뇌가 우주에서 특권적인 지위를 차지함을 받아들인다. 이는 뇌의 원자가 '죽은' 물체 속에 있는 같은 원자와 비교했을 때 어쨌든 독특하다는 것을 의미한다.

포도당 분자 하나가 혈액-뇌 장벽(분자들이 혈류에서 뇌로 통과하는 것을 허용할지 결정하는 세포 문지기)을 통과한다고 해서 포도당이 물질적으로 변하지는 않는다. 하지만 어찌어찌해서 우리가 사고, 느낌, 지각이라고 부르는 과정에 기여한다. 위장관을 통해 환자에게 영양과 함께 공급되는 단순한 당이 어떻게 사고하는 방법을 배울 수 있는가? 이 질문은 미스터리의 핵심으로 이어진다. 우주에 있는 모든 대상이 의식의 일부거나 그렇지 않다면, 의식이 있는 것은 생각하는 법을 배웠을 것이지만, 누구도 어떻게 이 일이 일어났는지는 설명하지 못하고 있다.

정말로, 원자가 생각하는 걸 배웠다는 모든 개념은 전적으로 비논리적이다. 원자가 의식을 얻는 바로 그 순간은 결코 찾아낼 수 없을 것이다. 마음과 물체를 연결하는 건 '어려운 문제'로 명명되었고 격렬

궁극의 미스터리

한 논쟁의 중심이 되었다. 인류가 찾아낸 118개의 원소 중 단지 6개, 즉 탄소, 수소, 산소, 질소, 인, 황이 인체의 97퍼센트를 이룬다. 누군가 이 원자들을 엄청나게 복잡한 방식으로 짜맞춰서 이들이 갑자기 생각하도록 만들고자 한다면, 이는 순진한 생각처럼 보일 것이다. 하지만 이것이 본질적으로 인간의 뇌가 어떻게 의식의 기관이 되었는가를 설명하는 유일한 방법이다.

인간 DNA의 이중나선이 수십억 개의 염기쌍으로 이루어져 있으니, 이처럼 당혹스러울 정도의 복잡성 뒤에 숨어 무지를 감추는 것도 충분히 가능하다. 어떤 물체가 의식이 있고 어떤 것이 그렇지 않은지를 말하는 것은 아주 까다롭다. 전체 우주가 의식이 있다는 말은 의식이 없다는 말만큼 그럴듯하다. 이 논쟁은 물질적 토대에서는 간단히 해결될 수 없다.

이 미스터리는 결국 한 가지 명백한 선택으로 치닫게 된다. 우주는 사고 방법을 배운 물질로 구성되어 있는가, 아니면 물질을 창조한 마음으로 구성되어 있는가? 우리는 이것을 '물질 먼저matter first'와 '마음 먼저mind first'의 구분이라고 부를 수 있다. '물질 먼저'가 과학의 기본 태도지만, 양자역학은 지난 100년 동안 이를 심각하게 약화시켰다.

'물질 먼저' 태도를 구원하는 한 가지 인기 있는 관점은 모든 것을 정보로 교묘하게 변환하는 것이다. 우리는 정보에 둘러싸여 있다. 스마트폰 할인 문자를 받았다면, 새로운 정보가 당신에게 전달된 것이다. 컴퓨터 화면을 볼 때 망막을 때리는 광자도 정보를 전달한다. 광자는 뇌 속의 미약한 전기 자극으로 변환된다. 이는 또 다른 종류의 정보다. 예외는 없다. 우리가 말하고 생각하고 행동할 수 있는 모든 것은 1과 0만을 사용하는 디지털 코드의 형태로 컴퓨터화할 수 있다.

한 묶음의 정보에 해당하는 관찰자가 더욱 큰 정보 묶음인 우주를 관측하는 모델도 생각해볼 수 있다. 갑자기, 마음과 물질은 공통된 기반을 발견한다. 몇몇 우주론자들은 이를 '의식 있는 우주'에 대한 가능성 있는 대안으로 여긴다. 우리는 의식을 순수하게 정보로 정의하기만 하면 된다. 이 관점을 지지하는 사람이 MIT의 물리학자 막스 테그마크Max Tegmark다. 그는 의식을 두 가지 문제, 즉 쉬운 것과 어려운 것으로 나누면서 자신의 논증을 시작한다.

쉬운 문제와 어려운 문제

쉬운 문제(그렇다 해도 꽤 어렵다)는 뇌가 정보를 어떻게 처리하는지를 이해하려는 것이다. 테그마크가 주장하길, 컴퓨터가 이제 세계 체스 챔피언을 물리치고 가장 어려운 외국어를 번역할 만큼 충분히 발전했다는 걸 고려하면, 우리는 이 방향에서 큰 발전을 이뤘다. 정보를 처리하는 컴퓨터의 능력은 언젠가 인간 뇌의 능력을 추월할 것이고, 그러면 어떤 것이 의식이 있는지, 즉 기계가 의식이 있는 것인지 아니면 인간 존재가 그런 것인지 말하기가 거의 불가능하게 될 것이다. 어려운 문제는 "왜 우리는 주관적인 경험을 하는가?"이다. 뇌의 하드웨어에 대해 얼마나 알고 있든, 우리는 몇 마이크로볼트의 전기와 한 줌의 춤추는 분자들이 처음으로 그랜드캐니언Grand Canyon을 본 한 개인의 경외심이나 음악이 만들어내는 벅찬 기쁨을 어떻게 전달할 수 있는지에 대해서는 제대로 알 수 없다. 사고와 감정으로 이뤄진 내면 세계는 완전하게 디지털화될 수 없다.

궁극의 미스터리

"어려운 문제"는 철학자 데이비드 차머스David Chalmers가 공식적으로 이름을 붙이긴 했지만, '마음-몸 문제mind-body problem'의 형태로 수 세기 동안 존재했다. 테그마크는 과학의 영원한 동반자인 수학에 의존하여 해결책을 찾았다. 그는 물리학자들에게 인간 존재는 자신의 원자와 분자가 복잡한 방식으로 재배열된 음식 같은 존재라고 말했다. "당신이 먹은 것이 당신이다"라는 말은 그대로 진실이다.

음식이 우리 몸 안에서 어떻게 재배열되기에 사랑에 빠지는 것과 같은 주관적 경험이 만들어지나? 음식을 이루는 원자와 분자는, 물리학적 관점에서 볼 때 쿼크와 전자들의 혼합물일 뿐이다. 테그마크는 물리적 우주를 넘어선 힘(즉 하나님)이 끼어드는 것을 거부한다. 영혼도 마찬가지로 탈락이다. 테그마크는 당신이 당신 뇌 속의 모든 입자가 무얼 하고 있는지를 측정하고, 이 입자들이 물리법칙을 완전히 따른다면, 영혼의 역할은 전혀 없다고 주장한다. 물리적인 그림에 어떤 것도 더하지 않는다.

만약 영혼이 이 입자들을 밀어낸다면, 아무리 적은 양이라도 해도 과학은 영혼의 정확한 영향을 측정할 수 있을 것이다. 보라. 영혼은 중력과 같이 연구할 수 있는 또 다른 물리적인 힘이 되어 그 특성을 연구할 수 있게 된다. 이어 테그마크는 어려운 문제를 풀거나 아니면 매우 교묘한 손놀림으로 판명 날 아이디어를 공개했다. 그는 물리학자로서 뇌 속 입자들의 활동은 단지 시공간 속에서의 수학적 패턴에 지나지 않는다고 말했다.

'숫자의 묶음'을 다루는 것은 '어려운 문제'로 변한다. "왜 우리는 주관적 경험을 하는가?"를 묻지 않고, 우리는 입자들의 알려진 특성들을 살피고 검증 가능한 사실에 기반하여, "왜 몇몇 입자들은 우리가 주관적인 경험을 하고 있다고 느끼도록 배열되는가?"라고 물을 수 있다. 이는 넋이 나간 브레이니악 교수Professor Brainiac가 앞줄에 앉은 마릴린 먼로에게 반한 이유를 설명하기 위해 칠판에 방정식들을 휘갈겨 쓰는 영화의 한 장면처럼 보일 수도 있다.● 하지만 주관적 세상을 물리학의 문제로 바꾼 테그마크의 속임수는 분명히 매력적이다.

하지만 의심하는 건 어렵지 않다. 아인슈타인의 마음은 놀라운 계산을 해냈다. 그런데 놀라운 그 계산이 아인슈타인의 마음을 만들 수 있을 것 같지는 않다. 하지만 테그마크는 그것이 가능하다고 주장한다. 그가 말하길, 우리 주변에 존재하는 모든 것은 그것을 이루고 있는 원자와 분자를 단순히 본다고 해서 그 특성을 설명할 수 있는 것이 아니다. H_2O는 물이 얼음이나 수증기가 되어도 변하지 않는다. 그저 얼음과 수증기의 특성을 얻을 뿐이다. 이를 창발적 속성emergent properties이라고 부른다. 테크마크는 "고체, 액체, 기체와 마찬가지로 의식 또한 창발적 현상이라고 생각한다. 만약 잠을 자서 의식이 사라진다 해도 나는 여전히 같은 입자로 구성되어 있다. 유일하게 변한 건 그 입자들의 배열이다."

우리는 수학이 마음을 설명하는 열쇠를 쥐고 있다고 믿는 사람들을 대표하기 위해 테그마크를 언급하고 있다. 그들이 볼 때, 의식은 자연의 다른 어떤 현상과도 다르지 않다. 숫자는 정보에 할당될 수 있고, 정보는 테그마크를 비롯한 다른 이들에 의해 "입자들이 서로에 대해 아는 것"으로 정의된다. 아직 해결해야 할 복잡한 문제가 무척 많지

● 브레이니악 교수는 가상의 인물로, 머리가 비상한 괴짜 천재의 이미지를 지니고 있다.

만, 핵심 개념은 얻었다.

위스콘신대학교의 신경과학자 줄리오 토노니Giulio Tononi가 제안한 '통합정보이론Integrated information theory'에 관심이 가장 집중된다. 마음과 물질의 간극을 연결하기 위해, 토노니와 그의 동료들은 '의식 탐지기'를 만들었다. 이 기계는 예를 들어, 식물인간에게 여전히 의식이 있는지를 분석하는 의학 용도로 사용될 수 있다. 이런 발전은 여러 면에서 뇌 연구에 흥미를 불러일으키고 있다.

하지만 정보 이론가들은 더 큰 그림을 찾고 있는 중이다. 이들은 대체로 디지털 정보의 기본 단위인 1과 0을 이용해 우주 속 의식을 설명하고자 한다. 양전하와 음전하를 띤 입자들은 쉽게 1 또는 0으로 묘사할 수 있는데, 중력이 반중력과 짝지어지듯, 자연의 특성에는 언제나 반대편이 존재한다. 그러나 생명이 없는 입자들에서 사랑, 증오, 아름다움, 즐거움을 얻는 데 숫자가 정말로 도움이 될까? 모든 것이 '여기 안에서' 일어나고 있는데? 거의 불가능한 일이다. 물에 얼음의 속성이 있음을 안다고 해서 얼음 조각품을 만들 수 있는 게 아니다. 다른 뭔가가 분명히 작동하고 있다.

정보는 "입자들이 서로에 대해 아는 것"이라고 하지만, 그것은 해답이 아니라 문제다. 정보를 더하면 더할수록 온전한 인간의 마음이 만들어질 것이라는 생각은 카드 묶음에 카드 묶음을 더하기만 해도 갑자기 포커 게임이 진행된다고 하는 것과 같다. 잭, 퀸, 에이스 모두 정보를 전달하지만, 그건 정보를 가지고 무엇을 할 것인지를 아는 것과는 다르다. 여기에는 마음이 필요하다.

현실이 스스로 말하게 하라

의식의 문제와 씨름해온 모든 이들은 현실이 자기들 편에 있다고 느낀다. 하지만 더 자세히 보면, 어떤 이론도 진실을 말해줄 수 없다. 비가 오면 레이더는 이를 말해줄 수 있지만, 비가 오면 젖는다고 말할 수 있는 것은 오직 인간이다. 경험만이 유일한 판단자다. 별 내부의 핵폭발을 0과 1로 나타낼 수 있다는 것은 놀라운 일이지만, 0과 1이라는 개념은 인간이 만든 것이다. 우리 없이는 이들도 존재할 수 없다.

사실, 정보의 개념을 이해하는 인간 존재 없이는 자연 어디에도 정보란 없다. 정보이론이 심각하게 손상을 받으면 가장 흔한 대안은 "언젠가 더 나은 이론이 나올 때까지 기다릴 수 있다. 그러는 사이, 새로운 뇌 연구가 매일 등장하고 있으니 결국 우리에게 그 이야기를 알려줄 것이다"라고 말하는 것이다. 이런 종류의 "뇌=마음"이라는 확신은, 그 기반이 몹시 위태위태해 보인다.

신경과학의 전체 영역이 이러한 가정에 기반해 있다. 어떤 사람이 살아 있고 의식이 있으면 의심의 여지 없이 뇌에서 활동이 일어난다. 반면에 죽으면 이 활동이 멈춘다. 모든 음악이 라디오에서만 나오는 세상을 상상해보라. 라디오가 죽으면, 음악도 죽는다. 하지만 이러한 사건은 라디오가 음악의 원천이라는 걸 증명하지 못한다. 라디오는 음악을 전송할 뿐이며, 모차르트나 바흐가 되는 것과 크게 다르다. 뇌도 마찬가지다. 뇌는 우리의 생각과 느낌을 우리에게 가져다주는 단순한 전달 장치이다. 뇌 스캔이 아무리 강력해져도 신경 활동이 마음을 만들어낸다는 증거를 찾을 수는 없을 것이다.

"뇌=마음"이 갖고 있는 문제는 두 가지다. 첫째, 마음은 부수 현상

epiphenomenon, 다시 말해 2차적 효과라는 가정이다. 모닥불을 피웠을 때, 주된 현상은 '연소'이고 2차 현상은 불이 발산하는 '열'이다. 열이 부수 현상이다. 뇌 연구에서는 신경 내부의 물리적 활동이 주된 현상이고, 사고·느낌·감지의 주관적 의미는 2차적이라고 가정한다. 마음은 부수 현상인 것이다. 하지만 당신이 누구인지, 당신이 어디에 있는지, 그리고 세상은 어떻게 생겼는지를, 다시 말해 마음으로부터 오는 모든 것(주관적 경험)이 주가 될 가능성이 가능성 면에선 똑같다. 음악은 라디오 이전부터 있었다. 라디오의 작동 방식을 분자 수준으로까지 내려가 연구한다고 해서 이 사실이 부정되지는 않는다.

뇌=마음의 두 번째 문제는 우리가 자연을 정확하게 볼 수 있는 방법이 없다는 것이다. 우리가 현실을 정확히 얼마나 모르는지를 파악하기는 쉽지 않다. 크리스토퍼 이셔우드Christopher Isherwood의 소설 《베를린이여 안녕Goodbye to Berlin》에서 화자는 히틀러가 부상할 때 독일에 도착한 이름 모를 청년이다. 이셔우드는 그 청년이 처한 공포를 보여주는 대신 독자 스스로 판단하길 바랐다. 그렇게 해야만 우리는 청년이 겪는 공포를 믿게 될 테니까. 청년은 다음과 같이 말하며 자신의 이야기를 시작한다.

나는 셔터가 열려 있는, 상당히 수동적이며, 기록은 하지만 생각은 하지 않는 카메라다. 창문 반대편에서 면도하는 남자와 머리를 다듬는 기모노 입은 여자를 기록한다. 언젠가 이 모든 것들은 현상되고, 조심스럽게 인화되고, 색상이 입혀질 것이다.

그러나 카메라는 결코 인간의 뇌나 마음이 아니다. 우리는 현실에 참가함으로써 현실에 관여한다. 양자물리학은 과학이 안고 있는 모든 문제에 관찰자를 끌어들이는 것으로 유명한데, 관찰자의 역할이 뭔지를 알아내지 못하는 것으로도 똑같이 유명하다.

과학은 멈추어 선 채 해답을 기다리지 않았고, 한발 물러나 대비책을 세웠다. 즉 관찰자를 배제한 것이다. 몇몇 물리학자들에게 이것은 '관찰자를 당분간 배제한다'를 의미하고, 다른 이들, 많은 수의 주류에게는, '관찰자를 완전히 배제한다. 정말로 문제가 되면 모를까'를 의미한다. 하지만 현실은 '나는'으로 시작한다. 카메라는 없다. 모든 사람은 아침에 일어나 자신만의 1차적 의식을 통해 세상을 바라본다. 이건 피할 수 없는 사실이다.

"뇌=마음"은 투 스트라이크를 먹어서 막다른 위기에 처했다. 그러나, 얄궂게도 마음에는 뇌가 필요하다. 우리가 아는 한 뇌 없이는 마음도 존재할 수 없다. 앞에서 다룬, 라디오를 통해서만 음악에 접근할 수 있는 상상의 세계와 같이, 우리의 세상도 뇌를 통하는 방식을 제외하고는 마음에 접근할 수 없다. 정신과 의사 데이비드 비스콧David Viscott은 회고록에서 수련의 시절 한 병원에서 겪은 일을 이야기했다. 환자가 막 숨을 거두는 병실에 들어갔는데, 그 순간 환자의 몸을 떠나는 한 줄기 빛을 본 것이다. 흡사 영혼이나 정신이 떠나는 것 같았다. 그는 이 일로 자신의 인생이 바뀌었다고 말했다.

호스피스 병동에서 일하는 사람들은 이런 일을 자주 겪는다. 비스콧의 이날 경험은 그의 여러 믿음을 뿌리째 흔들었다. 그의 세계관에서는 그런 현상을 설명할 수 없었고, 의사 동료들도 그를 믿지 않을 것을 알았다. 동료들에게 영혼이 있다고 해도, 그게 그들이 영혼의 존재를 믿는다는 걸 의미하지는 않았다. 마찬가지로, 뇌가 단지 마음을 위한 수신기라고 해도, 당신은 여전히 뇌가 마음이라고 주장할 것이다. (당신의 믿음 체계가 현실보다 더욱 강력하다는 또 다른 증거다.)

움직이는 화살 쫓기

'마음 먼저'와 '물질 먼저' 간의 분쟁을 해결할 방법은 없을까? 우리의 믿음이 걸림돌이라 해도, 현실이 스스로 말하면 결과를 오해하지 않을 것이다. 한 가지 방안이 기원전 5세기에 그리스의 철학자 제논이 처음으로 제기한 역설 속에서 생겨났다. 이를 일반적인 용어로 '제논의 화살 역설'이라고 한다.

제논은 말한다. 화살 하나가 공중을 날아갈 때 우리는 화살을 어느 순간에나 관찰할 수 있다. 우리가 관찰할 때, 화살은 특정 위치를 점유한다. 어떤 위치를 유지하는 동안 화살은 움직이지 않은 채로 있다. 그래서 만약 시간이 일련의 순간들이라면, 화살은 항상 움직임이 없어야 한다는 결론에 이르게 된다. 어떻게 화살이 움직이고 있으면서 동시에 움직임이 없을 수 있는 걸까? 이 역설을 해결하기 위해 2500년 후 텍사스대학교의 조지 수다르샨George Sudarshan과 바이다나트 미스라Baidyanath Misra가 '양자 제논 효과quantum Zeno effect'를 제안했다. 이번에는 관찰되는 대상이 화살이 아니라 한정된 시간 안에 정상적으로 붕괴하게 될 (전이transition가 진행되고 있는 분자와 같은) 양자 상태다.

붕괴해야 할 양자 상태는 지속적인 관찰에 의해 얼어붙게 된다. 전부는 아니지만 양자역학의 많은 해석에서는, 관찰자가 이 전이에 어떻게 개입하는지에 대해 논란이 많다. 하지만 입자의 파동 같은 행위는 관찰자 덕택에 우리가 측정할 수 있고 관찰할 수 있는 상태로 "붕괴한다." 우리가 봤던 것처럼, 한 분자 상태가 붕괴될 때의 실제 순간은 결정될 수 없고, 확률을 사용하여 추측만 할 수 있다. 하지만 양자 제논 효과에서는 관찰이 개입되면 그 시스템은 불안정에서 안정한 것으로 변화한다.

우두커니 서서 분자 하나를 계속해서 지켜보면 실제 사건이 일어나는 모습을 관측할 수 있을까? 아니다. 그리고 그게 역설이다. 관찰자가 계속해서 또는 아주 짧은 간격으로 지켜보게 되면 관찰되는 상태는 절대 붕괴하지 않는다. 날아가는 화살을 작은 시간 단위로 잘라서 보는 것과 마찬가지로, 불안정한 양자 시스템을 관찰하는 것은 잘게 쪼개진 활동을 더 쪼개서 아무 일도 일어나지 않게 만드는 것이다. 비유를 위해 당신이 웨딩 사진사라고 상상해보자. 당신이 "웃어요"라 말하면, 신부는 "카메라가 나를 향해 있으면 웃을 수 없어요"라고 말한다. 이제 당신은 이러지도 저러지도 못하는 상황에 놓였다. 카메라를 그녀에게 향하는 한 미소는 없다. 카메라를 치우면 미소 띤 신부의 사진을 찍을 수 없다. 이것이 양자 제논 효과의 본질이다.

왜 이것이 '마음 먼저'와 '물질 먼저' 사이의 논쟁을 해결하는 데 도움이 되는가? '나'를 방정식에 다시 가져오기 때문이다. 양자 제논 효과에서 현실은, 카메라가 향하지 않아야만 자연스럽게 미소 짓는 신부와 같다. 그녀는 누군가 자신을 쳐다보는 걸 좋아하지 않는다. 하지만 그것이 문제다. 당신은 항상 현실(그녀)을 바라보고 있다. 눈길을 돌리는 것 같은 일은 없다. 우리가 보지 않을 때 우주는 어떻게 행동하는가 같은 질문은 아무런 의미가 없다는 말이다. (물론, 인간은 우주의 생애에서 아주 잠시만 존재했기 때문에, 관찰이 정말로 무엇을 의미하는지 그리고 암묵적으로 누가 관찰을 하고 있는지는 미해결 질문으로 남아 있다. 많은 물리학자에게는 사람이 아닌 관찰자란 있을 수 없다. 이 점에 대해서는 나중에 다시 살펴볼 것이다.)

'물질 먼저' 진영은 지속적인 관찰이라는 이 피할 수 없는 사실을 받아들이길 거부한다. 이들은 신부에게 "카메라가 당신을 향할 때 당신이 웃을 수 없다고 해도 전 상관 안 합니다. 제가 미소를 잡아낼 때까지 당신에게 카메라를 계속 들이댈 겁니다." 그는 영원히 기다릴 수 있다. 양자 제논 효과에도 불구하고 '물질 먼저' 진영은 기다릴 수 있는 것처럼 보인다. 양자 제논 효과는 우리가 관찰을 고집하는 한 전이가 진행되는 특정 분자를 결코 볼 수 없을 것임을 말한다. 사실 더 많이 관찰할수록, 불안정한 시스템은 더 얼어붙을 것이다.

그래서 우리가 세상을 더 바라볼수록, 그리고 우리가 세상의 가장 섬세한 구조에 더 가까이 도달할수록, 우리는 그 자리에 세상을 얼어붙게 만들고 있다는 결론이 나오게 된다. 어쨌든 관찰은 현실에 특이성을 부여한다. 단서를 찾았다고 생각하는 바로 그 순간, 현실은 셜록 홈스의 돋보기를 지나간다. 하지만 '마음 먼저' 진영이 환호성을 지르기도 전에, 양자 제논 효과는 이들에게도 나쁜 뉴스를 전한다. 분리된 관찰자는 없다. '물질 먼저' 진영은 물질 시스템이 자연스럽게 행동할 때 무엇을 하고 있는지 보고할 수 없기 때문에 이러지도 저러지도 못한다. '마음 먼저' 진영은 독립적인 관찰자를 만들 수 없기 때문에 이러지도 저러지도 못한다. 소위 관찰자 효과는 관찰자가 관찰하고자 하는 시스템 바깥에 존재해야만 가능하다.

슬릿을 통과하는 광자를 검출하듯이, 관찰자에게 작은 것 하나를 측정하도록 요청함으로써 관찰 행위를 잘게 쪼갤 수 있다. 그러나 끊임없이 관찰한다면, 관찰자는 자신이 관찰하고 있는 것에서 물러날 방법이 없다. 이 때문에 양자 제논 효과는 종종 '감시자 효과watchdog effect'라고도 불린다. 불도그 한 마리가 집 뒷문에 줄로 묶여있다고 상상해보자. 이 개는 계속해서 뒷문을 지켜보도록, 그리고 뭔가 의심스러운 일이 일어나면 짓도록 훈련되어 있다. 불행히도, 이 불도그는 뒷문을 지키는 데만 몰두해 있기 때문에, 도둑은 앞문이나 옆 유리창 또는 원하는 다른 곳으로 몰래 들어갈 수 있다. 이럴 거면 감시하는 개가 없는 편이 낫다. 마찬가지로, 물리학에서 이루어지는 모든 관찰은 관찰자의 주의를 한 가지 대상에 가둔다. 이 둘, 즉 관찰자와 관찰 대상이 서로 물려 있는(고착된) 한, 사방에서 어떤 일이 일어나도 아무도 이를 알지 못할 것이다. 관찰자가 없는 편이 낫다.

관찰자와 관찰 대상이 서로 물려 있다는 것이 양자 제논 효과의 본질이다. 이 고착은 어떻게 깰 수 있을까? 이를 둘러싼 논쟁도 상당하다. 아마도 이 고착은 부서지지 않을지도 모른다. 방정식에서는 그럴 수 있을지 몰라도 현실에서는 그럴 수 없을 것이다. 이 모든 추측 중에서 뭔가 놀라운 일이 일어났다. 현실이 스스로 말한 것이다. 우리에게 필요한 것이 바로 그것이다. 현실의 메시지는 친밀하다. "당신은 내 품 안에 있어요. 우리는 서로 물려 있어요. 그래서 당신이 벗어나려 할수록, 우리의 포옹은 더 강해져요."

달리 말해서, '물질 먼저'와 '마음 먼저'는 둘 다 '현실 먼저'에 항복해야만 한다. 관찰자는 현실 이외에는 서 있을 곳이 없다. 관찰자는 바다를 탈출하려는 물고기와 같다. 물 밖으로 나가면 죽음밖에 없다는 걸 알게 된다. 인간의 존재 방식은 우주에 참여하는 것이다. 존재한다는 것은 알아차린다는 것이다. 이것이 인간 존재의 모든 것이다. 놀랍게도, 우주도 마찬가지다. 의식이 없다면 모든 것이 연기처럼 사라질 것이다. 마치 꿈처럼 아무것도 남기지 않아 아무도 무언가가 존재했는지 알 수 없다. 우주에게 의식이 있다고 말하는 것조차 충분하지 않다. 앞으로 우리가 설득력 있게 주장하겠지만, 우주는 "의식 그 자체"다. 이 결론을 받아들이지 않는 한, 현실의 메시지를 온전히 듣지 못한다.

8

생명은 어떻게
시작되었는가?

〉〈

셰익스피어는 고상함과 광대짓을 뒤섞어 마음을 불안하게 만드는 버릇이 있다. 천둥소리에 손을 떨고 있던 정신 나간 리어왕에게는 그저 멍청하고 불쌍한 시종만 있다. 죽음의 유혹은 《햄릿》속 곳곳에 있다. 햄릿은 "인간은 정말 놀라워. 이성은 얼마나 고상한가, 능력은 또 얼마나 무한한가!"라며 과장된 감정을 표출한다. 한편, (때로는 첫 번째 광대로도 묘사되는) 묏자리 파는 사람 1은 위대한 인물들의 시체를 포함하여, 땅이 젖어 있을 때 시체가 얼마나 빨리 썩게 되는지를 두고 농담을 한다. 이 말에 햄릿은 침통해한다. 고귀한 영혼이란 무엇인가? 그는 물었다. "오만한 카이사르도 죽어 흙으로 변해/ 바람을 막기 위해 구멍을 땜질하는 신세가 되는구나."

과학에서 물리학은 햄릿이고 생물학은 묏자리 파는 사람이다. 물리

궁극의 미스터리

학은 우아한 방정식으로 자신을 표현한다. 반면에 생물학은 삶과 죽음을 다룬다. 물리학자들은 시공간을 해부하고, 생물학자들은 편형동물과 개구리를 해부한다.

오랜 시간 동안 물리학은 생명의 신비에 관심이 없었다. 에르빈 슈뢰딩거는 《생명이란 무엇인가?What Is Life?》라는 책을 썼지만, 그의 동료들은 일반적으로 이를 과학이라기보다는 신비주의 작품처럼 엉뚱한 것으로 봤다. (슈뢰딩거가 정성을 들인 상대성과 양자역학은 확실히 아니었다.) 실제로 그는 유전학을 물리학에 연결하려고 했지만, 1944년 당시에는 DNA의 구조를 몰랐다. 그 후 이중나선 구조가 발견된 후에도, 물리학은 생물학에 냉담한 태도를 취했다. 이 상황은 지난 몇십 년에 걸쳐 조금씩만 변해왔을 뿐이다.

방정식과 이론, 과학 데이터와 결과는 우리와 동떨어진 것이라 말할 수도 있지만, 생명은 지금 여기 우리와 함께한다. 살아 있는 것의 가장 특이한 점 하나는 이게 어떻게, 그리고 언제 생겨났는지를 우리가 모른다는 것이다. 어떠한 생명체(감기 바이러스, 티라노사우루스, 나무고사리, 또는 갓난아기)든 다른 생명체에서 태어났다. 생명은 생명에서 나온다. 이것은 생명이 처음 어디에서 시작되었는지 알려주지 않지만, 죽은 물질에서 살아 있는 물질로의 전이가 어떤 식으로 일어났음은 분명하다. 생화학에서는 이 중요한 전이 순간을 한쪽에서는 무기화학으로, 다른 쪽에서는 유기화학으로 설명한다. 유기화학은 생물(유기체)에서만 나타나는 화학으로 정의한다. 소금은 무기물이다. 이는 탄소(생화학 반응에 중요한 역할을 한다)에 기반하지 않는다는 뜻이다. 반면에 DNA에 의해 다량으로 만들어지는 단백질과 효소는 유기물이다.

생명이 어떻게 처음 시작되었는지를 알고자 할 때 이러한 유서 깊은 구분은 실제로 도움이 되지 않을 수도 있다. 유기화학과 무기화학으로 나누는 것은 무언가의 화학적 성질을 파악할 때는 유효하지만 생명을 정의할 때는 그렇지 않다. 단백질의 기본 요소인 몇몇 아미노산은 운석 표면에 있을 수도 있다. 사실, 생명의 기원에 대한 이론 중 하나는 지구 표면에 떨어진 운석에서 생명이 촉발했다고 주장한다.

노골적으로 말하면, 생명은 물리학에서 가장 불편한 주제다. 생물학은 추상적인 방정식에 맞지 않는다. 생명을 경험한다는 것이 어떤 느낌인지를 염두에 둔다면, 생물학조차 이를 설명하기에 적합하지 않을지도 모른다. 생명에는 목적, 의미, 방향, 그리고 목표가 있지만, 유기화학물질은 그렇지 않다. 단백질 사슬이 주변을 둘러보다 생명체와 연관된 것들이 나왔다고 하는 것은 그다지 신빙성 있어 보이지 않는다. 이건 마치 뉴잉글랜드 들판에 있는 돌들이 주위를 둘러보다 농부의 울타리가 되기로 결정했다고 말하는 것과 같다. 그리고 소금은 '죽었다' 하더라도, 생명은 소금 없이는 존재할 수 없다. (몸 안의 모든 세포에는 필수 화학 성분인 소금이 들어 있다.)

생명이 생명에서 나온다는 사실은, 살아있는 것은 종족 보존을 원한다는 걸 암시한다. 전체가 멸종하지 않는 한, 진화는 멈출 수 없는 힘인 것처럼 보인다. 하지만 왜 그럴까? 아주 오래전에, 정확히 말하면 6,600만 년 전쯤에, 거대한 운석이 지구를 때렸고 공룡을 모두 전멸시켰다. 아마도 그 충돌이 대기 중에 많은 먼지를 일으켜 빛이 막히고 지구는 공룡이 생존하기에 너무 추워졌거나, 아니면 식물이 말라버려 먹이사슬 전체가 붕괴되어 매우 큰 생물들의 생존이 불가능해졌을 것이다. 이 대멸종에서 남아남은 생명체들은 매우 작고 하찮았지만, 작고 하찮게 남아 있지는 않았다. 포유류의 시대가 가능해졌다. 새로운 개화가 일어났고, 전보다 훨씬 풍성하고 다양한 공룡 이후의 세상이 펼쳐졌다.

생명의 대폭발은 분명하게 일어난 일이지만 또한 혼란스러운 사건이다. 연못에 형성되는 남조류 식물은 수억 년 동안 진화하지 못했다. 상어, 플랑크톤, 투구게, 잠자리, 또는 공룡과 함께 살았던 일련의 다른 생명체도 마찬가지다. 무엇 때문에 어떤 생명체는 그대로 멈춰 있고, 어떤 생명체는 초기 인류가 10억 년 전이나 1억 년 전이 아니라 200만 년 전(혹은 300만 년 전)에 호모 사피엔스로 진화한 것처럼, 진화의 경주로를 전속력으로 내달린 것일까?

적절한 질문이란 '왜'가 아니라 '어떻게'에 관한 것이라는 것이 과학의 공리公理(무증명 명제)다. 우리는 전기가 어떻게 작동하는지를 알고자 하지, 사람들이 왜 더 큰 평면 스크린 텔레비전을 원하는지 알고 싶은 것이 아니다. 하지만 생명의 진화는 왜라는 문제를 계속 제기한다. 왜 두더지는 땅속에서 사는가? 왜 판다는 대나무 잎만 먹는가? 왜 사람들은 자식을 원할까? 어떤 종류의 목적과 의미가 그림 안에 들어가야만 한다. 아니면 태초 이래 의식하는 우주가 목적과 의미의 씨앗을 품고 있는 걸까?

현 상황에서 이런 추측은 과학계에서 상당한 저항에 부딪히고 있다. 표준적인 견해는 우주가 어떤 목적이나 의미를 갖지 않는다고 생각한다. 그래서 생명의 시작에 관한 새로운 모델을 제공하기 전에, 먼저 기존의 사고를 해체해야만 한다. 의식하는 우주에서는 모든 것이 이미 살아 있다. 생명이 생명에서 나온다는 관찰은 우주적 진실임이 밝혀졌다.

미스터리 파악하기

인간 몸속의 화학물질 덕분에 몸이 살아 있다. 모든 유기화학물질의 맨 위에는 생명의 암호code를 담고 있는 디옥시리보핵산deoxyribonucleic acid(DNA)이 있다. 하지만 한발 물러나 생각해보면, DNA는 생명의 시작이라는 미스터리를 풀기에는 어색한, 아마도 실행 불가능한 방법인 것으로 보일 것이다. 탄소·황·소금·물은 생명이 없는 것으로 여겨지지만, 생명에 절대적으로 필요하다. 그렇다면 유기화학물질은 왜 특별한 지위가 있는 것으로 여겨질까?

미생물이든, 나비든, 코끼리든, 아니면 야자나무든, 살아 있는 것이 하는 일은 그 구성성분이 하는 일과 같지 않다. 화학물들을 아무리 섞어도 피아노가 음악 작품을 쓸 수는 없다. 인간 몸과 마찬가지로, 피아노의 재료인 나무는 주로 섬유소로 된 유기화학물질로 이루어져 있다. 섬유소에 대한 어떤 것도 비틀즈를 비롯한 다른 가수의 음악을 설명하지 못한다. 이처럼 인간 몸의 화학물질을 이리저리 뒤적거려서는 사람이 행하는 어떠한 행동도 설명하지 못한다. 유전학은 불안정한 토대 위에 있는 것처럼 보인다.

인간의 몸을 이루는 화학물질은 바다나 나무 조각 속의 생명 없는 화학물질과는 다르다고 항변할 수도 있다. 하지만 항상 숨은 오류, 즉 한순간에 무너져버리는 약점이 있는 법이다. 이를 설명하는 한 가지 방법은 모든 살아 있는 세포에서 '나노 기계'로 알려진 측면을 이용하는 것이다. 여기서 나노 기계는 미세한 개체로, 생존이나 번식을 위해 세포가 필요로 하는 화학물질을 만드는 생산공장과 같은 기능을 한다.

우리 세포는 이미 있는 것을 새로 만드느라 쓸데없이 시간을 낭비하지 않는다. DNA는 새로운 세포가 만들어질 때마다 맨 처음부터 다시 만들어지는 게 아니다. DNA는 자신의 거울 이미지를 형성하기 위해 자신을 반으로 나누는데, 그것은 새로운 세포를 위한 유전자 물질이 된다. (자가증식이라는 이 과정은 정확히 밝혀지지 않았는데, 이 책에서는 자세히 살펴보지 않기로 한다.) 세포 또한 다른 화학물질들을 맨 처음부터 다시 만들길 원하지 않는다. 진화는 세포가 살아 있는 동안 온전하게 유지하는 여러 고정 기계들을 만들어냈다. 이들은 주변 도시에서 어떤 변화가 일어나든 결코 폐쇄되거나 해체되지 않는 철강 공장과 유사하다. 미토콘드리아로 알려진 세포 속 특정 구역은 세포에 에너지를 공급하는 나노 기계로, 너무나 안정되어 대대손손 변하지 않은 채 대물림된다. 당신은 어머니로부터 미토콘드리아 DNA를 물려받았고, 당신 어머니는 할머니한테 물려받았다. 이런 식으로 계속 유전된다. 어떤 형태로든, 미토콘드리아는 모든 살아 있는 세포 속에서 안정적인 에너지 공장으로 작동한다. 세포 안에서 공기와 음식의 흐름은 계속해서 소용돌이치고 변하지만, 나노 기계는 이 흐름에 영향을 받지 않는다. 사실, 미토콘드리아는 여러모로 이 흐름을 이끈다.

생명의 기계?

생명의 기원이라는 미스터리의 핵심에는 나노 기계들이 있다. 하지만 그러려면 먼저 가장 작은 것들, 즉 원자와 분자를 확대해서 살펴봐야 한다. 원자와 분자는 미시 차원에서 현실을 장악하고 있다. 초신성 한가운데든, 깊은 우주의 가스 구름에서든, 살아 있는 세포 속에서든, 자연에서 일어나는 모든 일은 원자와 분자의 상호작용을 통해서 일어난다. 원자나 분자와 무관한 물질은 생명의 기원과도 무관하다. 원자와 분자가 일을 제대로 해내지 못했다면 생명은 탄생할 수 없었을 것이다. 이것이 현재 생물학의 입장이다. 나중에 돌아오겠지만 우선 우리는 양자를 배제할 것이다.

원자는 거의 순간적으로 상호 작용한다. 당신은 우리 인간의 몸에 존재하면서 파괴적인 과정과 건설적인 과정 모두에 작용하는 '자유 라디칼free radical'로 알려진 화학물질에 대해 들어봤을 것이다. 자유 라디칼은 양날의 칼이다. 노화와 염증을 일으키기도 하면서 동시에 상처를 치료하는 데 필요하다. 하지만 자유 라디칼이 기본적으로 하는 일은 상당히 단순하다. 다른 원자나 분자에서 전자를 훔치는 것이다. 방사선, 흡연, 그리고 다른 환경적 요소나 인체 자체의 자연적인 과정에 노출되기 때문에, 자유 라디칼 자신의 전자 개수는 불안정하다. 면역 시스템은 자유 라디칼을 만들어 침입한 박테리아와 바이러스를 중화하는 방법으로 이들에게서 전자들을 훔친다. 전자 훔치기와 연관된 가장 흔한 원자는 산소다. 산소의 전자 개수가 불안정할 때, 산소는 훔칠 수 있는 가장 가까이 있는 전자에 달라붙는다. 따라서, 자유 라디칼은 반응 속도가 빠르고 보통 수명이 짧다.

생물체와 이들의 세포에게 이것은 생사가 달린 문제다. 또한 이것은 생명은 안정과 불안정을 동시에 요구한다는 역설이 된다. 생명은 또한 나노초에서 수백만 년에 이르는 엄청나게 다른 시간 단위를 어떻게든 묶을 것을 요구한다(세포는 수천 분의 1초 안에 작동하는데, 진화하는 데는 수천만 년이 걸렸다).

생명을 가능하게 만드는 이 정반대의 어울림은 가설이 아니다. 세포 내부에서 몇몇 원자와 분자는 다른 원자와 분자와 결합하여 다양한 일을 하기 위해 자유로워야만 한다. 반면에 이런 일을 완료하려면 안정된 물질이 변하지 않고 지속되어야 한다. 하지만 어떤 원자가 어느 쪽을 담당하는가? 정해진 주소가 있는 것은 아니다. 문제가 더 복잡해지는 건, 가장 중요한 유기화학물질 중 어떤 것, 주로 식물에 있는 엽록소와 붉은 피 동물의 헤모글로빈은 안정 대 불안정의 까다로운 균형을 놀라운 극단까지 유지한다는 것이다.

헤모글로빈은 적혈구 세포 안에 있는데, 적혈구 세포의 건조 중량의 96퍼센트를 차지한다. 헤모글로빈의 기능은 산소를 얻어서 혈관을 통해 몸 안의 모든 세포에게 전달하는 것이다. 피는 헤모글로빈 속의 철 때문에 빨간색을 띠는데, 철은 산소 원자를 얻은 후에 빨간색으로 변한다. 이는 철이 녹슬 때 불그스름해지는 것과 정확하게 같은 이유다. 산소 원자가 자신의 목적지에 도착하여 풀려나면 빨간색은 흐릿해져 정맥 속의 피는 푸르스름해진다. 정맥의 혈액은 산소 공급 과정이 다시 시작되는 폐로 돌아온다. 헤모글로빈의 산소 운반 능력은 산소가 단순히 피 속에 녹아 있었을 때보다 70배나 높다. (모든 척추동물에겐 헤모글로빈이 있다. 물고기는 예외인데, 공기를 호흡하는 게 아니라 아가미를 통해 물에서 산소를 얻기 때문이다.)

하나의 분자로서, 헤모글로빈은 놀라운 구조물이다. 대들보와 기둥을 형성하는 더 작은 분자들의 가늘고 기다란 사슬들이 있는 아치형 건물을 들어가는 것처럼 헤모글로빈 분자 안으로 걸어 들어가는 모습을 상상해보자. 먼저, 헤모글로빈이 존재하는 주요 이유인 철 원자는 상대적으로 작아서 잘 보이지도 않는다. 구불구불한 단백질 사슬에 화학물질들이 마치 용접된 볼트처럼 결합하여 있다. 자세히 보면 단백질 사슬이 특정 패턴을 유지한다는 것도 알 수 있다. 헤모글로빈은 각각 네 개의 단백질로 이루어져 있으며, 각 단백질은 철 원자와 1개씩 결합한 헴heme(철을 둘러싸는 단백질 고리) 분자에 하나씩 결합해 있다. 구조적인 측면에서는 특별한 접힘fold과 주머니pocket도 제자리에 있어야 한다.

한두 명이 들어가기에는 공간 낭비인 거대한 저택에 사는 부자를 생각해보자. 헤모글로빈 분자 1개는 1만 개의 원자로 구성되는데, 정확히 4개의 철 원자를 포함한다. 이 철 원자와 하나씩 결합하게 될 4개의 산소 분자를 위해 거대한 규모를 이룬 셈이다. 하지만 이 1만 개의 원자는 사치스러운 낭비가 아니다. 이들은 세포가 살아가는 데 필요한 단백질의 재조합이다. 수소·질소·탄소·황 이외에, 헤모글로빈의 구조에는 이제 산소가 포함될 수 있다. 수십억 년 전 지구상에서 무기물질이 직면했던 실제 과제는 다음과 같았다.

산소는 주변의 탐욕스러운 원자와 분자에 잡아먹히지 않고 대기 속으로 자유로워져야 했다.

동시에, 산소 일부는 복잡한 유기화학물질을 형성하기 위해 잡아먹혀야 했다.

이들 유기화학물질은 단백질로 구조화되어야만 했는데, 그중 가장 복잡한 구조 중 하나는 헤모글로빈이었다.

헤모글로빈의 내부는 4개의 철 원자가 포함되도록 적절히 배열되어야 했다. 헤모글로빈과 비슷한 작업을 수행하는 수백 종에 달하는 다른 단백질들은 철 원자를 갖고 있지 않았다.

철 원자는 다이아몬드를 귀중품 보관함 속에 넣듯이 비활성 상태로 가둘 수는 없었다. 산소 원자를 얻을 수 있도록 철은 양전하를 띠어야만 했다. 하지만 단백질을 만드는 데 이미 사용된 산소는 결코 훔칠 수 없었다.

마지막으로, 위의 모든 유기화학물질을 구성하는 데 필요한 기계는 다음과 그다음 그리고 그다음 차례에 어떻게 행동해야 하는지를 기억해야만 했다. 반면에, 같은 세포 속 근처에 있는 다른 나노 기계들은 헤모글로빈을 만드는 기계와 간섭을 일으키지 않으면서 수백 개의 다른 화학 과정을 기억해야만 했다. 그러는 동안, 세포의 핵 속 DNA는 이 사업 전체를 기억해야만 한다. (그리고 정확한 시간에 행동으로 옮겨야 한다.)

이런 일은 원자들에게 많은 것을 요구하는데, 원자가 바로 옆에 있는 원자와 순간적으로 결합하고 그 상태를 유지하는 것은 자연스러운 일처럼 보인다. 그리고 이런 자연스러운 행동은 여전히 지속되고 있다. 별, 성운, 은하 속의 셀 수 없이 많은 원자는 항상 해왔던 대로 행동하고 있다. 태양계, 태양, 다른 행성 속 원자도 마찬가지다. 생명체 속에 있는 원자는 예외다. 이 원자들은 주변 원자와 결합하는 자연스러운 행동을 하는 동시에 창의적인 부수적 활동, 즉 생명을 추구하기도 한다.

동물이 헤모글로빈을 만들어내는 데 전력하고 있을 때, 식물 역시 마찬가지로 자연스러운 과정을 거쳐 엽록소를 만들어냈다. 이는 다른 경로를 따라, 즉 광합성으로 식물의 생명을 지탱해준다. 우리는

137개의 원자로 구성되어 있다는 말 외에는 엽록소 분자를 더 살펴보지 않을 것이다. 헤로글로빈이 철 원자를 감싸고 산소 운반에 활용하듯, 엽록소는 마그네슘 원자를 감싸서 이를 활용한다. 이온화된 마그네슘 원자가 햇빛을 만나면 일련의 전자 흐름이 단계적으로 발생하여, 주변 세포와 함께 물과 탄소를 재료로 탄수화물을 만들어낸다. 태양에서 오는 빛의 광자가 어떻게 이 새로운 생산물을 만들 수 있는가는 새로운 미스터리지만, 일단 가장 간단한 탄수화물 분자가 식물의 잎에서 만들어졌다면, 진화적 돌파구가 만들어진 것이다. 엽록소를 만드는 기계는 헤모글로빈을 만드는 기계와 다른 길을 갔다. 그래서 소는 풀이 되는 길이 아니라 풀을 먹는 길을 선택한 것이다.

(추가 설명: 광합성 과정에서 엽록소는 이산화탄소 속 탄소 원자만 취하고, 산소 원자는 공기 중으로 내보낸다. 어쩌면 이 대목에서 다른 원자들이 훔치지 않은 활성산소가 생긴다고 생각하는 사람도 있을 것이다. 하지만 불행히도, 엽록소 안에서 살아가는 세포는 엽록소가 작동하기도 전에 활성산소를 필요로 한다.)

이제 올바른 질문을 할 차례가 되었다. 생명의 시작을 둘러싼 미스터리는 '생명 없는' 화학적 반응에서 '생명 있는' 것으로의 전이다. 생명이란 창조 내내 보편적인 화학 행위의 부수적 활동에 지나지 않는단 말인가? 어떠한 답이든 나머지는 자신들의 즐거운 길을 계속 가는데 왜 몇몇 원자와 분자만이 이 부수적인 활동에 참여하는지도 설명해야만 한다.

궁극의 미스터리

작은 것에서 아무것도 없음으로의 여정

"생명은 생명에서 나온다"라는 말을 납득시키는 것은 간단한 일이 아니다. 최초 시작은 존재하지 않는 듯하다. 하지만 작게 더 작게 가려는 충동에서 과학자들은 벗어날 수 없다. 가장 오래된 생물은 현미경으로 보아야 할 정도로 작은데, 세포보다 훨씬 작으며, 몇 억 년이 지나도록 진화하지 않았다. 최근에 이루어진 발견은 지구가 형성되고 고작 10억 년이 지난 35억 년 전부터 이미 복잡한 미생물이 강성했음을 보여준다. 몇몇 미생물학자들이 믿는 것처럼, 매우 오래된 암석에는 검출 가능한 박테리아 화석이 있을지도 모른다. 하지만 이런 게 발견되고 연대를 추정할 때마다, 누군가 이의를 제기한다. 화석(즉 생명의 흔적)을 보고 있는지 결정체(즉 무생물)의 흔적을 보고 있는지를 구별하기란 극히 어렵다.

아마도 비밀은 박테리아나 바이러스보다 훨씬 작은 수준에 있을지도 모른다. 그래서 우리는 헤모글로빈과 엽록소에 대해서 우리가 다뤘던 모든 걸 드러내 보여준 영역인 분자생물학의 문을 두드려볼 수도 있다. 문을 열어준 과학자는 우리가 생명이 어디에서 왔는지를 물으면 고개만 저을 것이다. "제가 연구하는 유기화학은 생명체에 처음부터 존재했습니다." "어디에서 유래했냐고요? 아무도 모릅니다. 화학물질은 화석을 남기지 않으니까요."

우리는 운석에서 아미노산의 증거가 발견됐다는 사실을 그에게 재확인해줄 수도 있다. 어떤 사람들은 생명이 여기 지구에서 진화하기 전에 화성에 존재했을지도 모른다고 추측한다. 충분히 큰 소행성이 화성에 부딪혔다면, 암석 덩어리를 우주 속으로 날려버렸을 것이다.

이들 중 하나가 지구에 이르렀고 거기에 붙어 있던 생명이 대기권을 돌파하는 여정에서 살아남았다면, 이렇게 지구에서 유기화합물이 시작되었을지도 모른다.

우리의 분자생물학자는 문을 닫으면서 말한다. "이런 종류의 추측은 과학이라기보다는 소설에 더 가깝습니다. 이를 지지할 만한 증거가 없습니다. 미안합니다."

문을 열 때마다 끝없는 복도가 연결되는 악몽과 같다. 문제를 아무리 작게 줄여도 항상 더 작은 차원이 존재한다. 결국 모든 것(물질, 에너지, 공간)이 양자 진공quantum vacuum 속으로 사라져버린다. 어떤 답이 있어야만 하는데(결국 생명은 우리 주변 곳곳에 있지 않은가!) 무척 당혹스럽다. 아무것도 없는 곳으로 향하는 생명의 여정은 어느 순간 되돌아간다. "생명은 생명에서 나온다"는 말은 생명의 기원을 설명하는 데 아무런 역할을 하지 못한다.

다중우주의 창시자 중 하나인 물리학자 안드레이 린데Andrei Linde는 특이하고 매우 기발한 방식으로, 무nothing를 이용해 인간 생명이 발생한 이유를 보여주었다. 물리학에서 최근에 이루어진 발견 중 가장 중요한 것이 무엇이냐는 질문을 받았을 때 린데는 '진공 에너지vacuum energy'를 선택했다. 빈 공간에 아주 적은 양의 에너지가 있다는 것이다. 우리도 이 사실을 다루었지만, 린데는 이것을 지구에 생명이 존재하는 이유로 만들었다.

언뜻 진공 에너지의 양은 상당히 보잘것없어 보인다. "별 사이 빈 공간의 세제곱센티미터마다 약 10^{-29}그램의 보이지 않는 물질, 또는 그에 맞먹는 진공 에너지가 들어 있다"고 린데는 지적한다. 다시 말해서, 보이지 않는 물질과 진공 에너지는 상당히 비슷하다. "이건 거의 없는 것과 같다. 1세제곱센티미터의 물속에 들어있는 물질의 무게보다 10^{29}배 더 작고, 양성자보다 10^5배 작다. 전체 지구가 그런 물질로 되어 있다면, 지구는 1그램도 안 될 것이다."

아주 작은 양자 에너지의 중요성은 어마어마했다. 빈 공간 속의 에너지와 빈 공간 속의 보이지 않는 물질 간의 균형 덕에 우리가 거주하는 우주가 탄생할 수 있었다. 어느 한쪽이 너무 많았으면, 우주는 빅뱅 직후 스스로 무너졌거나 또는 별이나 은하로 뭉칠 수 없는 무작위 원자들로 흩어졌을 것이다. 여기에서 린데는 지구 생명의 열쇠를 찾는다.

진공 에너지는 일정하지 않다고 그는 믿는다. 우주가 팽창하면서, 물질의 밀도는 은하들이 점점 멀리 떨어짐에 따라 점점 낮아질 것이다. 이런 일이 일어나면 진공 에너지의 밀도도 변할 것이다. 어찌어찌해서 인간이라는 존재는 우연히 완벽한 균형점에 살게 되었다(그리고 우리는 거기에 살아야만 한다). 존재해야 할 곳에 우리는 생겨났다(생명이 생겨났다). 왜? 진공 에너지가 어느 한쪽으로 저울을 기울게 함에 따라, 가능한 모든 값이 나타나기 때문이다. 아이들이 성장하는 과정을 기록한 홈비디오를 떠올려보자. 필름 대부분을 잃어버렸지만, 한 아이가 태어나고 그 아이가 열두 살 생일을 맞은 필름은 있다. 필름을 잃어버렸어도, 태어난 날과 열두 살이 될 때까지의 모든 성장 단계가 존재한 건 사실이다.

린데 자신에 따르면, 지구 생명의 기원에 대한 자신의 이론이 누구도 제시할 수 없는 최선의 이론이다. 그는 낙관적이다. "이 시나리오에 따르면, 우리 것과 같은 모든 [진공]은 안정적이지 않고 일시적 안정 상태, 즉 준안정적metastable이다. 이는 먼 미래의 언젠가 우리의 진공도 붕괴된다는 것을 의미하는데, 그렇다 해도 우리 주변의 생명체들은 파괴되겠지만, 다른 곳에서는 또 다른 생명이 다시 창조될 것이다."

슬프게도, 옥에 티가 있다. '준안정적'이라는 말은 한발 떨어져서 바라보면 불안정한 영역들이 상쇄된다는 걸 의미한다. 죽어가는 사람의 몸속 탄소는 새로 태어나는 아이의 몸속 탄소만큼이나 안정적이다. 한발 물러나서 보면, 태어나서 죽을 때까지 일어난 모든 일은 아무런 의미가 없다. 이 말은 화학 수업에서는 괜찮겠지만, 실생활에서는 쓸모없다. 진공 상태는 은하가 태어나서 소멸해도, 아니면 인류가 나타나서 멸종해도 안정적이다. 이는 생명이 어디에서 왔는가에 대해 아무것도 말해주지 않는다. 단지 무대가 마련되어 있다는 것만을 말할 뿐이다. 린데는 훌륭한 무대를 준비했지만(아마도 지금까지 준비된 가장 훌륭한 무대일 것이다), 무에서 어떻게 생명의 근원으로 이어졌는지는 보여주지 못한다.

양자는 살아 있는가?

다중우주는 생명의 신비를 해결하지 못했다. 더 좋은 단서가 진공 에너지라고 하는 외래종이 아니라 열과 빛 같은 일상적인 에너지에 있다. 평범한 에너지는 균등해지려 한다. 그래서 에너지가 뭉치기 시작하면, 바로 그 덩어리에서 벗어나 평탄한 상태에 도달하려 한다. 겨울에 보일러가 꺼지면 집 안과 밖의 온도가 같아질 때까지 집이 점점 더 차가워지는 것과 같다. 열이 균등해지는 것이다.

이 에너지의 분산은 엔트로피entropy로 알려져 있는데, 모든 생명은

궁극의 미스터리

이에 저항한다. 생명은 죽음의 순간까지 균등해지지 않는 에너지 덩어리로 이루어져 있다. 당신이 겨울에 버스를 기다리고 있을 때, 보일러가 고장난 집과는 달리, 당신의 몸은 여전히 따뜻하다. 이는 당신이 추위와 싸우기 위해 두꺼운 코트를 입고 있기 때문이 아니다. 당신의 몸이 음식에서 열 에너지를 추출하여 일정한 온도(섭씨 36.5도)에서 이를 저장했기 때문이다. 모든 학생이 이 사실을 배웠지만, 생물이 어떻게 처음 엔트로피를 거역하는 묘책을 발명해냈는지를 우리가 알 수 있다면, 그것이 생명이 최초로 등장하게 된 이유일 수 있다.

우리 행성에서 생명에게 제공되는 거의 모든 자유 에너지는 광합성에서 온다. 식물은 성장에 필요한 자기 몫의 에너지를 생산할 뿐 아니라 땅 위 모든 동물을 위한 먹이사슬의 바탕을 제공한다. 엽록소가 있는 세포에 태양 빛이 닿으면, 태양 빛 속의 에너지는 '수확된다.' 즉 에너지는 거의 즉시 단백질 및 다른 유기물을 만드는 화학적 처리 과정에 전달된다. 이 에너지 전이는 거의 순간적으로 일어나고, 효율이 100퍼센트다. 어떤 에너지도 열로 낭비되지 않는다. 달리기와 비교해보자. 달리면 땀이 나고 피부가 따뜻해짐에 따라 과도한 열이 발생한다. 근육과 혈류에도 많은 화학 폐기물이 발생해 이를 처리해야 한다.

화학은 광합성의 거의 완벽한 정밀도를 설명할 수 없었다. 2007년 로런스 버클리 국립연구소Lawrence Berkeley National Laboratory의 그레고리 엥겔Gregory Engel, 그레이엄 플레밍Graham Fleming, 그리고 그의 동료들에 의해 돌파구가 만들어졌다. 이들은 양자역학적인 설명을 찾아냈다. 우리는 광자가 파동 혹은 입자처럼 행동할 수 있다는 것을 이미 다루었다. 원자 속에서 궤도를 돌고 있는 전자들과 광자가 만나는 순간, 파동은 입자로 '붕괴한다.' 이는 광합성에서 상당한 비효율성을 초래할 것이다. 명중할 때까지 계속 빗맞는 다트처럼 효율이 높지 않다. 하지만 버클리 연구팀은 상당히 독특한 점을 발견했다. 광합성에서 햇빛은 가능한 모든 범위의 대상을 샘플링할 수 있을 만큼 충분히 오랫동안 파동과 같은 상태를 유지하면서, 동시에 어떤 대상과 가장 효율적으로 연결되는지를 '선택'한다. 제공되는 모든 가능한 에너지 경로를 살펴보고, 빛은 가장 효율적인 것만 골라내어 에너지를 낭비하지 않는 것이다.

버클리 팀이 발견한 상세한 내용은 복잡하다. '장기양자결맞음long-term quantum coherence'이 핵심인데, 이는 입자로 붕괴되지 않고 파동으로 남아 있는 능력을 의미한다. 이 메커니즘은 빛과 빛 에너지를 받는 분자 간의 공명이 있어야 한다. 정확하게 똑같이 진동하는 두 개의 소리굽쇠를 생각해보라. 이것은 조화공명harmonic resonance으로 알려져 있다. 양자 수준에서는 햇빛의 특정 주파수의 진동과 햇빛을 받는 세포들이 맞추어져 있는 진동 간에 비슷한 조화가 있다.

양자 효과들은 미시세계와 거시세계가 만나는 지점에서 일어나는 것으로 알려져 있다. 청각은 나노미터(10억 분의 1미터)보다 작은 양자 단위의 진동이 속귀를 자극함으로써 나타나는 현상이다. 몇몇 물고기의 신경계는 극미량의 전기장도 감지할 수 있고, 인간의 신경계는 아주 작은 전자기 효과를 일으킨다. 각 뇌 세포막 전체에 걸쳐 이루어지는 칼륨 이온과 나트륨 이온의 교환은 그 세포가 전송하는 전기 신호를 일으킨다. 아주 새로운 이론에서 생명체는 전자기적 수준 혹은 아마도 아직 탐구되지는 않았지만 훨씬 더 미세한 양자 수준에서 발생하는 '생명장biofield' 속에 포함되어 있다고 가정된다. 보시다시피, 양자 생물학은 미래가 밝다. 광합성으로 이룬 돌파구가 전환점이었다.

하지만 이 발견들이 흥미롭다고 하더라도, 양자가 살아 있다는 선언만으로 양자들이 생명을 얻게 된 과정을 설명할 수는 없을 것이다. 이는 마치 둥글게 몸을 말아 자신의 꼬리를 무는 뱀과 같은 꼴이다. 양자가 전적으로 살아 있는 것 같은 방식으로 (즉 선택을 하고, 안정성과 자발성 사이에서 균형을 맞추고, 효율적으로 에너지를 거둬들이는 등) 행동하기 때문에 인간이 살아 있는 것이라면, 우리가 증명한 것이라고는 생명은 생명에서 나온다는 것뿐이다. 이미 알고 있는 내용이다.

그럼에도 불구하고, 생물학에서 양자 효과는 산소 원자가 다른 원자와 반응할 때 미리 정해진 방식이 아닌 새로운 방식을 도입하기 때문에 중요하다. '선택'과 같은 단어는 결정론이 살짝 풀렸음을 암시한다. 하지만 이걸로 충분한가? 초록색 잎들이 나무에서 흔들림에 따라, 햇빛은 양자의 결정 덕택에 탄수화물을 만드는 데 사용된다. 그러나 이런 설명은 한 개의 간세포가 다른 수조 개의 세포와 조화롭게 수십 가지의 공정을 수행하는 상황에서, 이러한 결정(선택으로 표현될 수 있는 것과 그렇지 않은 것과의 구분)이 어떻게 내려지는지에 대해 충분한 설명이 못 된다. 집을 지을 때 벽돌 각각을 어떻게 쌓느냐도 중요하지만, 집 전체를 설계하고 짓는 것은 또 다른 문제다.

'어떻게'에서 '왜'로

과학이 생명의 기원을 설명하는 데 실패하는 것을 보면, 우리는 잘못된 질문을 던져온 것인지도 모른다. 누군가 한밤중에 당신 집 창문에 벽돌을 던진다면, 밖이 어두워 누가 그랬는지 볼 수 없다. 하지만 누가 그랬는지는 왜 그랬는지보다 덜 중요한 문제다. 우리의 삶에는 분명 목적이 있다. 반면에 자연에는 우리가 듣기로, 목적이 없다고 한다. 그냥 존재한다. 목적이 없다는 것은 쿼크, 원자, 별, 은하에게는 잠 못 이루는 밤이 없다는 것이다. 이들은 왜 갑자기 방향을 바꿔 먹고 번식하고 기타 이유에 따라 살아 움직이는 생명체를 만들었는가?

우리는 목적이 없는 것은 상상도 할 수 없다고 믿는다. 우리가 인간인 이상, A가 B로 이어지는 데는 이유가 있어야 한다. 다른 방식으로 뇌를 사용할 수는 없다. 목적 없이는 사건, 적어도 인간이 신경계를 통해 인지할 수 있는 것과 같은 사건은 일어나지 않는다. 예를 들어, 당신이 60년 동안 무인도에 버려졌다고 하자. 어느 날 하늘에서 상자 하나가 낙하산에 실려 내려왔다. 열어보니, 물체 두 개가 안에 있었다. 스마트폰과 데스크톱 컴퓨터다. 둘 다 배터리로 작동한다. 1960년대에는 전혀 전화기로 보이지 않았겠지만, 스마트폰이 전화기로 작동한다는 걸 파악하는 데는 오래 걸리지 않을 것이다. 스마트폰의 존재 이유를 아는 당신은 그것을 쉽게 사용할 수 있다. 번호를 누르는 것과 상대방의 음성을 듣는 것 사이의 관계를 알게 되면, 스마트폰이 어떻게 작동하는지 별로 알 필요가 없을 것이다.

하지만 컴퓨터는 또 다른 이야기다. 왜냐면 당신이 무인도에 버려진 1965년경의 세상에서 컴퓨터는 유아기였고, 데스크톱 컴퓨터는 당신이 텔레비전에서 본 거대한 IBM 메인프레임과 하나도 닮아 보이지 않는다. 만지작거리면서 키보드를 쳐보며 그것이 무엇에 쓰는 물건인지 파악하는 데는 수백 시간이 필요할 것이다. 키보드와 스크린 모두 있지만, 이 이상한 기계는 타자기나 텔레비전과 같지 않다. 당신이 기계 장치에 관심이 많다고 해보자. 그렇다면 당신은 컴퓨터의 내부를

궁극의 미스터리

열어볼 수 있다. 전혀 이해할 수 없는 부품으로 가득 차 있다. 당신 혼자 마이크로칩이 어떻게 작동하는지를 파악할 수 있을까? 당신이 그렇게 할 수 있다고 해도, 그 정보가 당신에게 컴퓨터 소프트웨어를 어떻게 작동시키는지를 말해줄 수 있을까?

어떤 경우에도 대답은 아니요일 가능성이 높다. 전화가 왜 존재하는지를 아는 방식과 똑같이 컴퓨터가 왜 존재하는지를 알지 못하는 한, 기계를 분해하는 게 '어떻게'에서 '왜'로 당신을 데려다주지는 않는다. 대다수 항공기 승객들은 비행기가 어떻게 나는지는 모르지만, 어딘가로 가야 하기에 비행기를 탄다. 비행기를 타는 이유로는 이 '왜'로 충분하다. 비행기는 자동차나 기차보다 더 빠르게 당신을 데려다주기 위해 존재한다. 그럼 생명은 왜 존재하는 걸까? 확실히 생명이 존재할 필요는 없다. 상호작용하여 생명을 창조하는 모든 화학 요소들과 양자적 과정들은 이미 스스로 충분한 능력을 지녀, 굳이 상호작용을 일으킬 필요가 없었다.

벼락에 감전되어 움직이게 된 프랑켄슈타인의 괴물처럼, 어떤 원초적인 물질적 도화선(생명의 불꽃)이 자동으로 생명이 일어나게 했다면 설명하기가 매우 쉬웠을 것이다. 하지만 그런 도화선은 존재하지 않는다. 생명의 방대한 파노라마를 보노라면, 생명은 죽은 물질이 아니라 항상 생명에서 나온다는 부정할 수 없는 사실에 갇혀 빠져나갈 수가 없다. 새로운 형태의 박테리아를 설계하는 실험실에서조차, 소위 인공 생명이라 하는 것은 여전히 잘게 쪼개진 DNA의 재조합일 뿐이다. (해양 기름 유출을 청소하는 데 매우 유용할 수 있는, 석유를 먹는 특별한 미생물을 설계하고자 한다면, 어떤 생명 형태를 고안하든 기름을 먹는 기존의 유기체에서부터 작업을 해야만 성공할 기회가 있다. 마음속에 목적 없이 아무 DNA나

가져다 땜질을 해서는 아무 소용이 없다.) 그러나 자연은 운이 좋지 않았다. 자연은 무엇이 만들어져야 하는지를 미리 알지 못한 채로, 맹목적으로 생명체를 만들어야만 했다. 당신이 어디로 가는지 알지 못하면 어떤 선택도 맞거나 그르다고 할 수 없기에, 자연은 그 과정에서 잘못했는지조차 알 수 없었을 것이다.

수십억 년 전, 산소 원자들은 생명이 코앞에 있음을 눈치채지 못했다. 누구도 산소 원자들이 햇빛을 수확할 것이라거나, 유기화학의 필수 요소가 될 거라 말해주지 않았다. 생명은 우리 행성에 엄청난 변화를 초래했지만, 산소 원자는 이에 적응하지 않았다. 과학자 대부분은 어깨를 으쓱하면서 눈먼 자연이 자동적이고 결정된 공정을 통해 생명을 창조했다고 주장할 것이다. 원자들의 결합은 간단한 분자로 이어진다. 간단한 분자들의 결합은 더 복잡한 분자로 이어진다. 이들 분자들이 충분히 복잡해질 때 생명이 나타난다. 주류 과학을 살펴보면, 전적으로 불만족스러운 이 설명이 전부인 듯하다.

이야기가 좀 더 그럴듯해지려면, 생명 없이도 더할 나위 없이 충분했던 어느 시스템(지구라는 행성)에 생명이 필요해진 이유를 설명해야 한다. 그게 어떻게 가능했는지를 아는 게 쓸모없다고 말하는 게 아니다. 당신이 집을 사려 한다고 상상해보자. 은행에 갔는데, 대출 담당자가 작성해야 할 서류 한 무더기를 준다. 그는 각각의 서류가 다 필요하다고 설명한다. 당신은 어떤 것도 생략할 수 없고, 진행 단계에서 부족한 서류가 발견되면 거래는 취소된다. 수백만 명의 사람들이 이를 악물고 단지 한 가지 이유, 즉 주택 구입을 위해 모든 서류를 작성한다. 목표를 갖고 있기에, 이들은 필요한 단계를 기꺼이 인내한다.

자연은 생명체를 만들기 위해서 수천 가지의 연결된 단계들을 거쳐야 했다. 어떤 목적도 없이 이런 일이 일어났다는 이야기를 정말로 받아들일 수 있는가? 이건 마치 어느 고객이 은행으로 무작정 들어가서 아무렇게나 몇십 장의 서류를 작성했더니, 어느 날 "당신에게 집이 생겼어요. 우리는 고객님이 집 때문에 은행에 오신 게 아니라는 것도, 작성하신 서류들의 목적이 무엇인지 고객님은 전혀 모른다는 것도 잘 압니다"라는 이야기를 듣는 것과 같다.

이제 우리는 생명이 어디에서 왔는지를 이해하고자 할 때 우리에게 부족한 게 무엇인지 안다. '왜'가 없다면, 전체 프로젝트는 도저히 일어날 수 없는 일이 된다. 무작위적 변화에 의존하는 대신, '생명'이 그 목적이라고 전제하면 모든 것을 몇 천 배 더 쉽게 설명할 수 있다. 하지만 갑자기 새로운 미스터리가 열린다. 생명이 처음부터 우주의 일부였다면, 마음은 어떤가? 빅뱅의 순간부터 인간 마음은 불가피한 것이었나? 이걸 물어야만 하는 이유는 간단하다. 우주가 마음을 갖고 있지 않다면, 마음이 없는 창조물에서 마음을 창조한다는 것은 불가능한 일이다. 셜록 홈스가 왓슨에게 종종 이야기했듯이, 다른 모든 해법이 틀렸다면. 마지막에 남는 것이 해결책일 것이다. 이 경우 '항상 생각하는 우주'는 믿기 어려운 말로 들리겠지만, 우리가 앞으로 보게 될 것처럼, 다른 모든 해법은 틀린 것으로 판명된다.

9

뇌는 마음을
만드는가?

˅

우주의 마음을 논하기에 앞서 우리 자신의 마음을 이해할 필요가 있다. 이는 충분히 논리적인 접근이다. 돌고래나 코끼리 모두 매우 높은 수준에서 작동하는 커다란 뇌를 가지고 있지만, 이들의 마음을 통해서 현실을 볼 수는 없다. 돌고래에게는 돌고래의 현실이, 코끼리에게는 코끼리의 현실이 있다. 그들 각자 나름의 신경계에 맞춰 존재하는 게 거의 확실하다. 돌고래는 단어를 배울 수 있다고 알려져 왔는데, 이 때문에 인간은 돌고래에 친밀감을 느낀다. 또한 돌고래는 인간처럼 야만적인 행동도 할 수 있다. 하지만 여전히 이들은 인간이 아니고, 우리의 현실 너머의 현실에 산다.

이 논리는 놀라운 결론으로 이어진다. 우주는 그곳에 살고 있는 창조물에 의해서 정의된다. 인간이 "자신의 우주"라고 부르는 건 마치 바나나 두 개, 밀가루 한 포대, 냉동 피자를 집으로 가져가서 슈퍼마켓을 가져왔다고 주장하는 것과 같다. 다른 신경계를 통해서 지각되는 모든 현실은 다른 우주를 암시한다. 그래서 그 결과 돌고래와 코끼리는 그들 자신의 현실에서 산다. 그들에게는 "자신의 우주"다. 그러면 왜 이들에서 멈추는가? 달팽이 우주나 자이언트판다 우주는 왜 없겠는가? 인간에게는 현실에 대한 독점권이 없다(단지 그렇다고 가정할 뿐이다. 아마도 우리가 스스로 부여한 우월감에서 그렇게 하는 것 같다).

우리가 그렇게 가정한 이유는 뇌에 대한 자부심 때문이다. 1,000조 개의 가능한 조합을 지닌 인간의 뇌는, 지금까지 우리가 아는 한 우주에서 가장 복잡한 물체다. 뇌 활동 덕택에 우리는 자각self-aware하는 존재가 되었다. 말은 풀을 먹고 만족한다. 우리는 시금치를 먹으며 "나는 이걸 좋아하지 않아" 또는 "난 이걸 좋아해"라고 말할 수 있다. 사실 어떤 의견도 말할 수 있다. 이는 우리가 생각에 대한 통제력을 갖고 있음을 암시한다. 뇌에 대한 자부심은 모든 과학의 근간이다. 우리의 뇌가 논리와 이성이라는 신비한 능력을 가지고 있기 때문이다(명석한 두뇌는 초기 인류가 가장 최근에 얻은 능력인데, 대뇌피질은 하부 뇌의 경우와 달리 수백만 년 동안이 아니라 수만 년 동안에 진화했을 것이다).

그러나 자세히 살펴보면, 뇌에 대한 우리의 자부심은 엄청나게 겸손해진다. 무엇보다 먼저 과학, 적어도 고전 물리학은 예측과 사랑에 빠졌지만, 우리 마음은 그렇지 않다. 가장 쉽게 이길 수 있는 내기 중 하나는 자신의 다음 생각을 정확하게 예측할 수 있는 사람에게 100만 달러를 거는 것이다. 그런 내기를 받아들이는 것은 무모한 일일 것이다. 우리 모두가 매일 경험하듯이, 우리의 생각은 예측할 수 없으며 자연발생적이다. 생각은 마음대로 왔다가 간다. 그리고 이상하게도,

우리에게는 생각이 어떻게 작동하는지를 알려주는 어떤 모델도 없다. 뇌는 사고를 위한 기계로 추정된다. 하지만 어떤 종류의 기계가 같은 입력에 이처럼 다양한 반응을 잇달아 내놓는가? 마치 세상에서 가장 심각하게 고장 난 사탕 자동판매기와 같다. 동전을 넣었는데 사탕은 주지 않고, 시나 망상, 새로운 아이디어, 또는 진부하고 상투적인 문구, 간혹 대단한 통찰, 또는 기괴한 음모론을 내뱉으니 말이다.

마음과 뇌에 관한 어떤 이론은 실제로 생각의 예측 불가능성을 인정하고 이를 양자 영역으로 연결한다. 로저 펜로즈는 마취과 의사인 스튜어트 해머프Stuart Hameroff와의 공동 연구를 통해, 의식이 시냅스synapse, 즉 뇌세포 사이의 간극 속에서 일어나는 활동에 의해서 만들어진다는 기존 관념에서 벗어났다. 이들의 이론은 '조화 객관 환원 이론Orchestrated Objective Reduction(Orch-OR)'으로 알려져 있는데, 뉴런 내부에서 벌어지는 양자적 과정을 연구한다. 조화 객관 환원 이론의 '환원'은 화학 반응보다 훨씬 미세한 자연의 직물을 검토하는 것으로, 매우 급진적이다. 펜로즈와 해머프는 미세소관microtubules이라고 알려진 세포의 미세구조 속에서 일어나는 양자 수준에서의 예측 불가능한 활동이 의식의 기원이라고 제안했다. 마음이 존재하기 위해서는 양자가 필요하다.

이 이론의 명칭 속에 있는 다른 두 단어도 중요하다. '조화'는 질서 있는 뇌 활동이 미시적 수준에서 뇌의 기원에 의해 조정되고 있다는 것을 의미한다. 이 단어가 매력적인 이유는 의식의 기본적 특성을 질서 있고 조직화된 사고로 보기 때문이다. '객관'은 의식을 포함하여 창조된 모든 것은 반드시 물질적인(즉 객관적인) 프로세스로 설명될 수 있어야만 한다는 가정을 과학자들이 지키려 하기 때문에 중요하다. 우리가 볼 때, 이 가정은 인간 경험의 내면 세계에 이르게 되면 무너진다. 우리는 마음이 양자를 필요로 한다는 것을 받아들이지 않는다. 펜로즈와 해머프는 양자생물학을 파고드는 대담한 행동을 했고, 미래의 이론들 또는 미래 버전의 조화 객관 환원 이론은 향후 두뇌와 양자를 연결하는 쪽으로 이어질 것이다.

우리의 관점에서 볼 때 조화 객관 환원 이론의 특별한 이점 중 하나는, 인간의 마음은 수학 공식으로는 계산할 수 없다는 주장이다. 달리 말해서, 한 신경세포의 발화가 아무리 미리 정해져 있다 해도, 그 신경세포가 처리하는 생각은 미리 정해진 것이 아니다. 해머프와 펜로즈는 철학과 고등 논리에서 얻은 힌트와 함께, 약간의 정교한 양자 추론을 통해 이 결론에 도달한다. 하지만 결말은 상당히 단순하다. 즉 어떤 기계적 모델도 인간이 어떻게 생각하는지를 영원히 설명할 수 없으리라는 것이다. 다른 과학자들이 이 점을 가슴에 새긴다면. 상당한 양의 혼란과 필연적인 막다른 골목을 피할 수도 있을 것이다.

좋든 싫든, 우리의 마음은 이중 통제dual control를 받고 있다. 우리는 때론 통제의 주체인 동시에 때론 전혀 알려지지 않은 힘의 통제를 받는다. 이를 확인하기는 어렵지 않다. 누군가 2 더하기 2를 물으면, 당신은 당신이 통제하고 있기 때문에 올바른 대답에 도달하는 데 필요한 정신 작용을 불러낼 수 있다. 당신의 이름, 당신의 업무 방식, 집에서 직장으로 차를 몰고 가는 데 필요한 것과 같은 몇백만 개의 유사한 일들이 있다(그리고 이들은 우리가 우리 자신의 마음을 항상 통제하고 있다는 환상을 우리에게 준다). 하지만 불안이나 우울증으로 고통받는 누군가는 통제되지 않는 정신 작용의 희생자다. 통제의 부족은 정신 질환에서와같이 심각한 상황으로 이어질 수도 있다. 다양한 정신병, 특히 편집성 정신분열증paranoid schizophrenia의 공통된 증상은 보통 머릿속에서 들리는 생경한 목소리를 통해서 외부 행위자가 환자의 마음을 지배한다고 믿는 것이다. 정상적인 사람은 보통 정신적인 통제를 잃었다고 느끼지 않는다. 우리가 우리의 생각을 통제할 수 있다는 게 사실이라면, 우리가 갖고 싶은 어떤 생각이라도 구글 검색에서처럼 불러낼 수 있어야 하는데, 실은 전혀 그렇지 않다.

첫눈에 반하는 사랑은 통제에서 벗어나는 즐거운 경험이며, 예술적 영감을 경험하는 것도 마찬가지다. 우리는 걸작을 창조하는 고통 속의 렘브란트나 모차르트의 기쁨을 상상만 할 수 있을 뿐이다. 그래서 이중 통제에는 좋은 면과 나쁜 면이 있다. 온갖 종류의 번쩍이는 아이디어를 수반하는 감정의 불꽃(제멋대로 등장하는)을 경험하지 않는다면 생명은 로봇이 되었을 것이다. 생명에 대한 이 일상적인 사실이 우주의 문제를 푸는 열쇠로 밝혀진다면 어떻게 될까? 인간이라는 존재는 우주의 기발한 생각이었는지도 모르지만, 일단 이 아이디어가 우주에게 일어나자, 우주의 마음은 이를 추진하기로 결정했다. 왜? 우리처럼 골칫거리고 짜증스러운 인간 존재들이 뭐가 그렇게 매력이 있다는 말인가? 딱 하나가 있다. 우리는 시간과 공간의 차원 속에서 우주가 자신을 알아차리도록 허용했다.

다시 말해서, 바로 이 순간, 우주는 당신을 통해 생각을 하고 있다. 당신이 우연히 무엇을 하든(자전거 타기, 루벤 샌드위치 먹기, 아이 만들기), 그것은 우주의 활동이다. 우주의 진화에서 어떤 단계든 없애보라. 그러면 바로 이 순간은 온데간데없이 사라진다. 이런 주장이 당신에게는 믿기 어렵게 들릴 수 있지만, 이 책은 이러한 결론에 도달하기 위해 지금까지 하나하나 토대를 만들었다. 양자물리학은 우리가 '참여우주participatory universe' 속에 살고 있다는 것을 부정할 수 없게 만든다. 그러므로, 참여가 전부라고 말하는 건 그저 작은 발걸음에 불과하다. 우리의 마음은 우주의 마음과 융합되어 있다. 이 결론에 도달하는 데 이렇게 오래 걸린 유일한 이유는 오래된 두려운 것(완고한 물질주의) 때문이다. 물질주의자에게 뇌가 없다는 것은 마음이 없다는 것이기 때문에, 당신이 뇌를 사고 기계로 보는 한, 우주의 마음은 있을 수 없다. 이 장애물보다 더 다루기 힘든 건 없을 것이다.

이 장애물을 제거하고 인간의 마음이 우주의 마음과 융합되게 하려면, 우리는 뇌가 어떻게 마음과 연관되는지의 미스터리를 다루어야만 한다. 달리 방법이 없다. 인간 두뇌를 "1.6킬로그램 우주"라고 부른 첫 번째 사람은 잊히지 않는 이미지를 만들었다. 뇌가 슈퍼컴퓨터처럼 작동하는 독특한 물체라면, 물질주의자들이 이겼다. 하지만 우리 뇌 안의 원자와 분자를 특별한 지위로 승격시켜야 할 아무런 이유가 없다. 우주에 있는 모든 입자가 마음의 지배를 받아 만들어지고 조정된다면, 뇌 또한 마음이 하라는 대로 작동한다. 이것이 우리의 마지막 미스터리를 푸는 열쇠다.

미스터리 파악하기

뇌가 실제로 하는 일을 알아내기란 놀라울 정도로 어렵다. 자연에 유머 감각이 있다면, 마음이 매 순간 뇌를 사용함에도 불구하고 뇌를 숨기는 이것이 최고의 장난이다. 신경세포에 대해서 생각한다고 해서 신경세포가 어떻게 작동하는지를 파악할 수 있는 게 아니다.

사실 신경세포가 존재하는지도 파악할 수 없다. 우리는 우리의 뇌 세포를 보거나 느끼지 못한다. 엑스선, fMRI 스캔, 그리고 정교한 외과 기법의 출현으로 우리는 뇌의 기계적 조직을 볼 수 있게 되었다. 거기에 더해, 마이크로볼트 단위의 전기로 반짝거리며, 시냅스를 가로질러 몇 개의 신경전달물질neurotransmitter이 움직이는 모습도 볼 수 있다. 그럼에도 불구하고, 사실상 뇌 세포는 몸 안의 다른 모든 세포와 똑같이 행동한다. 피부 세포조차 다양한 신경전달물질을 분비한다. 그렇다면 일출을 보기 위해서 팔꿈치를 들어올리면 되지, 왜 눈을 떠야만 하는가?

누구도 뇌 세포가 하는 것(원자와 분자를 이리저리 움직이는 것)과 뇌가 용케 만들어내는 풍부한 4차원 세계 사이의 간극을 메울 수 없었다. 이 근본적인 어려움을 해결하려면 현실reality에 대해 밑바닥에서부터 다시 생각해야만 한다. 뇌를 컴퓨터와 동일시하는 것은 거의 즉각적으로 버려야 할 흔한 가정이다. 예를 들어, 퀸엘리자베스라는 이름의 아름다운 핑크색 장미를 봤고 정원에 심기로 결정했다고 하자. 묘목장에 도착한 순간 그 꽃의 이름을 잊었지만, 잠시 후에 간신히 기억해낸다. 대신 스마트폰에 올바른 이름을 찾도록 요청하면, 스마트폰은 데이터 속의 모든 핑크 장미를 살펴볼 것이다. 그러나 스마트폰은 당신이 확인해주기 전까지는 퀸 엘리자베스가 올바른 이름인지 결코 알 수 없다.

컴퓨터는 결코 똑똑하지 않다. 1997년 딥블루로 알려진 IBM의 컴퓨터 프로그램이 세계 체스 챔피언 가리 카스파로프Garry Kasparov를 이긴 것에 전 세계 매스컴이 주목했다. 이 둘, 사람과 기계는 2년 동안 승패를 교환했는데, 딥블루의 마지막 승리는 인공지능을 향한 일보

궁극의 미스터리

전진으로 칭송받았다. 하지만 바로 그 점이다. 컴퓨터가 한 것은 인 공적이었다. IBM이 계속해서 정교하게 만들고 갱신한 복잡한 소프 트웨어 프로그램 속의 기본적인 동작은 통계적으로 가장 좋은 선택 이 될 것 같은 곳에 체스 말을 놓기 위해서 가능한 모든 체스의 움직 임을 샅샅이 뒤지는 것이었다. 그렇기 때문에, 어떤 의미에서 카스파 로프 대 딥블루는 양쪽 다 인간 대 인간의 시합인데, 상당히 다른 접 근법을 사용했을 뿐이다.

인간 체스 선수는 이 절차를 전혀 따르지 않았다. 체스를 두는 기술 을 숙달한 후에 전략, 상상, 상대를 가늠하는 능력이 뒤따른다. (그리고 많은 승리가 기술뿐만 아니라 심리적인 장악에서 온다.) 챔피언은 모든 가능 한 움직임을 빠르게 살펴보지 않고도 맞는 움직임을 '본다.' 딥블루는 사실 처음부터 체스를 둘 수 없었다. 단지 숫자를 돌리고 확률 게임을 할 뿐이었다. 이 방식이 마지막에 먹힌 주된 이유는 프로그래머들이 인간 마음의 작동 방식을 흉내 내는 요령을 부렸기 때문이지, 컴퓨터 가 스스로 그런 요령을 깨달은 것이 아니다. 실제로 딥블루에게 지능 이 있다고 말하는 건 더하기를 하는 기계에 지능이 있다고 말하는 것 과 같다(그리고 똑같이 한참 빗나갔다).

마찬가지로 인간은 숫자로 표현할 수 없는 사랑·기쁨·영감·발 견·놀람·지루함·괴로움·좌절과 같은 내적 세계를 경험한다. 그러 므로 내면 세계 전체는 컴퓨터에게 이질적이다. 강경한 AI 전문가들 은 내면 세계를 일종의 결함 심지어 환영으로 묵살하는 경향이 있다. 만약 그렇다면, 예술과 음악의 모든 역사는 그저 환상이 되어 버린다. 또한 상상력의 모든 행위와 모든 감정, 마지막으로 과학 자체도 환상 이 되어 버린다. 과학 또한 창조적 과정이기 때문이다. 명백하게 마음은 디지털화할 수 없다. 컴퓨터가 하는 일은 디지털화하는 것이기 때문에, 뇌를 슈퍼컴퓨터로 변환하는 것은 논리적 오류다.

컴퓨터가 마음이 없는 5가지 이유

마음은 생각한다. 컴퓨터는 숫자를 주무른다.

마음은 개념을 이해한다. 컴퓨터는 아무것도 이해하지 못한다.

마음은 걱정하고 의심하고 자신을 돌아보고 통찰력의 순간을 기다린다. 마음에는 감정이 있다. 컴퓨터는 입력된 숫자에 기반해서 대답을 뱉어낸다.

마음은 이유를 묻는다. 컴퓨터는 마음을 가진 누군가가 명령하지 않으면 아무것도 묻지 않는다.

마음은 경험을 함으로써 세상을 헤쳐나간다. 컴퓨터는 어떤 경험도 하지 않는다. 소프트웨어를 돌린다. 그 이상도 그 이하도 아니다.

사실, 뇌에 대한 컴퓨터 모델은 오로지 이전 모델이 너무나 부적절한 것으로 증명되었기 때문에 주목받게 되었다. 우리는 그동안 부식되어 못쓰게 된 모델들의 고철 처리장을 잠깐 둘러보는 과정을 통해, 각각의 모델이 뇌 작용으로 마음을 설명하려 시도할 때 어떤 치명적 오류를 범했는지 파악할 수 있다.

마음에 대한 부정

이 주장, 즉 뇌만이 존재할 뿐 마음은 그 자체로는 어떤 실체도 없는 부산물이라는 주장이 시초다. 마음을 부정하는 사람들에겐 한 가지 커다란 이점이 있다. 마음이라는 것에 얽매이지 않고 주장을 펼쳐나갈 수 있다는 것이다. 많은 사람이 이런 관점에 매력을 느끼는데, 결국 이들은 실용적인 과학은 사실상 마음에 대해서 말할 필요가 없다고 한다. 실험하고 데이터를 수집하기만 하면 된다는 것이다. 조금 약한 버전도 있다. 마음이 존재하기는 하지만, 공기 중의 산소처럼 그냥 주어진 것이라 말한다. 마음과 산소 둘 다 필요하기는 하지만, 평생 이들에 대해 언급하지 않고도 당신은 과학을 할 수 있다.

마음에 대한 부정의 치명적 결함

마음을 부정하는 사람들은 많을 것을 설명할 수 없는데, 특히 양자 입자들이 마음을 가진 것처럼 행동하는 것과 관찰자 효과를 설명할 수 없다. 의식이 양자 세계를 변화시킨다는 사실은 다른 어떤 과학적 사실만큼이나 똑같이 실용적이다. 그러므로, 마음을 논쟁에서 배제하는 것은 가능하지 않다. 또한 마음과 물질은 뇌 속에서 계속 상호작용하고 있다. 이를 피할 방법도 없다. 생각은 화학물질을 일으키고, 거꾸로 화학물질은 생각을 일으킨다. 누구도 이것이 현실이 아니라고 말할 수는 없다.

수동적 지각

이 진영은 마음은 실재하지만 제한적이라고 주장한다. 뇌는 데이터 수집기로 작용하는 오감을 통해서 세상을 파악한다. 과학에는 데이터가 전부이기 때문에 이 관점은 매력적이다. 보고 찍기만 하면 되는 카메라처럼, 뇌는 수동적이지만 매우 정확하다. 즉 뇌는 대상에 초점을 맞추는데, 다른 네 가지 감각과 더불어, 이 그림은 믿을 만하다. 더 나은 데이터가 필요하다면(과학에 반드시 필요한 것), 눈만으로는 볼 수 없는 영역까지 우리의 시야를 확장하는 더 나은 망원경과 현미경이 항상 있다.

수동적 지각의 치명적 결함

모든 현미경, 망원경, 엑스선 기계, 그리고 수동적 지각자로 작용하도록 만들어진 다른 모든 기구는 이를 해석하는 인간의 마음 없이는 어떤 것도 지각할 수 없다. 이 장치를 만든 마음은 이를 수동적으로 하지 않았다. 의식의 창조성이 개입되었는데, 이는 단순한 데이터 수집을 훨씬 넘어선다.

복잡성은 의식과 동일하다

이 진영은 마음에 관한 견해를 매우 복잡한 현상으로 확장시켰다. 사실, 복잡성은 벌레, 물고기, 파충류의 원시적 신경계가 어떻게 인간 뇌의 무한한 풍성함으로 진화했는가를 이해하는 데 도움을 줄 수 있다. 복잡성 이론의 매력은 "어떻게 생명 없는 물질이 뇌 스캐너의 불을 밝히고 무언가를 '배울' 수 있는가"라는 곤란한 문제를 피해간다는 것이다. 물질은 물질이다. 끝. 하지만 수십억 년의 과정을 거치면서 간단한 원자들과 분자들이 믿을 수 없을 정도로 복잡한 구조들로 진화했다. 이 구조들 중 가장 복잡한 것은 지구 생명과 연관되어 있다. 만약 생명이 복잡성의 부산물이라면, 같은 논리에 의해 생명체의 특성들도 그들의 복잡성으로 거슬러 올라갈 수 있을 것이다.

예를 들어, 연못 속을 떠다니는 단세포 생물은 햇빛을 받으려 할 것이고, 이 원시적인 반응으로부터 수백 미터 상공에서 땅위 쥐의 움직임을 포착할 수 있는 독수리의 눈을 포함하여, 모든 시각 시스템이 진화했다. 마찬가지로, 인간의 뇌가 할 수 있는 모든 것은, 침팬지가 미숙하게나마 도구들을 사용하는 것처럼, 그리고 가장 좋은 꽃가루의 원천이 있는 곳을 알려주는 꿀벌의 춤처럼, 이를 덜 능숙하게 행하는 생명체 속에 그 기원이 있다. 항상 진화하는 복잡성의 세계에서 인간의 뇌는 그 정점에 있다. 복잡성은 사고와 합리성을 포함해 뇌의 모든 능력의 원천이다.

복잡성이 의식과 동일하다는 주장의 치명적 오류

누구도 복잡성이 어떻게 생명의 속성을 설명하는지 보여주지 않았다. 앞에서 언급한 대로, 카드 한 벌에 카드를 추가하는 것이 포커 게임 방법을 갑자기 배우게 된다는 의미는 아니다. 원시적 박테리아에게 더 많은 분자를 던져준다고 최초의 세포가 어떻게 존재하게 되었는지, 그리고 더군다나 이들 세포가 어떻게 복잡한 행위를 배웠는지는 알 수 없는 것이다.

좀비 가설

이 진영은 소외되었지만 기억하기 쉬운 이름과 강력한 옹호자인 철학자 대니얼 데닛Daniel Dennett의 홍보 노력으로 인해 언론의 많은 관심을 받아왔다. 기본 전제는 결정론적이다. 모든 뇌 세포는 생화학과 전자기력이라는 고정된 법칙에 따라 작동한다. 신경세포들은 선택이나 자유의지 없이 존재한다. 이들은 자연법칙에 갇혀 길들여진다.

그러므로, 모든 사람은 뇌 세포의 산물이며, 본질적으로 어떤 통제력도 없는 물질적 과정에 의존하는 꼭두각시다. 우리는 마치 좀비처럼 생명체 시늉을 내지만, 우리에게 선택, 자유의지, 분리된 자아, 심지어 의식이 있다는 믿음은 좀비들이 모닥불 주위에 앉아 몸을 녹이며 이야기를 나눈다는 것과 같은 허황된 주장일 뿐이다. 마음의 복잡성 이론과 유사한 좀비 이론에 따르면, 의식은 100조 개에 이르는 뇌의 신경 연결의 부산물이다. 연결이 그만큼 많은 슈퍼컴퓨터를 만들면 인간처럼 의식이 있는 존재로 보이게 될 것이다.

좀비 가설의 치명적 오류

두 가지 치명적인 오류가 떠오른다(인간 존재는 의식적이지 않다는 비상식적인 주장은 제쳐놓는데, 이는 진지한 사고라기보다는 장난처럼 보인다). 첫 번째 결함은 창조력이다. 인간은 거의 무한한 발명, 예술, 통찰, 철학, 발견 행위를 할 수 있는데, 이는 세포의 고정된 기능으로 축소될 수 없다. 두 번째로, 좀비 이론은 이를 옹호하는 사람들이 스스로 좀비가 되는 식이기에 자신들의 개념이 신뢰할 만하다는 걸 보여줄 방법이 없다. 따라서 자기 모순이다. 이는 마치 낯선 사람이 당신에게 와서는 "저는 당신에게 실체에 대한 모든 것을 말해줄 겁니다. 하지만 먼저 제가 실재하지 않는다는 걸 아실 필요가 있습니다"라고 말하는 것과 같다.

궁극의 미스터리

왜 당신의 뇌는 비틀즈를 좋아하지 않는가?

뇌라는 물체가 마음을 창조할 수 있는 힘을 지녔다는 가정을 떨쳐내는 것보다 심장을 관통하는 말뚝으로 흡혈귀를 죽이기가 더 쉽다. 하지만 적어도 우리는 뇌와 마음에 관한 현재 이론들 속에 담긴 치명적인 오류들을 보아왔다. 그러나, 좋지 않은 생각을 해체하는 것과 더 나은 것을 발견하는 것은 같지 않다. 우리는 비틀즈의 명곡 〈렛잇비 Let It Be〉를 폴 매카트니Paul McCartney의 아름다운 목소리로 들으면 더 나은 생각을 펼칠 수 있다. 당신의 뇌가 이 노래를 음미하는 것인가? 아니면 당신의 마음이 음미하는 것인가? 뇌가 음미하는 것이라고 주장하는 신경과학자들은 〈렛잇비〉가 소리 진동으로 귓구멍으로 들어갈 때 어떤 특정 뇌 프로세스를 일으키는지 정확히 짚어낼 수 있다.

토론토에 있는 맥길대학교 연구진은 실험 대상에게 전극을 연결하여 음악을 들을 때 일어나는 뇌 활동을 측정했다. 우리가 예상할 수 있는 것과 같이, 음악은 비음악적 소리와 비교되는 특유의 반응 패턴을 만든다. (대뇌) 피질 속의 청각 중추에 닿은 가공 전 입력은 리듬, 박자, 멜로디, 음조, 그리고 기타 다른 특성들이 수 밀리초(10^{-3}초) 만에 따로따로 처리되는 특정 장소 속으로 흩어진다. 전전두엽prefrontal cortex은 당신이 지금 듣는 음악과 과거에 들었다고 여겨지는 음악을 비교까지 한다. 이 둘을 비교함으로써, 당신의 뇌는 듣기를 예상하지 못한 무언가에 의해 도전을 받는데, 더 나아가 이는 기분 좋은 놀라움 또는 불쾌한 것이 될 수도 있다.

연구진은 어떤 음악 시스템에 노출되었는가에 따라 어린 시절에 뇌가 '고정화hardwired'된다는 것 또한 보여주었다. 중국 아이들의 뇌는 중국 하모니에 반응하는, 그 결과 중국 음악을 좋아하게 만드는 특별한 연결을 발전시킨다. 서양에서 태어나 서양 음악에 노출된 아기는 중국 음악보다는 서양 음악 체계를 즐기도록 고정화된다. 마지막으로, 연구진은 뇌가 차이를 구분하는지 알아보기 위해 음악 공연을 선택하여 컴퓨터 소프트웨어를 통해 이를 서서히 변화시켰다.

당신은 최고의 컴퓨터가 합성한 음악과 실제 폴 매카트니의 음악을 구분할 수 있겠는가? 상황에 따라 다르다. 음악이 더 기계적으로 되고 덜 개인적으로 될수록, 뇌는 확연히 드러나기 전에는 어떤 차이도 알아차리지 못한다. 이는 음악 스타일의 미세한 점들을 감지해내는 전문 음악가의 절묘한 능력이나 음치를 설명해줄지도 모른다. 서로 다른 고정화는 서로 다른 감상 수준을 낳는다.

음악과 뇌에 관한 연구는 상당히 정교해졌다. 하지만 우리는 음악을 바라보는 방식 전체가 방향이 잘못되었으며 진실에 더 가까워지는 어떤 해답도 제시하지 못할 것이라고 주장할 것이다. 예를 들어 파킨슨병을 치료하는 경우처럼, 아니면 뇌졸중 환자의 재활에 도움을 주는 경우처럼, 뇌 연구가 의학적으로 유용하려면 다음과 같은 요소들이 적용되어야 한다.

뇌 기능이 어떤 유기적 방식에서 엉망이 되었다.
손상된 기능은 분리될 수 있다.
손상된 기능은 관찰될 수 있다.
손상된 기능을 고치는 메커니즘은 잘 알려져 있다.

궁극의 미스터리

뇌졸중 환자가 응급실에 실려가면 뇌 스캔으로 출혈 위치를 파악하고 약이나 수술을 통해 출혈을 멈춘다. 그렇게 해서 뇌를 손상된 것으로 취급하는 것이 온갖 이점들이 실현된다. 의과학이 더 정확하게 뇌 기능들을 들여다볼 수 있게 되자, 외과 의사들은 더욱 정교하게 자신들의 일을 해낼 수 있게 되었고, 더욱더 국부적이고 특정한 목표에만 작용하는 약을 개발할 수 있게 되었다. 그러나 음악에 관해서는 위에서 다룬 요소들이 거의 준비되어 있지 않다.

어떤 뇌 기능도 엉망이 되지 않았다.

음악을 만드는 뇌 기능은 복잡하고 불가사의하게 연결되어 있다.

잡음 신호를 의미 있는 음악으로 변환하는 과정은 물리적으로 관찰될 수 없다.

뇌가 음악을 만들고 감상하도록 진화했는지에 대한 어떤 설명도 없다. 따라서 음악에 전적으로 무관심한 사람을 치료하는 방법 같은 것은 존재하지 않는다. 이것은 병이 아니다.

이것은 단지 뇌과학이 뒤처졌기 때문일까? 돈더미와 더 많은 연구 자금이 더 나은 답을 낳을 수 있을까? 전체 모델이 근본적으로 잘못된 것이라면 대답은 '아니오'다. 뇌는 어쨌든 가공되지 않은 물질 데이터(공기 분자의 진동)에서 음악을 만들어낸다. 모두가 이에 동의한다. 라디오도 또한 (우리 뇌처럼) 음악을 만들어내지만, 이 둘이 같다는 말은 어처구니없이 들릴 것이다. 라디오는 고정되고 미리 정해진 과정을 따를 뿐이다. 얼마나 비슷하게 보이든지 간에, 인간 뇌는 음악 신호와 관련하여 자신이 원하는 어떤 것이든 할 수 있다. 전혀 듣지 않을 수도 있다. 모든 건 마음이 원하는 것에 달려 있다. 뇌의 메커니즘은 마음이 사용하기 위해 존재한다. 어떤 사람이 어떤 음악을 좋아하거나 싫어할 때는 마음이 그 결정을 내리는 것이지, 뇌 안에 있는 즐거움 - 고통 중추가 하는 게 아니다. 작곡가가 영감을 받을 때는 그의 마음이 영감을 제공하는 것이지, 그의 신경세포가 제공하는 게 아니다. 어떻게 그렇다고 확신할 수 있는가? 그 대답으로 책 한 권을 채울 수도 있지만, 세 가지로 이를 나누어보자.

1. 결정론은 틀렸다.

뇌가 중국에서는 중국 음악을, 인도에서는 인도 음악을, 일본에서는 일본 음악을 듣도록 어려서부터 고정화되었다면, 왜 이들 국가에는 현재 서양식 교향악단이 있는가? 이 교향악단은 본토 출신 음악가들로 거의 다 채워져 있고, 서양 클래식 음악을 연주한다. 연결이 의지에 따라 바뀔 수 있다면 뇌가 고정화되었다고 말할 수 없다. 결정론은 신경 네트워크의 도식에서는 그럴듯하게 들리지만, 실생활에서는 통하지 않는다. 비유하자면, 그것은 마치 집안의 배선이 교류에서 직류로 스스로 바뀔 수 있다고 뇌 연구자들이 말하는 것과 같다. 이는 뇌가 중국 음악을 좋아하기로 '결정'했다고 말하는 것과 같다. 마음만이 그런 변환을 만들 수 있다.

전기톱이나 나무 사이를 스치는 바람 소리를 처리하는 것과는 달리, 음악을 들을 때는 12개 이상의 관련된 뇌 부위가 협조한다는데, 가공되지 않은 입력이 어디로 가야 할지를 어떻게 미리 알 수 있는가? 청각중추는 속귀에서 같은 채널을 따라 똑같은 방식으로 가공되지 않은 모든 데이터를 받는다. 하지만 피아노에서 온 데이터는

궁극의 미스터리

음악 처리 과정을 거친다. 이는 청각중추가 어떤 소리가 전기톱 소리이고 어떤 소리가 음악인지를 이미 안다는 것을 의미하지만, 사실은 그렇지 않다. 우리는 각 신호가 가는 곳을 볼 수는 있지만, 그 이유는 모른다.

당신이 처음 〈렛잇비〉를 들었을 때로 시계를 되감아보자. 전전두엽은 과거에 들은 음악을 토대로 현재 듣는 음악을 예상하고 이것을 새로운 음악과 비교한다. 우리의 예상이 어긋나면 새로운 음악은 이로 인해 우리를 놀라게 하거나 기쁘게 해줄 수 있게 된다. 하지만 새로운 음악이 같은 청취자에게 반대의 반응만을 일으킬 때도 있다. 어느 날 당신은 재즈를 들을 분위기가 아닐지도 모르지만 이튿날은 재즈를 듣고 싶어 미칠 수도 있다. 엘라 피츠제럴드Ella Fitzgerald의 노래에 따분함을 느낄 수도 있지만, 나중에는 그녀가 경이롭다고 생각할 수도 있다. 다시 말해서, 음악적 반응은 예상할 수 없는 변화에 영향을 받기 쉽다. 어떤 기계적 시스템도 이 변동성을 설명할 수 없으며, 이를 무작위 신경 신호로 축소하는 것은 문제를 더욱 어렵게 만들 뿐이다. 신경세포 속에 미리 설정된 화학 반응으로는 어떤 한 반응과 정확히 그 반대 반응이 만들어지는 걸 설명할 수 없다. (고정된 동일 화학 반응이 상반되는 반응을 낳을 수는 없다.)

2. 생물학은 충분하지 않다.

음악은 어떤 인간 행동이 생물학 또는 진화론의 측면에서 왜 의미가 없는지를 보여줬다. 우리가 음악을 사랑하기 때문에 음악을 사랑하는 것이지, 우리 조상들이 음악에 반응하기에 더 좋은 유전자를 가진 아이를 낳았기 때문이 아니다. 음악을 좋아하는 이유를 진화에서 찾는 것은 말 앞에 마차를 놓는 것과 같은 짓이다. 생존 메커니즘으로 음악을 요구하는 것이 아니다. 음악을 들으면 마음이 즐거우므로, 우리는 음악 덕분에 생존을 즐긴다. 합리적인 다윈주의적 관점에서도, 인간의 청각은 가능한 한 예민해야 했다. 그 결과 우리의 조상들은 10미터나 20미터가 아니라 100미터 떨어진 곳에서도 사자의 울음소리를 들을 수 있어야 했다. 잡아 먹히지 않는 것이 생존에 좋다. 아니면, 북극여우처럼 눈 밑 60센티미터에 숨어 있는 쥐의 움직임을 들을 수 있어야 했다. 겨울에 식량이 많으면 생존에 더 유리하다. 하지만 우리는 그런 종류의 명민함을 갖도록 진화하지 않았다. 대신 우리는 (생존이라는 관점에서) 전적으로 쓸모없지만, 음악에 대한 사랑을 진화시켰다.

음악은 개인적이고 엉뚱하며 예측할 수 없다. 이것은 과학이 수정하거나 설명할 필요가 있는 오류가 아니다. 인간 본성의 일부다. 제1차 세계대전이 한창이던 어느 유명한 날, 양측의 병사들이 참호에서 나와 함께 크리스마스 캐럴을 불렀다. 어떤 게 더 인간적인가? 노래를 부르는 것? 아니면 의미 없는 전쟁에서 죽을 때까지 싸우는 것? 사실 둘 다. 음악처럼 인간 본성은 그 복잡성에 있어서 설명하기 어렵다.

〈렛잇비〉가 발표되었을 때 무언가 새로운 것이 저절로 창조되었다. 새로운 스타일은 순전히 영감에서 탄생한다. 하지만 우리가 슈퍼컴퓨터에 모든 가능한 음악 화음chord과 작은 악절phrase(여담이지만, 우주에 원자보다 이것이 더 많을 수 있다)을 입력하고, 컴퓨터가 모든 가능한 음악 스타일을 개발하도록 프로그램을 짠다고 해보자. 시간이 지나면 베토벤의 음악을 만들어낼 것이다. 순전히 무작위로

궁극의 미스터리

말이다. 하지만 이것은 컴퓨터-뇌 모델이 틀렸음을 입증하는 증거일 뿐이다. 베토벤은 컴퓨터와 달리 새로운 음악을 만들기 위해 100만 시간 동안 무작위 조합을 하지 않았다. 외골수 같은 음악 천재 하나가 태어났고, 과거의 음악을 바탕으로 창의적으로 성장했으며, 고전 음악을 영원히 바꾸어놓았을 뿐이다.

3. 당신의 뇌가 아니라 당신이 비틀즈를 듣고 있는 것이다.

어려운 문제(194쪽 참조)라고도 불리는 마음-뇌 문제는 뇌를 우선시하는 것이 잘못되었기에 불가능한 것으로 판명되었다. 신경세포들은 음악을 듣지 않는다. 우리가 듣는다. 그런데 왜 음악의 핵심적인 요소로, 또는 어떤 경험의 열쇠로 신경세포를 검사하는가? 가장 기본적인 의식의 요소조차 뇌에는 없다. 뇌는 자신이 존재한다는 걸 전혀 모른다. 칼로 뇌를 찔러도 뇌는 어떤 고통도 느끼지 않는다. 뇌는 비틀즈나 레드 제플린을 선호하지 않는다. 요약하면, 마음은 어떤 사물 또는 물체를 언급하는 것으로는 설명할 수 없다. 심지어 경이로운 물체, 즉 우리의 뇌로도 안 된다. 당신은 비틀즈나 레드 제플린을 선호하는지를 라디오에 묻지 않을 것이다. 당신이 칼로 찌른다고 해서 당신의 노트북 컴퓨터가 "아야" 하고 소리 지를 거라 예상하지 않을 것이다.

진실을 마주할 시간이다. 공기 진동을 음악으로 변환하는 물질 프로세스란 존재하지 않는다. 뇌 안에는 소리가 없다. 완전히 고요하다. 달콤함, 종교적 느낌, 즐거움, 그리고 나머지 모든 특징을 지닌 〈렛잇비〉는 뇌 회로의 산물이 아니다. 이 곡은 무한한 잠재력을 지닌 마음에서 만들어지며, 우리 신경계에 의해 처리된다. 음악은 라디오·피아노·바이올린, 또는 화학적 그리고 서로 전기적 신호를 보내는 신경세포 집합 속에서 발견될 수 없다.

우리가 이 사실들을 진지하게 받아들이면, 마음은 어떤 기계도 복제할 수 없는 상태를 갖게 된다. 이 상태가 바로 우리가 '의식consciousness'이라 부르는 것이다. 의식은 만들어질 수 없지만, 우주의 재창조를 가능하게 해준다. 여기서 우주란 의식이 어찌어찌해서 은하수라고 부르는 은하의 중심에서 3분의 2쯤 떨어진 운 좋은 지구 행성에 대충 끼워 맞춰진 곳이 아니라, 의식이 모든 곳에 존재하는 그런 곳이다. 물리학에는 "자연은 마음과 같은 방식으로 행동한다"는 말을 인정할 중립적인 사람들이 많지만, 이들은 우주가 정확하게 마음처럼 행동한다는 제안을 받아들일 수 없다.

슈뢰딩거는 거의 한 세기 전에 의식을 더 작게 나누는 것은 아무 의미가 없다고 선언하면서 이 교착 상태를 받아들였다. 만약 의식이 존재한다면 모든 곳에 존재할 것이고, 더불어 우리는 의식이 모든 순간에 존재한다고 말할 수 있다. 그러므로, 누군가 의식이 오로지 인간 뇌의 특성일 뿐이라고 말한다면, 이들은 특수한 예외를 만들어서 논리를 변형하는 우를 범한 것이다. 뇌는 우주 전체에서 벌어지는 것과 다른 어떠한 특별한 일을 하는 게 아니다. 왜 인간의 마음은 창의적인가? 우주가 창의적이기 때문이다. 왜 인간 마음은 진화했는가? 진화가 현실의 직물(구성요소)에 내재되어 있기 때문이다. 왜 우리의 삶은 의미가 있는가? 자연이 목적과 진실을 향한 적극적인 노력으로 계속 나아가기 때문이다. 우리는 일상생활 속 어디나 불쑥 나타나는 "왜?"라는 질문에 답하겠다고 약속했는데, 이제 우리는 이 모든 질문에 답할 열쇠를 쥐게 되었다. 우주의 마음이

궁극의 미스터리

모든 사건을 주도하며 사건에 목적을 부여한다.

이 시점까지 우리는 두 가지 결론으로 이어지는 아홉 개의 우주적 미스터리를 다루었다. 첫째는 과학이 제공하는 최선의 해답조차 충분하지 않다는 것이다. "우리는 최종 목적지에 거의 도달했다"고 주장하는 진영은 낙관적인 표정을 짓고 있지만, 그 표정 뒤에는 혼란과 의구심이 숨어있다. "우리는 겨우 해답 찾기를 시작했다"고 주장하는 진영이 인기는 덜하지만, 자신들에게 유리한 압도적인 양의 증거를 갖고 있다. 이 견해는 오늘날에도 다수의 연구자와 이론가들에 의해 수용되고 있다.

둘째 결론은 실체가 우리에게 뭔가 새로운 걸 말하려 한다는 것이다. 그들은 우주를 재정의해야 할 필요가 있다고 말한다. 물질주의자들에 의해 거부된 모든 금기어(창조성, 지성, 목적, 의미)는 수명이 연장되었다. 사실, 우리는 이 단어들이 인간 마음의 진화를 위해 특별히 만들어진 '의식하는 우주'의 초석이라는 걸 보여줬다. 현실이 궁극의 판관이다. 이보다 상위 법원은 없다. 만약 현실이 새로운 우주로 향한 길을 가리키고 있다면, 저항은 무의미한 일이 될 뿐이다. '언젠가 모든 해답을 알게 될 것'이라는 믿음을 유지한다고 '지금 여기'에서 일어나는 현실의 본성 문제를 해결하겠다는 목표에 우리가 더 가깝게 갈 수 있는 게 아니다.

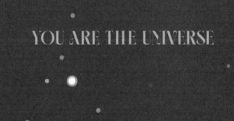
YOU ARE THE UNIVERSE

2

우주적 자아
끌어안기

10

개인적 현실의
힘

⌄

어떻게 해야 당신에게 우주적 자아cosmic self가 있다는 것을 믿게 할
수 있을까? 빠르거나 쉬운 대답을 받아들이지 말자. 우주적 자아를
떠안는 것은, 우리가 현실이라고 부르는 모든 것에 책임을 지는 것과
유사하다. 월트 휘트먼Walt Whitman은 〈나 자신의 노래Song of Myself〉
라는 서사시에서 열정적이고 자유분방한 방식으로 자신의 우주적 지
위를 선언했다.

나는 나 자신을 예찬하고, 나 자신을 노래하네,
그리고 내가 받아들인 것, 당신도 받아들일 수 있나니,
내게 속한 원자atom 하나하나 똑같이 네게도 속한다네.

이성적으로 말하자면, 매우 터무니없는 소리로 들린다. 하지만 독자들은 "나는 크다. 무한히 많은 것을 포용한다"라는 휘트먼의 선언을 문자 그대로 받아들이지는 않았다. 황홀감을 퍼뜨리는 데 휘트먼만큼 뛰어난 사람은 없었지만, "시계는 이 순간을 알려주지만, 영원은 무얼 알려주는가?"라는 그의 시를 따라갈 만큼 대담한 사람은 거의 없었다. 그는 감동적인 대답도 가지고 있었다. "영원은 인간 존재가 우주의 자식임을 알려준다." 우리의 삶은 시간의 경계 너머에 있다.

> 우리는 지금까지 무수한 겨울과 여름을 다 써버렸다네,
> 앞에 무수한 계절이 있고, 그 앞에 무수한 계절이 있다네.

> 새들은 풍부함과 다양함을 우리에게 가져다주었네,
> 그리고 다른 새들이 풍부함과 다양성을 우리에게 가져다줄 것이네.

이 책은 같은 답을 제시한다. 시로서가 아니라, 일반적으로 받아들여지는 현실을 뒤엎는 사실로써 말이다. 시시한 이론이 아니라 누구에게나 있는 가장 근본적인 자아다. 만약 이것이 존재하지 않는다면, 물질세계 속의 모든 사람과 사물을 포함하여 물질세계 자체도 존재하지 않을 것이다. 한 시인이 자기 자신을 노래한 것이 현대 물리학에서 가장 멀리 내다본 이론과 일치되는 것이 정말 놀랍다.

> 오 나의 형제자매여 그대들은 보이는가?
> 이건 혼돈이나 죽음이 아니라 — 이건 형상, 통합, 계획 — 이건 영원한 삶이네 – 이건 행복이라네.

이런 말들은 우리가 '의식하는 우주' 속에 살고 있다는 발상에 완벽하게 부합된다. 마음의 특성들은 과거 수십억 년에 걸쳐 마구 휘젓는 혼돈에서 나타났다는 이론이 일반적으로 받아들여지지만, 마음은 '인간적 우주'에서 항상 그리고 어디에나 있었다. (사실, 시간과 공간 너머에 있었다.) 당신이 읽어온 우주적 미스터리에 대한 답으로서, 이것은 모든 '합리적' 설명들이 해체된 후에 기어이 살아남은 결론이다. 다른 어떤 것도 타당하지 않다는 것을 알아챌 수 있겠는가? 양자중력, 암흑물질, 암흑에너지 등 해결되지 않은 문제들이 너무나 많다. 현실의 너무 많은 것들이 시야에서 감춰져 있다. 너무 많은 추가적 차원은 현실에 적용하는 데 실패한 이론이 난관에서 벗어나기 위한 순수 수학적 몸부림이다. 오래된 확신은 무너져 내렸다. 자연의 구성요소(원자와 아원자 입자)는 관찰자 없이는 어떠한 내재적 특성도 갖지 않음이 밝혀졌기 때문이다.

셜록 홈스의 이야기들에서는, 위대한 탐정이 어떤 사건의 숨겨진 해결책을 막 드러내려는 순간이 온다. 그리고 그 해결책은 주인이 하인들을 부르려고 얼룩무늬 끈을 잡아당겼는데, 사실 그것이 끈이 아니라 방울뱀이어서 끝내 죽고 말았다는 이야기처럼, 기이하고 예상 밖의 것이다. 그런 순간에 셜록 홈스는 연역적 추론에 대한 가르침을 전하려 하고, 신뢰하는 조수 왓슨에게 다른 모든 합리적인 설명이 배제되고, 남는 하나가, 그게 아무리 사실 같지 않아 보여도, 옳은 것임이 틀림없다고 다시 한번 알려준다.

공정하게 말하자면, 추론에 관한 셜록 홈스의 가르침에는 허점이 하나 있다. 밀실 살인자와 소수의 용의자들을 마주한 상태에서, 이 위대한 탐정은 상대적으로 빠르게 합리적인 해결책들을 제시할 수도 있

　　　　　　　　　　　　　우주적 자아 끌어안기

을 것이다. 하지만 우주는 폐쇄된 방과는 아주 달라서, 지난 100년 동안 증명해왔듯이, 좀 더 새롭고 이색적인 이론들에게 거의 무한한 가능성을 제공한다.

무심론이 설 곳은 없다

인간의 삶이 핵심인 '의식하는 우주'는 단순히 메뉴에 항목 하나를 추가하는 것처럼 간단한 일이 아니다. 의식하는 우주는 경쟁 관계에 있는 여타 이론과 달리, 모든 종류의 '의식이 없는 우주'를 배제한다. 의식이 없는 우주는 실체를 갖고 있지 않으며, 실체가 없기에 우리는 그들의 실체를 상상조차 할 수 없다. 아주 간단하다.

의식이 있다는 것은 임신이나 사망처럼, 그렇거나 그렇지 않거나 둘 중 하나다. 중간은 존재하지 않는다. 우리의 관점에서는, 의식의 중간 상태라는 것은 '뇌는 생각하지 않는다'라는 사실을 입증했을 때 영원히 사라졌다. 물리적인 존재인 인간의 뇌는 마음의 원천이 될 수 없다. 같은 논리로, 물질 우주도 마음의 창조자 자격을 박탈해야 한다. 우주는 인간의 뇌와 비교하면 엄청나게 크지만, 물질 메커니즘을 더 크게 만든다고 해서 더 똑똑해지거나 애당초 사고 능력을 갖추게 할 수는 없다.

주류 과학자들의 충격과 분노와 상관없이, 무언가(원자, 뇌 또는 전체 우주)가 마음과 같은 방식으로 행동할 수 있는 유일한 방식은 마음이 되는 것이다. 하지만, 이 결론에서 탈출하는 방법이 하나 있는데, 소위 18세기 계몽주의의 시계 장치 우주다. 당시의 지적 흐름은 우주가 매일 작동하는 방식에 적극적으로 관여하는 존재로서의 신을 배제하는 것이었다. 하지만 과학자들에 의해 관찰되고 있던 과정들(예를 들어, 원자의 무게에 따라 원소들이 배열된 주기적 순서, 즉 원소주기율표)들은 시스템이 무작위가 아님을 암시한다. 이를 해결하는 방법은 일종의 솔로몬의 판단이었다. 신이 완벽한 정확도로 우주가 움직이도록 설정했지만, 일단 설정하고 나면 자연의 시계 장치가 스스로 계속 작동했고, 신은 천국으로 떠났다.

오늘날의 시각으로 보면 "시계 장치 우주"라는 개념은 고풍스러운 듯하지만, 그것은 과학자들이(아무리 거북했더라도) 우주적 현상의 소중한 구성요소로서 의식을 받아들이며 공존을 시도한 거의 마지막 이론이었다. 그 평화는 잠시뿐이었음이 드러났다. 일단 신이 떠나가면, 우주의 마음이 존재할 가능성을 고려할 필요가 전혀 없기 때문이다. 예외가 있는데, "나는 신의 마음이 어떻게 작동하는지를 알고 싶다. 나머지는 세부사항에 불과하다"라는 아인슈타인의 말처럼 은유적으로 사용된 경우다.

우리의 의도는 창조론자들이 하는 것처럼 신이 정문으로 행진해 들어오게 하려는 것이 아니다. 마찬가지로 수학이 모든 자연 현상에 궁극적인 해답이라고 광고될 때처럼 신을 뒷문으로 몰래 들여놓으려는 게 아니다. 수는 앞서 말했듯이 특별한 천국에 살게 된다. 현실(실체)을 보이지 않는 순수한 영역으로까지 추적한 첫 철학자는 플라톤이었다. 플라톤에게 이 세상의 모든 아름다움이나 진리는, 소위 존재의 동굴벽에 비춰진 저 세상 속의 절대적 아름다움Beauty과 절대 진리Truth의 그림자였다. 오늘날 수학은 완벽한 법칙에 따라 물질적 존재를 정렬하기 위해, 물리적 존재와 동떨어진 플라톤의 영역을 차지하고 있다.

초월적 가치를 나타내는 단어가 되어버린 '플라토닉Platonic'은 신성 divine의 사촌이다(즉, 매우 밀접한 관계다). 수학의 조화를 플라톤적 특성 또는 신의 선물로 부르는 것 간에는 별 차이가 없다. 신을 들어오지 못하게 막거나 또는 불러들이는 문제는 양쪽 같은 문제다. 젖음이 물속에 있지 않거나 달콤함이 설탕 속에 있지 않은 것처럼, 의식은 우주 '속'에 있지 않다. 우리는 "이 물이 거의 맞아. 그저 여기다 약간의 젖음을 더해야만 해" 아니면 "난 이 설탕을 좋아하지만, 어떻게 하면 달콤하게 만들지를 네가 알아낼 수 있다면 훨씬 더 좋을 거야"라고 말하지는 않는다. 같은 방식으로, 의식은 비활성 원자에 뿌리면 원자에 사고 능력이 생기는 마법의 가루가 아니다. 의식은 이미 거기에 있어야만 한다.

마음처럼 행동하는 것은 물질의 특성이 아니라고 여겨져왔다. 사실은 그와 정반대다. 원한다면, 우주의 마음은 물질의 특성을 취할 수 있다. 양자 수준에서 우주의 마음은 파동처럼 행동할지, 입자처럼 행동할지 결정할 수 있다. 그런 선택이 만들어지더라도 우리는 놀라지 말아야 한다. 정의상, 선택은 정신적인 것이다. 우리는 "내 위가 아침에 오트밀을 먹기로 결정했어"라고 말하지 않는다. 우리가 오트밀을 먹을지 말지 결정하는 거지, 우리 몸이 결정하는 게 아니다. 마음과 몸이 연결되기 때문에, 물론 몸도 선택에 참여한다. 하품이 당신에게 자러 가라고 알려줄 수 있는 것처럼, 당신이 출출하면 꼬르륵거리는 위는 당신에게 먹어야 한다고 알려줄 수 있다. 물질적인 측면과 정신적인 측면 모두 참여가 허용된다.

의식을 저버림으로써 주류 과학은 치명적인 결정을 내렸는데, 이를 점점 후회하기 시작했다. 현실 자체가 마음과 우주에 관한 한 무지가 더 이상 타당한 평계가 되지 않음을 요구하는 것으로 보인다. 우주는 한 번의 붓질로 마음 없는 곳이 되지 않았다. 이는 현대 과학의 등장과 함께 만들어진 집단적 결정이었다. 400년에서 200년 전에는, 마음 없는 기계적 우주가 당연한 것이었다. 모두가 학교에서 배우는 아이작 뉴턴과 사과 이야기를 통해 이를 확인할 수 있다. 이 사건은 너무나 친숙해서 어떤 숨겨진 이면이 없는 것처럼 보일 수 있겠지만, 사실은 그렇지 않다. 뉴턴이 동료인 윌리엄 스터클William Stuckle에게 했다는 이야기를 자세히 살펴보자. (참고: 사과는 뉴턴의 머리로 떨어지지 않았다.)

… 우리는 정원 사과나무 그늘 아래서 차를 마셨다. 그와 나 둘이서. 다른 이야기를 나누던 중 그가 나에게 예전에 같은 상황이었을 때 중력이라는 개념이 마음에 떠올랐다고 말했다. 그는 '왜 저 사과는 수직으로 땅에 떨어지지?'라고 스스로 물었다고 했다. 그가 앉아서 깊은 생각에 잠겨 있었을 때 사과 하나가 떨어졌다고 했다. "왜 사과는 옆이나, 위로 가지 않고, 지구의 중심으로 거듭 떨어지는 것일까?" 분명히, 그 이유는 지구가 사과를 끌어당기기 때문이다. 물질에는 끌어당기는 힘이 있음이 확실하다. 그리고 지구의 질량 속에 끌어당기는 힘의 합은 지구의 어떤 측면도 아니라 중심에 있어야만 한다. 따라서 이 사과는 직각으로, 즉 지구 중심을 향해 떨어진다. 물질이 그렇게 물질을 끌어당긴다면, 이건 물질의 양에 비례해야만 한다. 그러므로 지구가 사과를 끌어당기는 것처럼, 이 사과는 지구를 끌어당긴다.

　　　　　　　　　　　　　우주적 자아 끌어안기

이것이 뉴턴의 유명한 일화다. (학자들은 십중팔구 뉴턴이 이 이야기를 꾸며냈다고 여긴다.) 비록 일부 논평가들은 떨어지는 사과를 통한 '아하(깨달음)'의 순간을 믿지는 않지만, 그가 이미 어느 정도 중력에 관해 깊이 생각하고 있던 것으로 추측한다. 어쨌든, 이 일화 속에 숨겨진 이면은 이 일화가 말하는 것이 아니라 이 일화가 말하지 않는 것에 있다. 뉴턴과 사과는 명확하게 적용되지 않는 모든 것을 배제함으로써 진리에 도달한 전형적인 사례다. 예를 들어, 날씨, 땅의 지형, 뉴턴의 건강 상태, 그가 입고 있던 옷 등등과 함께, 사과의 품종은 무시되었다. 우리는 너무나 익숙하게 모든 '비과학적인' 경험들을 배제한다. 이것이 우리의 제2의 천성이라 할 수 있을 정도다. 합리적인 마음이 자연의 메커니즘에 대해 매우 날카롭고 제한적으로 집중할 수 있는 힘을 지녔다는 사실은 축복할 일이다.

현실은 얼핏 포괄적으로 보인다. 사실, 모두를 포함한다. 일상적 경험을 배제하는 것은 자의적인 정신 작용이다. 이렇게 하면 뉴턴의 중력 이론처럼 놀라운 아이디어를 낳을 수도 있지만(지구의 중력이 사과를 끌어당기는 것과 동시에 사과의 중력도 지구를 끌어당긴다는 것을 파악한 그의 통찰을 뛰어났다), 이런 식의 배제로는 현실이 작동하는 진정한 원리를 알 수 없다. 움직이는 부품을 찾기 위해 시계 장치 우주를 분해한 계몽주의 과학자들은 이 문제에 별로 신경쓰지 않았다. 하지만 오늘날 우리는 "불확실한 우주"(양자확률에 의하면, 사과가 옆이나 위로 움직일 수 있는 아주 작은 가능성이 실제로 이 우주 속에 있다) 속에 살고 있으며, 무엇보다 가장 불확실한 것은 우리의 손가락 사이로 빠져나가는 현실이다.

배제주의Exclusionism는 많은 성공을 거두었지만, 인간의 마음은 처음부터 포괄적이다. 레스토랑에서 웨이터가 멋진 음식을 갖다 놓을 때, "잠깐만요. 저는 이 음식을 봐야 할지, 맛을 봐야 할지, 만져야 할지, 냄새 맡아야 할지, 소리를 들어봐야 할지, 먹어야 할지 말지 결정할 수가 없군요"라고 말하는 사람은 없다. 우리는 항상 모든 것을 한번에 경험한다. (그리고 이건 의식적인 마음의 범위 너머에서 일어난다. 최면 상태에 빠지면 어릴 적 살던 집의 다락방으로 이어지는 계단의 수까지 떠오를 정도로 사진처럼 정확하게 기억할 수 있다.) 포용적이 되라는 자연의 메시지를 따르는 것은 일상의 경험에 들어맞는다.

뉴턴 자신은 완전한 배제주의자가 아니었다. 독실한 기독교도인 그는 구약성서 속의 연대기를 문자 그대로 믿었다. 다시 말해, 그는 분리주의자splitter였다. 물리적 세계를 지배하는 자연의 법칙을 따르면서도 영적 세계를 지배하는 신에게 허리를 숙였기에 그렇다. 하지만 현대와 와서 신을 완전히 배제한 후에는, 분리주의자(공식 용어로 이원론자dualist)가 되는 것은 현대적 배제주의로 가는 여정의 중간 단계일 뿐이다. 오늘날 초끈이론이나 다중우주이론에 대해 논하는 것은 얄팍한 수학적 단편을 제외하고 현실의 모든 것을 의도적으로 배제하겠다는 뜻인데, 그 단편도 사실이 아닌 가설에 지나지 않는다. 과정을 뒤집어 포용주의inclusionism를 선택하는 것은 현실을 접근하는 우리의 방식에 지각변동이 일어난다는 것을 암시한다. 현실이 데이터로 쪼개질 때마다, 진실 전체가 진실의 한 조각과 교환된다. 이는 불리한 거래다.

일단 신이 떠나자 이원론은 신뢰를 잃었지만, 이원론자들은 한동안 주변부에서 이를 고수했다. 죽음과 함께 몸을 떠나는 영혼의 무게를 재려는 노력은 19세기까지 계속되었지만 실패했다. 그러나 최근

우주적 자아 끌어안기

에 영혼 연구의 과학적 등가물은, 마음을 물질의 한 특성으로 만드는 범심론panpsychism이라는 개념을 통해 새롭게 인정받고 있다. 우리는 이것이 진전없는 막다른 골목이라고 생각한다. 범심론은 전체론적holistic인데 이는 긍정적이다. 하지만 실제로 어떤 것도 설명하지 못한다. 원자의 마음 같은 행동 때문에 아무것도 할 수 없기 때문이다. (이것은 답이 아니라, 해결해야 문제 자체다.) 회의적으로 보면, 범심론은 물리학이 지금까지 행한 가장 과거 회귀적인 움직임처럼 보인다. 모든 것에 정령이 깃들어 있다는 애니미즘animism 혹은 기타 원시적 믿음으로 되돌아간 것 같다.

그렇다 하더라도, 범심론의 긍정적인 면은 매력적이다. 첫째, 마음을 모든 사물이 나타내는 특성으로 바꾸는 것은 기발한 계책이다. 죽음과 함께 몸을 떠나는 영혼의 무게를 재는 것과는 달리, 특성은 무게나 크기를 잴 필요가 없다. 그리고 오거나 가지도 않는다. 예를 들어, 수컷이나 암컷이 되는 것은 포유류의 한 특성인데, 이는 추출되지 않는다. 각 성별의 무게가 얼마인지 혹은 무슨 색인지를 피를 뽑아 추출할 수 없는 것과 같다. 두 번째로, 범심론은 양자들 간의 기묘한 특이성 대신에 자연스러운 행동으로 우주가 마음을 가진 것 같은 행동을 허용한다. 이것만으로도 이 이론은 충분히 유명해질 수 있다(치명적인 결점 하나를 제외하고). 마음이 물질의 속성이라고 주장한다면, 정확히 그 반대도 가능하다. 즉 물질은 마음의 속성이다. 하나가 다른 하나보다 더 옳다고 말할 수 없다. 특정한 호르몬의 효과가 나타나기 시작하면, 두 사람은 상대방에게 달려가 사랑을 나눌 수도 있다. 마찬가지로 "시간이 좀 남는데, 잠자리를 갖는 게 좋을 거 같아"라는 생각이 호르몬을 분비시킬 수도 있다. 그래서 양자 수준까지 내려오면 우리의 행위는 무엇이 원인이고 무엇이 그 결과인지 불분명해진다. 물질이 마음처럼 행동한다고 말하거나 마음이 물질처럼 행동한다고 말하는 것은 어느 쪽도 옳지 않다. 그렇지 않다면, 우리는 "물의 젖음이 사람들을 수영하고 싶게 만든다"와 같이 이상한 말을 하게 된다. 단순한 속성은 원인이 될 수 없다.

인간의 경험은 우주를 설명할 때 가장 마지막에 배제하려 하는 것이다. 배제가 아닌 포함이라는 단어를 사용할 수는 없을까? 현실은 모두를 포함한다. 여기에는 의심의 여지가 없다. 그리고 인간은 현실이 제공하는 무한한 다양성을 포용할 수 있다. 이는 거의 기적과도 같은 일이다. 발 아래 땅의 질감을 무시하면서 아름다운 황혼을 바라보기로 결정한, 혹은 가구의 생김새에 신경을 완전히 끊고 사랑하는 이의 손길을 탐닉하기로 결정한 전환 메커니즘은 어디에 있는가? 우리는 이런 일들을 자동적으로 해내서 지극히 당연하게 받아들인다. 핵심은 세상을 경험한다는 것이 무엇을 의미하냐는 것이다.

"우리는 선택을 통해 세상을 경험한다." 이것이 답이다. 세상은 주어지는 것이 아니다. 뉴턴의 사과가 슈퍼마켓에서 팔리는 것과 같은 것이라면, 빨갛고 달고 아삭아삭하고 특정 범위의 무게가 나갔을 것이다. 이런 속성 중 어떤 것도 자연에는 존재하지 않는다. 이들은 인간의 마음이 인식하는 것이다. 사과를 볼 때마다 매번 재발명할 필요는 없다. 일단 우리 인식이 사과를 복숭아나 아보카도가 아닌 사과처럼 맛이 나는 것으로 결정했다면, 사과는 우리 정신적인 기초 속에 그런 방식으로 남는다. 앞에서 보았듯이, 현실은 뇌와 뇌의 내재된 한계를 거쳐 걸러진다(이에 대한 아서 코르지브스키의 혁명적인 사고를 상기하라). 하지만 뇌의 불완전함도 단순한 사실을 부인하진 않는다. 즉 우리

우주적 자아 끌어안기

가 인식하는 모든 것은 수백 만년의 진화 과정을 통해 축적한 정신적 창조물이라는 것이다.

사과가 달콤하도록 우리가 선택했다는 말은 이상하게 들린다. 그 일은 아주아주 오래전에 일어났기 때문이다. 일단 달콤함이 우리 지각의 일부가 되면 우리의 미뢰 속에 물질적으로 표현되고, 결국 우리의 유전자에 새겨진다. 달콤함을 좋아하거나 싫어하는 별도의 장치가 우리 뇌 속에 새겨지는 것이다. 하지만 변화는 항상 가능하다. 만약 감기를 앓아 어떤 맛도 느끼지 못할 때면, 사과의 달콤함은 인식(지각)에 따라 완전히 지워질 수 있다. 우리는 의식하는 존재지만, 우주의 모든 것을 인식하는 보편적인 인식자는 아니다. 우리의 두 눈은 칠흑 같은 어둠 속에서는 물체를 볼 수 없다. 만약 인간의 뇌가 초음파 주파수와 적외선을 감지할 수 있다면(이런 특성은 박쥐·상어·파충류 등 자연 곳곳에서 발견된다), 이런 능력들은 우리 뇌 기능에 반영되었을 것이다. 하지만 우리는 우리 감각이 닿지 않는 빛과 소리의 주파수를 감지할 수 있는 도구를 개발함으로써 제한된 능력을 넘어설 수 있다. 이런 의미에서, 우리는 결국 자신을 잠재적인 보편적 인식자로 변화시켰다. 선택권을 가진 존재로서, 우리는 본질적으로 챔피언인 듯하다.

중력, 바위의 단단함, 벽돌로 쌓은 벽의 견고함 등 우리가 선택할 수 없는 것들은 많아 보인다. 논리적으로 몇 가지 구분할 필요가 있다. 우리의 인식perception은 세 가지 유형으로 나뉜다.

우리가 바꿀 수 없는 인식.
우리가 바꿀 수 있는 인식.
때로는 바꿀 수 있고 때로는 그럴 수 없는, 경계에 있는 인식.

현실에는 이 세 가지가 한데 섞여 있다. 만약 입고 있는 셔츠의 색이 마음에 들지 않는다면, 당신은 이를 바꿀 수 있다(변경 가능한 인식). 당신이 벽을 통과할 수 없다면, 이는 변경 불가한 인식에 속한다. 각 범주에 속하는 수백 가지의 예를 계속 들 수도 있다. 삶의 맛은 우리가 바꿀 수 있는 인식들에서 온다. 안정적인 삶은 우리가 바꿀 수 없는 인식에서 온다. 만약 당신이 월요일에는 중력의 법칙을 따르지 않기로 결정할 수 있다면, 당신의 몸이 원자의 안개구름 속으로 사라지는 걸 시작으로, 혼돈의 세상이 일어나게 된다.

하지만 정말로 매력적인 것은 세 번째 범주, 즉 때로는 바꿀 수 있고 때로는 그럴 수 없는 인식이다. 이곳에서는 양자이론이 우리의 자연 참여를 더욱 곤혹스럽고 동시에 유혹적으로 만든다. 이것은 입자와 사람 둘 다 결정을 내릴 수 있는 그림자 지대를 만들었다. 참여하지 않고 수동적으로 있는 것은 더 이상 선택 사항이 아니었다. 모든 인식은 현실에 참여하는 행위다. 당신이 천생연분으로 어떤 사람을 인식한다면, 당신의 행동들은 그 인식 전에는 알려지지 않았던 현실의 영역으로 당신을 이끌게 될 것이다. 우리의 행동은 매일 진화의 최첨단, 즉 마음이 신중함과 호기심 사이에 낀 지점에 존재한다. 가장 명백한 예가 기적이다. 어떤 인간이 한때 물 위를 걸었고, 하룻밤 사이에 암을 치료할 수 있고, 죽은 자들이 살아 있는 자들과 소통한다고 믿고 싶지 않은 사람이 정말 있겠는가? 하지만, 기적에 대한 진짜 논란은 기적이 일어날 수 있는가 없는가가 아니라, 이들이 어떤 범주에 속하는 가다. 기적은 세 번째 범주, 즉 때로는 일어나고 때로는 일어나지 않는 범주에 들어맞을 때만 가능하다. 물론 당신은 완전한 배제(무신론자와 회의론자의 고정된 태도) 또는 완전한 포용(종교적으로 독실한

우주적 자아 끌어안기

이들의 고정된 태도)을 실천할 수 있다.

당신의 태도가 고정되지 않았다면, 당신은 선견지명이 있는 양자이론의 선구자인 볼프강 파울리Wolfgang Pauli의 부류에 속한다. 그는 "이건 제 개인적 의견인데 미래의 과학에서 현실은 '정신적인psychic' 것도 '물질적인physical' 것도 아니라, 둘 다이면서 둘 다가 아닌 무언가가 될 겁니다"라고 말했다. 과학이 피하는 단어, '정신적인'을 사용함으로써 파울리는 어떤 종류의 궁극적인 미스터리를 가리키고 있었다. 우리가 우주라고 부르는 방대한 물질적 메커니즘은 이중 통제를 받는다. 즉 자연의 법칙에 복종하면서 동시에 생각에 복종한다. 이것이 우리가 현재 불확실한 우주에 살고 있는 근본 이유다. 하지만 파울리가 마음과 물질이 혼합된 현실을 '물질과 마음 둘 다이면서 동시에 둘 다가 아닌 것'이라고 예측하면서 한 가지 해결책에 이르는 방향을 보여줬다. 그의 설명은 다소 역설처럼 들린다. 그래서 우리는 왜 파울리가 부정할 수 없는 진실을 단순히 언급만 하는가를 밝히기 위해 이 미스터리를 풀 것이다.

퀄리아: 현실은 드러날 준비가 되어있다

이 논의를 개인적 수준까지 가져가보자. 오로지 마음만 이용해서 우리 자신의 어떤 부분을 실제로 바꿀 수 있을까? 그러려면 우리의 배낭 속에 새로운 용어가 필요하다. 바로 '퀄리아qualia'다. 보통 사람은 들어본 적이 없겠지만 이 개념은 엄청나게 중요하다. 퀄리아를 통해 우리는 인식을 바꿀 수 있다(아닐 수도 있지만). 퀄리아를 통해 우리는 현실을 바꿀 수 있다(아닐 수도 있지만). 퀄리아는 우리가 이를 어떻게 측정하는가보다는 우리가 삶을 어떻게 경험하는가와 관련 있다. 퀄리아는 라틴어로 '질質'을 뜻하는데 양자물리학만큼이나 광범위한 세상을 가리키는 이름표다. 하지만 물질적 대상에서 멀어져 주관적 경험으로 향하는 반대 방향을 가리킨다. 양자가 에너지의 '꾸러미 packet'라면 퀄리아는 존재의 일상적인 속성(빛, 소리, 색, 모양, 감촉)인데, 이 속성들의 혁명적인 의미는 우리가 이미 설명하기 시작했다.

지금 이 순간에도 우리는 세상을 퀄리아로 경험한다. 이것은 오감을 함께 묶어주는 접착제다. 장미의 향기는 퀄리아다(단수와 복수 모두 퀄리아). 꽃잎의 비단결, 색깔과 색조, 실루엣과 주름도 마찬가지다. 정신과 의사이자 신경이론가인 대니얼 시겔Daniel Siegel은 뇌의 지각을 통한 일상적 경험에 기초하여, 개인이 느끼는 현실을 "SIFT[sensation(감각), image(외형), feeling(느낌), thought(생각)]"로 요약했다. 바로 지금 이 순간 당신에게 무슨 일이 일어나고 있든, 당신의 뇌는 감각(덥다, 건조하다, 침대 시트가 부드럽다)이나, 이미지(석양이 눈부시다, 마음의 눈으로 할머니를 본다, 열쇠는 부엌 탁자 위에 있다)나, 느낌(행복하다, 직장을 잃어서 걱정이다, 아이들을 사랑한다), 또는 사고(휴가를 계획하고 있다, 흥미로운 기사를 하나 읽었다, 저녁이 뭔지 궁금하다)를 인식하고 있다.

퀄리아는 어느 곳에나 있다. 이들 없이는 어떤 것도 일어날 수 없다. 이는 당신이 인간의 뇌를 사용하여 현실에 참여한다면, 당신의 세상은 퀄리아로 이루어진다는 것을 의미한다. 우리가 인지하는 것 바깥에 존재하는 현실이 있다면, 그것은 문자 그대로 '상상할 수 없는 것'이다. 당신이 감각할 수 있거나, 상상할 수 있거나, 느낄 수 있거나, 생각할 수 있는 모든 것을 빼버린다면, 아무것도 남지 않는다.

우주적 자아 끌어안기

여기에 한 가지 재미난 사실이 있다. 퀄리아는 주관적이기 때문에, 이들은 현대 과학의 객관성을 곧장 공격한다. 더욱이, 경험은 의미를 갖는 것이기에, 퀄리아는 무작위의 무의미한 자연 모델을 공격한다. 그렇지만 더 많은 것들이 위태롭다.

퀄리아 과학은 주관적 경험만이 믿을 수 있다는 가장 혁명적인 선언을 한다. 언뜻 이 표현은, 특히 과학자에게, 터무니없는 것으로 보인다. 주관성은 믿을 수 없기로 악명이 높다. 식당에서 음식의 모양새가 마음에 들지 않는다고 불평하는 손님처럼 "난 중력이 싫어. 가져가버려"라고 말할 권리가 있는가? 없다. 우리가 보았듯이, 바란다고 해서 뚝딱 바뀔 수 없는 것들이 있다. 하지만 주관성을 믿을 수 없다는 주장은 타당하지 않다. 당신의 기준이 측정일때만 타장한 주장이다. 어떤 사람이 방향을 물었을 때 A라는 사람은 서쪽으로 1킬로미터 가라 하고, B라는 사람은 동쪽으로 2킬로미터 가라고 한다면, 누가 옳은지는 지도가 결정한다.

하지만 측정은 혼란을 유발한다. 아인슈타인은 상대성에 영향을 받지 않는 것은 없다(절대적으로 없다는 뜻이다)는 것과, 상대성은 모두 인식에 관한 것임을 최종적으로 증명했다. 만일 당신이 지구에서 출발한 우주선을 타고 있다면, 당신의 몸은 여러 중력가속도에 노출될 것이다. 우주비행사는 이륙하는 동안 몸이 엄청나게 무거워짐을 느끼는데, 이때 이러한 인식은 현실적이다. 아인슈타인에 따르면, 가속도는 '실제' 중력과 같다. 마찬가지로, 파란색은 인간의 눈처럼 빛에 반응하는 눈 없이는 존재하지 않는다. 만약 지구에 착륙한 화성인이 감탄하며 "지구의 하늘은 속임수grimmick야"라고 말한다고 하자. '속임수'는 우리의 현실 속에서는 색깔이 아니고, 우리는 '속임수'가 색깔인지 아닌지조차 알지 못하기 때문에, 인간은 이 문장이 무엇을 의미하는지 이해할 방법이 없을 것이다.

퀄리아는 현실의 진정한 구성요소다. 우리는 과학적 측정 없이도 전 생애를 살아갈 수 있지만, 과학자는 보기, 듣기, 만지기, 맛보기, 냄새 맡기 없이는 아무것도 할 수 없다. 만약 당신이 데친 양배추의 냄새를 좋아하는데 다른 누군가는 이를 싫어한다고 해보자. 이것은 '주관성은 믿을 수 없다'는 걸 증명한 것이 아니라, 우리가 퀄리아의 놀이터 안에서 무한한 창조적 자유를 누린다는 걸 증명한다.

소위 객관적 측정이란 경험의 실제 흐름에서 따로 떼어낸 스냅숏, 잠깐 들여다본 것일 뿐이다. 이들 짧은 정보들은 참인 동시에 거짓이다. 말 안 듣는 10대 딸을 걱정하는 아버지가 사설탐정을 고용해 그녀를 미행한다고 상상해보자. 한 주가 지나 탐정은 아버지에게 사진 한 묶음을 가져온다. 어떤 사진은 딸이 신발을 신어보는 걸 보여주고, 다른 여러 사진은 술집에서 가짜 신분증을 사용하는 모습, 복도에서 담배를 피우는 모습, 영화관에서 여자친구에게 문자를 보내는 모습을 보여준다. 각각의 사진은 사실이지만, 이 사진들을 종합해서 봐도 느슨하게 연결된 여러 면을 보여준다는 걸 제외하고는 딸의 본질에 대해서는 어떤 것도 잡아내지 못한다. 그다음 주에 또 여러 장이 찍혔는데, 여기에는 병원에 있는 아픈 친구를 방문하고, 동물 보호소에서 자원봉사를 하는 모습이 담겨 있다. 이는 첫 번째 묶음이 제시하는 패턴과 모순된다. 물리학도 이런 사진과 비슷하다. 수천 개의 분리된 관찰을 적절하게 조합해야 한다. 가장 기본적인 관찰은 아원자 입자에 초점을 맞추는데, 몇천 분의 1초 동안만 지속된다.

이와 달리, 퀄리아는 변함없이 계속 연결되어 있다. 만약 당신이 자연의 상세한 부분을 담은 스냅숏들을 끝이 없는 영화로 대체할 수 있다면, 우주는 실제로 인간 신경계의 거울이 된다. 물리학자 프리먼 다이슨Freeman Dyson은 이 결론을 지지한다. "생명은 온갖 악조건들에도 불구하고 우주를 자신의 목적에 맞게 생성하는 데 성공한 것 같다."

부품을 계산할 수 있고 손볼 수 있는 우주적 기계의 가면 뒤에서, 우주는 인간화되고 있다. 사실 우리 자신의 인식을 제외하고 '저기 바깥'에 있는 어느 것도 경험될 수 없기에, 우주는 존재할 수 있는 다른 방식이 없다. 우리는 물리학자 데이비드 봄이 개척한 자취를 따라가고 있다. "어떤 의미에서 인간은 우주의 축소판이다. 따라서 인간의 본질이 우주에 대한 단서가 된다.

하지만…

곤경에 빠진 물리학자들의 방어 전술은 세련되지 않다. 퀄리아의 신뢰도를 떨어뜨리기 위해 다음과 같은 예들이 자주 사용된다. "당신의 형이상학은 잊어라. 현실은 주어진 것이다(우리의 인식에 관계없이 존재한다). 당신이 버스에 치이면, 당신의 모든 이론은 쓸모없는 것이 된다. 당신은 다른 사람들처럼 그렇게 죽을 것이다." 버스에 부딪히면 목숨을 잃는다는 것은 상식이다. 승용차, 기차, 또는 벽돌벽도 마찬가지다. 하지만 모든 물질이 99.9999퍼센트 이상 빈 공간이라는 점을 고려했을 때, 물질주의자는 버스, 기차, 또는 벽돌벽이 왜 처음부터 딱딱한지를 설명하지 못한다. 딱딱함은 전자가 전하들의 반발로 인해 일어난다는 전형적인 답은 자당sucrose의 화학식을 이리저리 만지면서 왜 설탕이 달콤한지를 설명하는 것과 같다.

둘째, 퀄리아는 자유롭게 떠돌거나 임시적이지 않다. 물의 젖음과 벽돌벽의 단단함과 같은 몇몇 퀄리아는 고정되어 변하지 않는다. 이들은 자당의 화학식만큼이나 실재하는 구조를 형성한다. 큰 장점은 자당의 화학식은 단지 경험의 지도일 뿐, 그래서 당신은 그 지도에서 실제 삶으로 갈 수 없지만, 달콤함은 실제 경험이라는 것이다.

의식하는 우주는 변화, 불변, 그리고 잠재적 변화의 상태를 받아들인다. 이것은 우주가 완전히 인간화되었다고 느껴지는 또 다른 이유이자 가장 중요한 이유 중 하나다. 우리는 바꿀 수 있는 인식, 바꿀 수 없는 인식, 그리고 때로는 바꿀 수 있으나 때로는 바꿀 수 없는 인식들이 있다는 것을 입증했다. 이 인식들은 퀄리아로 된 구성 요소들로 만들어진 세상이다. 달리는 버스에 인간의 몸이 으스러진다는 사실은 바꿀 수 없는 설정에 속한다. 그러나 그 설정이 애당초 어떻게 만들어졌는지에 대해서는 아무것도 말해주지 않는다.

만약 우리가 그 설정이 어떻게 만들어졌는지를 안다면(그리고 여전히 지금도 만들어지고 있다면), 우리는 현실이 어떻게 진화하고 있는지 그 비밀을 열 수 있을 것이다. 동굴에서 살던 우리의 조상들은 아인슈타인이나 모차르트의 대뇌피질과 차이가 거의 없는 고등한 뇌(대뇌피질)를 이미 진화시켰다. 하지만 수렵·채집 사회에는 아인슈타인과 모차르트가 필요하지 않았다. 어떤 생존 목적도 이들에 의해서 충족되지는 않았을 것이다. 대신, 미스터리로 남아 있는 이유로 인해, 우주의 마음은 뇌라는 도구가 무한히 적응할 수 있는 능력을 갖추도록 만들었다. 초기 호모 사피엔스가 돌화살촉을 만드는 기술에 그리고 동물의 힘줄로 짐승의 가죽을 꿰매는 기술에 전념하는 동안, 고등한 뇌는

　　　　　　　　　　　　　우주적 자아 끌어안기

모차르트 소나타와 양자역학을 위한 미래를 이미 준비했다.

그러니 우리 자신의 뇌가 천 년이나 만 년 후를 대비해 미리 무언가를 준비했는지 누가 알겠는가? 이런 식으로 진화가 다음 지평선 너머를 볼 수 있다는 게 상당히 경이롭다. 침팬지와 같은 다른 고등 영장류 또한 원시적인 도구를 만들었으나, 이들이 그 과정의 어딘가에서 진화의 벽에 부딪혔다는 데는 의심의 여지가 없다. 현재 침팬지의 능력은 매우 제한적이다. 우리는 그렇지 않다. 인간 역사는 형언할 수 없는 전쟁과 폭력의 공포로 가득하지만, 우리의 뇌는 불교 명상, 퀘이커교도의 평화주의, 신비로운 황홀감을 위해서도 준비되어 있다.

간단히 말해서, 인간적인 우주는 우리가 물질적 세상에 사로잡히고 세상의 규칙에 갇혀 있다고 느끼는 곳이다. 우리의 현재 능력 너머를 어떻게 보느냐에 따라 결정된다. 강력한 진화의 힘은 인간의 피질을 믿을 수 없는 속도로 비할 데 없이 높은 수준으로 끌어올렸다. 고등한 뇌의 진화는 3만~4만 년 사이에 이루어졌다. 이는 진화의 시간에서 아주 짧은 순간이다. 진화의 해일이 어디로 향하는지를 알아내려면, 지금까지 다른 어떤 생명체와도 공유되지 않은 것으로 알려진 가장 놀라운 인간의 속성들 중 하나만 탐구하면 된다. 자신이 알아차리고 있다는 것을 우리는 알아차린다. 다음 지평선은 우리 내부에 있다는 게 밝혀졌고, 만약 우리가 진화 과정 중에 다시 한번 도약을 하고 싶다면, 유일한 지도는 우리 자신의 의식 속에 우리가 우리 자신에 대해 만드는 지도다.

11

당신은 정말로
어디에서 왔는가?

˅

당신의 신경계는 시스템 자체적으로 우주의 마음과 연결되어 있다. 당신은 빛을 보고 소리를 들을 운명을 타고났다. 이 능력들은 당신의 신경계에서 비롯된 것이다. 음악이 고막을 진동시키고, 불꽃이 망막을 자극하면, 뇌의 특정 부분이 밝아질 것이다. 하지만 우주의 마음은 뇌 속의 특정한 장소를 차지하지 않는다. 어떻게 우리는 우주와의 연결이 실재한다거나, 우리를 위해 뭔가를 한다는 걸 아는가? 회의론자는 수많은 사람들이 비참함, 가난, 폭력 속에서 살아간다고 지적할지도 모른다. 심지어 가장 운이 좋은 사람도 살아가는 도중에 사고와 재난을 겪게 된다. 회의론자는 질문할 것이다, 만약 일상생활의 어려움을 완화시켜줄 수 없다면, 소위 우주와의 연결이 지구에서 무슨 소용이 있는가?

이에 답하려면 개인의 마음과 우주의 마음이 어떻게 설정되어 있는지 깊이 들여다봐야 한다. 우리는 변할 수 있는 것과 변할 수 없는 것, 그리고 변할 수도 있고 변하지 않을 수도 있는 제3의 범주가 존재한다고 언급했다. 중세 기독교 유럽과 같은 운명론적 사회에서는 신이 너무나 강력한 힘을 발휘하여 개인은 삶 속에서 자신의 운명을 개선할 여지가 없다고 생각했다. 이와 대조적으로 현시대는 열망으로 가득 차 있다. 사람들은 자기 계발뿐만 아니라, 전체적인 변화를 추구한다. 이는 '의식하는 우주'라는 개념이 지금 강하게 자리 잡고 있는 이유다. 그런 우주는 개인의 의식 확장을 촉진하기 위해 만들어져 있다. 그것 하나만으로도 우리는 변화에 대해 그리고 어떻게 그 변화를 이뤄낼 것인가에 대해 이야기할 수 있다.

자신에게 익숙한 세상(가족·친구·일·정치·여가 등으로 이뤄진 세상)을 자체적으로 폐쇄된 시스템으로 생각해보라. 이 시스템 속 부품들이 잘 들어맞고 잘 돌아가서, 이 상자 바깥에 더 큰 현실이 있다는 어떤 암시도 주지 않는다. 당신이 이 더 큰 현실을 알아차리지 못하면, 당신은 그 세상에서 허용된 것을 넘어서는 변화 가능성을 상상하지 못한다. 당신은 당신이 알아차리지 못하는 것을 바꿀 수 없다. 그러므로, 의식하는 우주는 당신의 일상생활에 어떤 영향도 주지 않기에, 존재하지 않는 것일 수도 있다. 누군가가 당신에게 당신은 당신 삶의 매 순간 우주의 마음과 연결되어 있다고 말한다면, 회의론적인 태도가 정상적이고 자연스러운 반응이 될 것이다.

이제 반대 극단, 세상사에서 완전히 분리(초탈)된 존재를 생각해보자. 완전한 분리에 도달한 사람(말하자면 요가 수행자나 선불교 승려)은 사건들이 어떻게 진행되는지에 대해 감정적으로 구속되지 않는다. 선과 악, 고통과 즐거움은 좋거나 즐거운 건 많기를, 나쁘거나 고통스러운 건 적기를 바라는 반응을 더는 일으키지 않는다. 인간의 신경계는 무한히 유연하여, 그럴 마음이 있다면, 우리 중 누구라도 그 순수하고 평화로운 정체 상태와 함께, 그런 존재를 받아들일 수 있다. 우리는 어떤 시스템에 대해서도 자유로워질 수 있지만, 대가를 치러야 한다. 어떤 것에도 집착하지 않으면 변화는 무의미하다(얻거나 잃는 게 매한가지다). 따라서 일반인이 열정적으로 추구하는 것 대부분을 내려놓을 것이다. 영적으로 들릴 수도 있겠지만, 세상을 버린다는 것은 철저하게 세속적인 삶을 사는 것만큼이나 우주의 마음과 단절될 수 있다.

이는 변하는 것도 있고 변하지 않는 것도 있다는 제3의 선택만을 남긴다. 이것을 '진화적 선택'이라 부를 수 있다. 왜냐면 당신의 삶은 더 많은 알아차림을 추구하도록 그리고 사랑·진리·아름다움·창조성을 통해 알아차림(의식)의 열매를 즐기도록 되어 있기 때문이다. 하지만 동시에 당신은 모든 존재 아래 놓여 있는 평화스러운, 치우치지 않는 무집착을 받아들인다. 우주의 마음과의 연결을 충분히 활용하는 이 세 번째 선택(불변 속의 변화)이 우리가 선호하는 것이다. 한쪽에는 거대한 역동과 변화가 있고, 다른 한쪽에는 모든 창조가 발생하는 고요한 원천, 즉 순수 의식의 현실이 있다.

일단 어떤 선택지가 있는지 파악되면, '객관적'이라거나 '직관적'이라는 용어는 더는 적용될 수 없다. 외적인 삶과 내적인 삶이 하나로 움직인다. 일상적인 활동은 여전히 개인적이지만(잠에서 깨어 차를 타고 일터로 가는 구체적인 행위), 현실을 만드는 의식은 우주적이다. 이것이 매우 흥미롭게 들리기는 하지만, 우리는 우주의 마음과의 연결이 실제이고, 작동하며, 그런 연결 없이 사는 삶보다 낫다는 것을 여전

우주적 자아 끌어안기

히 증명해야만 한다. 당신이 단순히 어머니의 자궁이 아니라 순수 의식의 영역에서 왔다면, 그것을 이해함으로써 많은 사람들이 그토록 찾고자 갈망하는 종류의 진정한 변화true transformation를 일으킬 수 있다.

내 마음인가 우주의 마음인가?

추상적 개념은 항상 위험하다. 심지어 지금 이 책의 후반부에 접어들었는데도, '우주의 마음'은 너무나 추상적인 개념이어서 실제적이거나 실용적이지 않은 것처럼 보일 수 있다. 당신이 휴가를 계획하고 있는데 산과 바다 사이에서 결정을 내리지 못한다고 해보자. 호텔을 조사한 끝에, 마이애미 바닷가에 있는 어느 괜찮은 호텔을 발견하고, 그쪽으로 마음이 기운다. 이제, 이 전체 과정이 우주의 마음에서 일어난 것인가? 우리는 "내 마음을 정했어"라든지 "내 마음의 눈으로 이걸 볼 수 있어" 같은 말을 하곤 한다. 이 말은 각 개인이 자신만의 마음을 가지고 있기에, 이건 "내" 휴가고, 호텔을 "내가" 검색하고, 바다로 가는 것을 "내가" 결정했음을 암시한다.

하지만 현실을 우리와 분리된 '저기 바깥'에 존재한다고 여기는 것은 매우 큰 착각이다. 이원론자에게, "내" 마음은 우주의 마음과 다르다. 우선 내 마음은 훨씬 작으며, 그나마도 내가 태어난 뒤 겪은 경험에만 국한된다. 하지만 우리가 분리되어 있다는 착각을 포기하면, 이것이나 저것을 선택할 필요가 없다. 마음은 개인적인 것 같지만, 동시에 우주적이다. 당신이 양자진공에서 깜박거리며 들락날락거리는 한 개의 전자라고 상상해보자. 하나의 입자로서 당신은 자신을 "나" 혹은 하나의 개별체인 것처럼 느낀다. 하지만 실제로 당신은 양자장의 활동이며, 입자가 아니라 파동으로서의 당신은 어디에나 존재한다. 일상에서 우리는 개인으로 느껴지는 데 익숙하다. 다른 수준에서는 각 개인이 우주의 활동임을 간과한다. 전자에게 진실인 것은 전자로 (그리고 다른 기본 입자들로) 만들어진 인간 몸 같은 구조물에게도 진실이다.

당신이 당신의 전인적 자아holistic self를 무시한 채 고립 속에서 산다면, 삶은 미리 썰어져 있는 빵과 비슷해진다. 나누고 더 나누려는 충동으로 인해, 과학은 '객관성과 주관성은 전적으로 다르며, 객관성이 우위에 있다'라는 잘못된 주장을 하게 되었다. 하지만 양자 시대는 이 깔끔한 구분선을 폐기했고, 현실은 새로운 방향으로 나아가기 시작했다(우리가 이전 장에서 다룬 바로 그 내용이다).

구분되거나 분리되지 않은 전체로서의 현실을 직접 볼 수는 없을까? 이는 영적인 탐구처럼 들린다. 이전 시기에는 신과의 합일 또는 아트만atman(참나) 또는 사토리satori(깨달음)이라고 불렀을 것이다. 분리 너머에 도달하는 것은 영과 소통하고자 하는 그리고 동시에 이 세상의 고통에서 벗어나고자 하는 바람에서 비롯되었다. 이제 그 충동은 다르다. 더 높은 의식에 훨씬 더 집중하고 자신의 잠재력을 성취하려 한다. 하지만, 새로운 동기를 발견하는 것은 우리가 어디에서 왔는가를 이해하려 하는 것만큼이나 중요하다. 특정한 앎만이 '우주의 마음이 우리의 원천'이라는 것을 확신시킬 수 있기 때문이다. 일단 우리가 그것을 확신하게 되면, 영원이라는 측면에서 탄생과 죽음은 이전과 매우 다르게 보인다.

우주적 자아 끌어안기

현실을 깔끔하게 다룰 수 있는 조각으로 잘게 자르는 습관은 포기하기가 힘들다. 대체로 전체론적 접근은 문자 그대로 불가능하기 때문이다. 적어도 일상의 경험은 이를 의미하는 것 같다. 당신은 세포·조직·기관이 아닌 전체 몸을 어떻게 바라보는가? 당신은 공간·시간·물질·에너지 너머의 우주를 어떻게 바라보는가? 온전한 인간이 되는 어려움을 과장해서는 안 된다. 일상을 살아갈 때 몸은 세포·조직·기관으로 경험되지 않는다. 오히려, 다른 여러 상태로 경험된다. 깨어 있다는 것은 꿈을 꾸거나 잠을 자는 것과는 다른 상태다. 아프다는 것은 기분이 좋은 것과는 다른 상태다. 우리가 봤듯이, 양자역학도 비슷한 방식으로 작동한다. 파동은 입자와 다른 상태다.

마찬가지로, 우리는 사고 습관 때문에 마음과 물질이 서로 매우 다르다고 여기지만, 실제로 마음과 물질은 같은 것(의식의 장the field of consciousness)의 다른 상태들이다. 정신적 사건들이 하나의 끊이지 않는 움직임 속에서 화학물질을 만들어내는 뇌를 자세히 살펴보자. 당신은 상태들이 한 상태에서 다른 상태로 바뀌는 것을 따라갈 수 있다. 그러므로, 만약 자동차를 타고 가다 사고가 날 뻔해 매우 놀랐다면, 그 정신적 사건은 아드레날린 분자로 나타나고, 이는 다시 입이 마르고, 심장이 뛰고, 근육이 긴장하는 것과 같은 물질적 변화로 나타난다. 이런 변화를 알아차릴 때, 우리는 마음의 영역으로 돌아간다. 이처럼 온갖 종류의 신호들이 물리적인 것에서 정신적인 것으로, 명확한 종점이 없는 탈바꿈의 여행을 한다. 생명은 탈바꿈 그 자체다.

우리 몸에서 일어나는 일들은 우주에서도 일어나고 있는데, 모든 사건은 의식이 마음이나 물질 둘 중 하나로 변하는 끊임없는 탈바꿈이다. 하지만 이런 언급은 우리가 의식이 무엇인지를 알 때까지는 아무엇도 설명하지 못한다. 만약 "내" 마음, "내" 몸, 우주 공간 속 수십억 개의 은하, 그리고 우주의 마음이 의식의 여러 상태로 모두 축소될 수 있다면, 의식이 실제로 무엇인지 단번에 해결해야 한다. 그렇지 않으면, 우리는 명백히 다른데도 분필과 치즈가 같다고 우기는 꼴이 된다.

무엇보다 먼저, 의식은 여러 상태일 수 있다. 그래서 사실 하나임에도 불구하고 하나인 것처럼 보이지 않는다. 만약 당신이 자메이카의 바닷가를 꿈꾸고 있다면, 당신은 다섯 감각 모두가 동원되는 소위 자각몽lucid dream을 꾸고 있는 것일 수 있다. 당신은 발아래 따뜻한 모래를 느낄 수 있고 바람에 실려온 열대 꽃들의 향기를 맡을 수 있다. 하지만 꿈에서 깨어나는 순간, 당신은 당신이 그저 어떤 특별한 상태에 있었다는 걸 알게 된다.

당신이 어떤 상태에 있는지를 아는 것이 온전함wholeness에 이르는 열쇠다. 두 명의 스포츠카 운전자를 상상해보자. 한 운전자의 차는 기어가 5단이고, 그는 기어를 바꾸는 데 능숙하다. 두 번째 운전자는 기어가 하나인 차를 다섯 대 가지고 있다. 그에게 차를 운전하는 것은 전체적이거나 통합적인 것이 아니다. 운전은 그가 선택한 차에 따라 달라지고 각각의 차는 하나의 기어로만 움직이기 때문이다.

모든 기어(공간·시간·물질·에너지·전하·자기장 등과 같은 물리적 속성들)가 서로 변환 가능한 우주 속에서 우리의 길을 찾아내는 게 우리의 과제다. 만약 모든 것을 포용하는 관점을 지닌 주관자가 없었다면, 모든 것이 양자 수프 속으로 녹아 들어갈 수도 있었는데, 우주의 마음이 바로 그런 주관자의 역할을 한다. 시간, 공간, 물질, 그리고 에너지는 같은 기어박스에서 관리되는데, 어떤 상태에 있을지는 운전자(의식)가 선택한다. 현실은 하나의 근원에서 나오는 여러 상호 변환 가능한

우주적 자아 끌어안기

상태들로 이루어진다. 그 근원은 바로 의식이다.

우주에 퇴거를 통보하다

우리가 살아 있는 우주 속에 존재한다는 생각은 매혹적이다. 우주에 마음이 있다면, 당연히 우주는 살아 있어야 한다. 하지만 당신이 이를 의식 있는 우주라고 부르든, 살아 있는 우주, 아니면 (우리가 했던 것처럼) 인간적인 우주라고 부르든, 문제는 발생한다. 그중 한 가지는 실용적인 문제다. 당신은 의식하는 우주 속에서 어떻게 사는가? 식료품을 사고, 생일 파티에 가고, 냉장고 주변에서 잡담하는 게 달라지겠는가? 대답은 "그렇다"이다. 의식하는 우주는 지금 우리가 살고 있는 불확실한 우주에서 완전히 탈바꿈되었고, 이 탈바꿈은 너무나 깊어 모든 행위에 의문을 품게 한다. 가장 예리하고 재능 있는 퀄리아 이론가인 피터 윌버그Peter Wilberg가 설명한 대로, 우리는 눈이 있어서 보는 것이 아니다. 눈은 무언가를 보려는 마음의 욕망을 충족시키기 위해 진화한 신체 기관이다. 마음이 먼저 온다. 마음은 감각, 이미지, 느낌, 마음속 생각과 함께, 오감을 포용하는 퀄리아를 통해 현실을 경험하려 한다.

　모든 성인, 현자, 그리고 신비주자들이 약속했던 영적 재탄생은 새로운 우주를 의미하는 새로운 현실에 달려 있다. 아니 오히려, 이미 거기 있는 우주를 바라보는 새로운 방식에 달려 있다. 새로운 출발에 대한 이런 꿈들은 엄청난 장애물을 만나게 되는데, 이것이 우리가 현실을 전체로 접근할 때 직면하게 되는 두 번째 문제다. 한정된 마음은 이런 일을 할 수가 없다. 새로운 출발에 이르는 길을 상상할 수도 없다. 어떻게 탈바꿈이 될지 느끼거나 보거나 만질 수도 없다. 불확실성의 우주와 이를 창조한 마음 간의 연결은 강철만큼이나 강하다. 다시 말해서, 만약 마음이 그 자신의 인식 속에 갇힌다면, 어떻게 같은 마음이 자유로워질 수 있겠는가? 뱀이 자신의 꼬리를 무는 곤경을 또다시 맞이한 것 같다.

여기서는 새로운 용어, 일원론monism이 사용될 것이다. 하나, 홀로, 또는 유일함을 의미하는 그리스어 monos에서 유래한 표현인 일원론은 이원론을 대체한다. 현실의 기본적 속성은 분리가 아니라 하나됨oneness이다. 어떤 형태의 일원론에서는 존재하는 모든 것이 신의 몸의 일부다. 다른 형태의 일원론은 우주가 단지 하나의 물질substance로 만들어졌다고 본다. 모든 것의 기원을 하나의 물질적 근원에서 찾을 수 있다고 믿는 물질주의자는 한 학파의 일원론을 지지한다. 아인슈타인이 추구한 통일장은 과학의 성배라고 할 수 있는데, 일원론이다. 모든 것은 마음으로 만들어졌다고 믿는 학파는 유심론idealism으로 불리곤 했지만, 이 용어는 너무나 권위가 떨어져 우리는 의식consciousness이란 용어를 대신 사용할 것이다.

당신이 어떤 일원론자인지, 즉 물리주의자인지 또는 의식주의자인지(앞에서는 이것을 '물질 우선'과 '정신 우선'이라고 불렀다)를 선언할 때까지 다음 대통령 선거에서 투표권을 박탈당한다고 상상해보자. 당신은 어떻게 선택할 것인가? 모든 사람의 마음은 조건화되어 있고, 과거에 내린 모든 선택으로 인해 부담을 느끼고 있으며, 이러한 과거의 선택은 유아기의 처음 몇 시간으로 거슬러 올라가면 자기 중심적인 것으로 판명된다. 아이들의 발달에는 "나는 나여야만 해", 즉 독립된 개인이 되어야 한다는 충동이 있다. 그러나 이 충동을 우주에 투사하면 이원론이 날뛰게 된다. 이러면 '분리된 자아'를 자연의 법칙인 양 받아들이게 되는데, 실상은 그렇지 않다.

일생생활에서, 이원론은 누구나 익숙한 범주에 속한다.

> 당신이 좋아하는 것 대 당신이 싫어하는 것
> 즐거움을 주는 것 대 고통을 주는 것
> 당신이 하고 싶은 것 대 당신이 하고 싶지 않은 것
> 당신이 좋아하는 사람 대 당신이 싫어하는 사람

짧게 말해서, 반대 성질들로 이루어진 이것 아니면 저것인 세상이다. 이전의 반대는 이후다, 가까운 것의 반대는 먼 것이다, 여기의 반대는 저기다. 하지만 이런 반대 쌍들은 사실 실제로 존재하지 않는다. 이들은 마음이 만든 것이다. 그래서 당신이 진짜를 얻으려면, 마음이 만든 모든 것들은 반드시 폐기되어야만 한다. 가장 세속적인 수준에서 당신이 사람들을 피부색으로 판단한다면, 피부색이란 개념이 더 이상 당신에게 영향을 줄 수 없을 때까지는 사람들을 제대로 알 수 없다. 이원론이 빚어낸 이런 증상 하나를 치료하는 데에도 수십 년이 걸릴 수 있다. 이원론을 완벽히 던져버리는 게 얼마나 힘든지는 짐작만 가능할 뿐이다. 이 과정은 개인의 가치관을 훨씬 넘어선다. 본질적으로 이것은 우주에 퇴출을 명령하는 것이다. 아원자 입자에는 어떤 고정된 속성도 없으며, 입자들로 만들어진 것들도 마찬가지다. 이것을 진지하게 받아들이면, 모든 물질 대상은 쿼크에서 은하까지 퇴출되어야만 한다.

물체는 공간 없이는 존재할 수 없다. 그래서 물체가 쫓겨날 때 공간도 길을 나서야 하고, 아인슈타인에 의하면 공간은 시간과 상대적인 관계 속에 있으니, 시간도 얼쩡거릴 수 없다. 현 상태의 물리학은, 적어도 일부에서는, 여기까지 진전을 이루었다. 물질, 에너지, 기타 물리량, 시간, 공간에서 절대적으로 고정된 실재성을 박탈한 이 관점은 약한 이원론이라고 부를 수 있다. 왜냐면 물질 우주를 물러가게 한 정도의 성과는 거두었지만 아직 전체성에 도달하지 못했기 때문이다. 물질 우주가 줄곧 마음으로 만들어졌다는 생각이 들면, 마음 자체에 대한 믿음이 약해질 수도 있다. 몇몇 과학자들은 퀄리아를 생성하는 마음의 능력을 검토한 뒤, 어떤 것도 의미가 없으며, 우주 전체가 무의미하다는 잘못된 결론을 내린다.

하지만 이러한 자신감 상실은 생산적일 수 있다. 이것이 전체에 이르는 여정의 다음 단계에 동기를 부여한다면 말이다. 자신이 만든 환상에 대한 믿음을 멈추려면, 제한된 마음 또한 퇴거 통지를 받아야 한다. 이번에는 마음 스스로 나가야 한다. 그렇게 해야만 우주의 마음이 대신 들어올 수 있다. 이건 심장병 전문의가 자신에게 심장 이식을 하는 것과 같다. 단지 더 까다로울 뿐이다. 뛰어난 영적 교사인 루퍼트 스피라Rupert Spira는 이것을 "어떤 것들은 정신적 사건이 아니라는 것을 받아들이는 것"이라고 불렀다. 죽음이 하나의 예다. 스피라는 농담 삼아 "마음은 죽음에서 살아남아, 죽음의 경험이 어땠는지 말하고 싶어 한다"라고 말했다.

본질상 마음은 활동이 아닌 다른 무언가다. 호수가 근본적으로 수면을 가로지르는 물결이 아닌 것처럼, 마음은 생각하기, 느끼기, 감지하기, 또는 상상하기라는 활동이 아니다. 호수는 잔잔한 물이고, 마음

우주적 자아 끌어안기

은 물결이 일지 않는 알아차림(의식)이다. 이것은 오고 가는 모든 것의 변하지 않는 배경이다. 더 이상 매달릴 어떤 정신적 사건도 없지만, 시간이 지나도 한결같고 조용한 마음은 집처럼 된다. 당신이 진정으로 속해 있는, 쉬는 곳이 된다. 좋은 소식은 정신적 사건이 없다고 마음이 죽는 것은 아니라는 것이다. 오히려, 줄곧 요구되었던 것을 정확하게 한다. 즉 상태를 바꾼다. 이 경우, 그 변화는 끊임없는 생각, 소망, 두려움, 욕망, 기억(분리의 경험)에서 단순히 의식하고 알아차리고 깨어 있는(즉 전체의 경험) 상태로의 변화다. 이 변환을 만드는 선택은 우리가 내린다. 무한하게 유연하기 때문에, 현실은 분리의 경험을 전적으로 믿을 만한 것으로, 그리고 전체성의 경험 또한 전적으로 믿을 만한 것으로 허용한다. 하지만 이 두 상태는 분명히 다르게 느껴진다. 여기에 분리가 어떻게 경험되는지를 보여주는 몇 가지 예가 있다.

분리는 어떤 느낌인가

당신은 자신을 분리된 개인으로 본다.

당신은 에고의 요구에 귀를 기울이고 다른 사람보다 '나, 나를, 나의 것'을 앞에 놓는다.

당신은 강력한 자연의 힘 앞에서 무기력하다.

생존의 기본은 일, 투쟁, 걱정을 요구한다.

당신은 고독의 문제를 해결하기 위해 다른 사람과 함께하기를 애타게 바란다.

즐거움과 고통의 계속되는 순환을 피할 수는 없다.

우울·불안·적대·시기와 같이 당신의 통제를 벗어난 정신상태에 시달리는 자신을 발견할 수도 있다.

외부 세계는 내면의 세계를 지배한다(힘든 현실은 피할 수 없다).

당신이 다른 사람들에게 그들도 당신과 마찬가지로 분리 상태에 있는지를 물으면, 그들도 그렇다는 게 드러난다. 모두가 같은 곤경에 처해 있음이 현실로 받아들여진다. 이 목록이 흥미로운 것은 수많은 비참함을 담고 있기 때문이 아니다. 흥미로운 것은 목록에 있는 모든 것과 우주의 행위 간의 연결 속에 있다. 여러 양자이론 선구자들이 지적한 대로, 우주는 실험자가 찾는 것이 무엇이든 그것을 보여준다.

이와 대조적으로, 분리라는 환상이 사라진 후에 드는 느낌은 다음과 같다.

진짜라는 것은 어떤 느낌인가

당신은 우주 안에 있지 않다. 우주가 당신 안에 있다.

'안에 여기'와 '바깥 저기'는 서로에 대한 거울상이다.

의식은 계속 이어지고 모든 것 속에 있다. 이것이 유일한 현실이다.

우주 속에 분리된 모든 활동은 사실 하나의 활동이다.

현실은 단지 섬세하게 조정된 게 아니라 완벽하게 조정된 것이다.

당신의 목적은 당신을 우주의 창조성에 맞추는 것이다.

하고 싶다고 느껴지는 일이 당신이 할 수 있는 최선의 것이다.

존재는 자유, 개방성, 그리고 장애 없음을 느낀다.

우주적 자아 끌어안기

마음과 에고는 여전히 존재하지만, 이들은 아주 많이 쉰다.

당신이 진정 누구인지를 알기에, 당신은 알려지지 않은 가능성을 탐구하기 시작한다.

아마도 첫째 사항, "우주가 당신 안에 있다"라는 선언이 가장 혼란스러워 보인다. 이는 물리적 사실을 선언하는 것인데, 수십억 개 은하는 분명 인간 존재 안에 넣을 수 없다. 터무니 없는 말이다. 은하들이 어디에 있을 수 있단 말인가? 두개골 안에? 분명 아니다. 하지만 "우주가 당신 안에 있다"라는 말은 여정의 끝에 결국 등장한다. 그저 동떨어진 생각이 아니다. 지금까지 오면서 우리는 모든 경험이 퀄리아(다른 말로, 색깔, 맛 그리고 소리 같은 특성)로 일어난다는 것을 보았다. 퀄리아는 의식 속에서 일어나기 때문에, 물질적 차원의 제약을 받지 않는다. 누구도 "파란색이 당신에게보다는 내게 훨씬 더 커"라거나 "나는 로스앤젤레스에 자주 가니까 내 어휘를 거기에 있는 물품 보관함에다 넣어놨어"라고 자랑할 수는 없다.

퀄리아는 차원이 없기 때문에(작거나 크지 않고, 빠르거나 느리지 않다), 우리가 정신적 공간을 말할 때, 감기 바이러스도 수십억 은하가 차지하는 것과 같은 '공간'을 점유할 수 있다. 파란색은 의식 속이 아니고는 고유한 공간이 없다. 당신은 파란색을 떠올리거나 그대로 놔둘 수 있다. 어휘도 마찬가지다. 당신은 나머지 어휘를 정신적인 공간 속에 놔둔 채 '기린'이라는 단어만 불러낼 수 있다. 이러한 정신적 공간은 어느 곳에나 있지만 어떤 곳에도 없다. 뇌는 퀄리아로 만들어져 있다. 뇌의 질감은 뻣뻣한 오트밀 같고, 아주 작은 호수들이 들어 있고, 다양한 분비물을 내뿜는다. 이 모든 퀄리아는 또한 감기 바이러스나 10억 개의 우주와 같은 '공간'을 점유한다. 이들도 모두 의식 안에 있다. 우리가 보통 '바깥 공간'이라고 말하는 것은 그저 또 다른 퀄리아일 뿐이다. 당신은 "이것 보세요. 제 뇌는 제 두개골 안에 있고요, 이 사실은 피할 수 없어요"라고 항의할 수도 있다. 하지만 사랑하는 이의 얼굴을 상상해보라. 뇌는 이미지를 만들어낸다. 그런데 이 이미지는 뇌 조직 안에 없다(당신이 아무리 열심히 찾더라도, 뇌 속에서는 어떤 이미지도 발견할 수 없다).

그래서 뇌가 한 가지 기능을 한다는 것은 반드시 사실이어야만 한다. 즉 모든 개념, 경험, 기억, 이미지, 모든 퀄리아가 있는 곳인 정신적 '공간'에 접근하게 해주는 것이다. 라디오가 수많은 곡과 연주를 들려주지만, 누구도 라디오 안에 숨어 있는 수많은 음악가를 보기 위해 라디오를 해체하지 않는다. 하지만 신경과학자들은 이와 같은 일을 멈추기가 어려운 듯하다. 이들은 뇌가 의식이 사는 곳이 되기를 원한다. 그러나 실제로 뇌는 의식이 사는 곳으로 향하는 출입구doorway 일 뿐이다. 의식에 왜 그런 출입구가 필요했을까? 버스에 치이면 다치거나 심지어 죽는 것과 같은 이유다. 의식은 사물, 사건, 경험을 만드는 타고난 습관이 있다. 이것은 의식의 자연스러운 움직임이다. 막스 플랑크는 우리가 여러 번 인용했듯이, "저는 의식을 근본적인 것이라고 여깁니다. 우리는 의식을 회피할 수 없어요"라고 말할 때 이 점을 염두에 두고 있었다. 현실reality은 그 자신 외에는 답할 것이 없기 때문에, 어떻게 작동하는지 설명할 필요가 없다.

창조자로서의 마음

이제 우리의 여정이 새로운 단계로 접어든다. 당신의 마음이 개인적인 현실을 만들어내고, 지금까지 계속 그렇게 해왔다는 것을 아주 분명하게 보게 된다. 이것 자체가 심오한 통찰은 아니다. 사랑에 빠지고 몇 달 혹은 몇 년 후에 배우자가 그저 그런 사람이라는 걸 알게 된 사람은 누구나 마음이 만들어낸 현실의 힘을 안다. 진정한 통찰은, 마음이란 벽돌이나 회반죽, 심지어 가장 미세한 물질, 에너지, 시간, 그리고 공간도 사용하지 않고 오로지 하나, 개념을 사용한다는 걸 알아보는 것이다. "나", 분리된 자아라는 개념을 취해보자. 마음이 모든 분리의 근원인 "나"를 떠올리는 순간, 전체 우주는 별개의 "나"와 세계로 정렬된다.

"내가" 환영을 간파하면 전체 설정은 공허하고 지루해질 것이다. 그래서 설정은 분리가 계속되는 많은 경험을 고안해낸다. 많은 사람에게 과학은 환영이 '작동한다'는 것을 증명한다. 이들은 존재하는 모든 것을 확신하는 만큼 달과 별을 확신한다. 허블 망원경을 우주로 보내 더 먼 '바깥 저기'를 조사하는 데는 상상력과 기술, 재주가 필요했다. 이것은 맨눈으로 관찰하던 별의 환영이 상당히 업그레이드된 것이다. 하지만 환영을 더 자세히 볼 수 있다고 해서 그게 진짜가 되는 것은 아니다. 마찬가지로, 태양이 빛나고 있는 꿈에서, 두 개, 아니 10여개, 1,000개, 100만 개의 태양이 빛나고 있다고 해서 꿈이 현실이 되겠는가?

무에서 현실이 구축되는 모습을 본다면 마음은 놀라울 정도로 그럴 듯한 분리의 상태에 경탄하며 잠시 멈춰 설 것이다. 이것이 우리가 현실이 무한하게 유연하다고 할 때 의미하는 것이다. 그럴듯하기만 하다면 분리는 풍성하게 계속 허용된다. 당신은 당신의 깨어 있는 삶 전체를 새로운 난초, 더 훌륭한 요리, 더 아름다운 여성을 (당신이 바라는 퀄리아가 무엇이든) 찾으며 보낼 수도 있다. 모든 경험은 퀄리아로 이루어져 있기 때문에, 당신은 심지어 당신에게 "진정해, 이게 다야"라고 말할 수 있다. 솔직히 말하자면, 당신이 환영을 간파하면 약간의 슬픔을 느낄 것이다. 난초, 요리, 여인의 아름다움이 모두 마음이 만든 것이란 사실을 아는 순간 공허한 느낌을 받을 것이다(잠시 동안).

다른 곳에 더 나은 세상이 반드시 있을 거라고 마음이 판단하면, 이 새로운 도전은 슬픔의 감정을 이겨낸다. 자신의 팔레트를 쓰레기통에 던지는 화가처럼, 마음은 가상의 개념들을 제거하기로 결정한다. 이것은 매우 과감한 결정인데, 우주조차 하나의 거대한 개념이기 때문이다. 모든 개념은 분리의 상태로 이끈다. 현실(실체)만이 예외다. 현실은 마음이 만든 것이 아니다. 그러므로 현실은 상상할 수 없는 것이다.

이 사실을 깨닫는 것(이를 직접 경험하는 것을 의미한다. 단지 재치 있는 생각으로가 아니라)은 위대한 '일시 정지pause'를 만든다. 당신은 깨닫는다. "맙소사, 진정한 실체가 무엇인지를 나는 도저히 알 수가 없네. 이건 나의 마음, 감각, 상상 너머에 있어." 이제 어떻게 할까? 비록 보리수 아래에 앉은 붓다나 십자가 위의 예수가 "다 이루었다"라고 말할지라도, 이러한 일시 정지가 영적일 필요는 없다. 위대한 일시 정지는, 둘이 아닌 하나의 현실만이 있다는 것을 갑자기 그리고 꽤 분명하게 본 하이젠베르크와 슈뢰딩거를 포함한 과학자들의 말 속에서도 찾을 수 있다. 안과 밖이 없고, 나와 당신도 없으며, 마음과 물질도 없다. 각각의 반쪽은 빈틈없이 자신의 영역을 지킨다. 이 깨달음은 마음이 현

우주적 자아 끌어안기

실(실체)에 대한 상상을 멈추고 이제 현실을 살기 시작했기 때문에 일시 정지한 것과 같다.

일원론자들의 결투

의식하는 우주에 대한 논쟁은 우주론자들 사이에서 그리고 그들이 참석한 학회에서 10년이 넘게 소용돌이치고 있다. 하지만 당신은 "우주, 온통 뒤죽박죽이 되다"와 같은 기사를 읽지는 않는다. 물질주의자로 시작해 결국 의식이 모든 것이란 사실을 깨닫게 되는 이론가들이 아예 없지는 않지만 그렇다고 많지도 않다. 공포영화에서 주인공이 적절한 조치(뱀파이어의 심장을 은탄환으로 쏘거나, 드라큘라를 십자가로 막거나 그를 햇빛에 노출시켜 죽이는 일)를 전부 했지만, 여전히 그놈들은 계속 돌아온다. 우리가 앞에서 다루었던 정신적 습관(소박한 실재론) 때문에, 물질주의는 대개 계속 돌아온다. "만약 당신이 버스에 치이면, 당신은 죽는다." 이 말로 모든 반대를 반박하며 끝을 내버린다.

더 정교한 반대는 "결투하는 일원론들의 경우"라고 불릴 수 있다. 지지자들은 현실은 분명 하나지만, 그 하나는 정신적인 것이 아니라 물질적인 것이라고 주장한다. 이 논쟁이 어떻게 진행되는지 살펴보자.

물질적 일원론자

"당신은 마음이 우주를 만들었다고 말한다. 일원론 안에서 마음은 물질로 변하지만, 당신 같은 일원론자는 '어떻게'를 말하지 못한다. 당신의 이론대로라면, 뇌가 마음이 사는 곳은 아니지만, 만약 머리가 없어진다면 마음도 사라질 것이다. 그래서 일원론의 의식 모델이 유지되는 유일한 이유는 일원론자가 그 존재를 믿기 때문이다."

"놀라운 일이다. 우리에게도 일원론이 있다. 이 안에서는 모든 것의 뒤에 물리적 과정이 있다. 우리는 이 과정들을 측정할 수 있다. 이들은 수학적 예측과 아름답게 맞아떨어진다. 뇌를 스캔함으로써 우리는 마음이 작동하는 모습을 관찰할 수 있다. 우리의 일원론은 당신의 것만큼이나 일관성이 있으며, 산더미 같은 증거가 이를 지지한다."

당신은 이 논리를 부정할 수십 개의 방법을 떠올리지만, 단순히 부정하기만 해서는 충분하지 않다. 기술은 과학이 숨겨놓은 비장의 무기이며, 만약 우리가 물질주의적 접근을 포기하면 세상은 원시시대로 돌아갈 것이다. 이것은 암묵적 협박이다. 기술은 신비주의자들과 철학자들에 의해 정체될 것이다. 사람들은 자신의 아이폰과 평면 스크린 텔레비전, 즉 물질주의자가 만들어온 모든 기술을 사랑한다. 어느 누가 이 모든 것을 잃을 위험을 감수하겠는가? 이것은 암묵적인 협박이 아니다. 반복되는 인터뷰 속에서 유명한 행성과학자인 닐 더그래스 타이슨Neil deGrasse Tyson은, 과학과 비교하면 철학은 쓸모없다고 경고해왔다. 두 개의 예가 있다.

1. "제 걱정은, 철학자들이 자신들은 실제로 자연에 대해 심오한 질문을 하고 있다고 믿는다는 겁니다. 그리고 과학자들에게 '뭘 하고 계시죠?'라고 묻습니다. 왜 의미의 의미에 대해서 고민하고 있습니까?"

우주적 자아 끌어안기

2. "철학 수업에서 당신이 그렇게 배웠다는 이유로 스스로 중요하다고 생각하는 질문에서 벗어나지 마세요. 과학자들은 이렇게 말합니다. 보세요, 저 바깥 미지의 세계를 우린 얻었습니다. 우리는 계속 전진하며, 당신들을 뒤에 남긴 채 나아갑니다. 당신들은 스스로 심오한 질문이라고 확신하는 것들에 정신이 팔려서 아직 길조차 건너지 못하네요."

이 주장들 뒤에 있는 자신감은, 타이슨이 멸시하는 심오한 질문이 지난 세기의 가장 위대한 양자물리학자들에 의해 제기됐다는 사실을 무시한다. 그건 제쳐두자. 우리는 다른 방향을 취할 수 있다. 의식consciousness이 기술보다 더 나은 삶을 제공할 수 있음을 보여주는 것이다. 이것은 이 행성을 잠재적 파괴로부터 구할 수 있는 미래를 열어준다. 또한 각자의 현실을 바꾸는 선택의 스위치를 개인에게 준다. 동시에 '이 모든 미지의 세계'는 오직 의식만이 줄 수 있는 해답을 제공받을 것이다. 우리가 마지막 장에서 이 모든 것을 성취할 수 있다면, 일원론자들의 결투는 끝날 것이다. 그리고 결투가 끝나더라도 모두 여전히 자신의 스마트폰을 만지작거리고 있을 것이다.

12

어디쯤
온 것일까

영웅 숭배는 당신을 여기까지만 데려다줄 수 있다. 우리는 양자역학
의 첫 번째 세대를 가장 위대한 세대로, 전사가 아니라 선지자로 떠
받들어왔다. 노르망디 해안을 기습하는 것 대신 이들은 시간과 공간
그리고 궁극적으로 '현실'의 본토를 기습했다. 하지만 캘리포니아공
과대학의 한 물리학 교수는 아인슈타인의 이름이 신성시되는 것에
대해 "요즘 이론물리학을 연구하는 우리 학교 대학원생이 아인슈타
인보다 더 많이 안다"라고 말했다. 상당수의 현역 물리학자들이 동의
할 것이다. 아인슈타인, 하이젠베르크, 보어, 파울리, 슈뢰딩거는 뒤
처지고 있을 것이다. 그들의 사고는 훨씬 뒤떨어져 있었다.

 양자역학의 선구자들 중 누구도, 예를 들어 빅뱅에 대해 우리만큼
알지 못했다. 아무리 그 영웅들을 숭배한다 해도 그 사실을 피할 수는

　　　　　　　　　　　　　우주적 자아 끌어안기

없다. 우주는 빅뱅이 137억 년 전에 일어났다면 그렇게 움직여야만 하는 그 방식 그대로 오늘날 정확하게 거동하는데, 우주가 다르게 움직일 때까지 빅뱅 이론은 왕좌에서 내려오지 않을 것이다.

'의식하는 우주conscious universe'라는 개념을 받아들이면 빅뱅은 주변으로 밀려날 것이다. 새로운 일인자는 퀄리아, 의식에서 창조된 성질들이 될 것이다. 깜빡이는 촛불은 열과 빛을 내뿜는데, 빅뱅도 그러했다. 하지만 열과 빛에 대한 인간의 경험 없이는, 창조는 우리가 아는 것처럼 존재할 수 없을 것이다. (암흑에너지와 암흑물질은 얼마나 당혹스러운가. 우리는 여전히 이들에 맞는 퀄리아를 찾고 있다.) 이것이 퀄리아가 먼저 오고 빅뱅과 같은 엄청난 사건조차 부수적인 일이 되는 이유다. 물리적 우주를 손상되지 않게 보존하는 것이 퀄리아다.

퀄리아가 우리 이해의 의심할 수 없는 일부가 된다면, 우리 생각대로 일상생활에 혁명을 일으킬까? 아니면 사람들은 어깨를 으쓱하고 (관심 없어, 어쩌라고) 늘 하던 대로 할까? 의식하는 우주는 우리가 이 우주를 인간화할 수 있을 때만 호응을 얻게 될 것이다. 그렇지 않으면 현재의 상태, 즉 불확실한 우주가 계속될 것이다. 개념적으로, 불확실한 우주는 우주적 우연을 제외하고는 인간 존재를 위한 장소가 아니며, 멀고 무작위적이며 적대적인 환경일 뿐이다. 우리는 우주 카지노의 승자가 아니라, 멸종을 기다리는 우주 도도새인지도 모른다. 다중우주가 우리를 필요로 하는 것 같지도 않다. 엄청나게 여러 번 주사위를 굴려야 우리에게 적합한 새로운 우주가 한 번 더 나올까 말까 할 것이다.

우리의 영웅 숭배는 정당하며, 플랑크, 아인슈타인, 하이젠베르크, 보어, 파울리, 슈뢰딩거를 현대의 선지자로 인용하는 것은 우리만이 아니다. 사실 더 높은 차원의 의식을 믿는 일에 대한 과학적인 지지를 원한다면, 이들을 불러낼 수밖에 없다. 주류 과학자는 당황스러워하겠지만, 양자 선구자들의 정신적인 면은 구도자에게 등불이다. 문제는 우리의 영웅들이 의식에 대한 그들의 엄청난 통찰을 끝까지 밀고 나가지 않았다는 것이다. 이들은 실제로 다른 어떤 것보다 더 많은 불확실한 우주를 만들었다. 아마도 그러지 않을 수가 없었을 것이다. 결국, 이들은 신에게 새 옷을 입히는 게 아니라, 물리적인 우주를 연구하는 근본적으로 다른 방법을 구축하기 위해 노력했다.

영웅 숭배가 무너진 다음에 할 일은 무엇일까? 그들이 시작한 일을 끝내고 앞으로 나아가는 것이다. 이는 우주가 어떻게 의식적인 방식으로 행동하는지를 명확하게 보여주는 것을 의미한다. 이를 위해서는 수많은 편견에도 불구하고, 모든 사람이 동의할 수 있는 증거를 제시해야 한다. 과학은 진실을 선별하기 위해 존재한다. 예를 들어, 코알라와 판다 둘 다 곰처럼 보인다. 하지만 곰과 달리 둘 다 채식을 하며, 서식지도 다르다. 이 문제는 이론의 여지 없는 증거 없이는 해결될 수 없을 것이다. 코알라가 먼저 정리되는데, 코알라는 새끼를 주머니에 넣어 다닌다. 곰이 아니라 캥거루 같은 유대목 동물이다. 자이언트판다는 유전학을 통해 판다가 사실 곰이라는 것과, 곰의 가장 오래된 종 중 하나임을 증명하기까지, 시간이 좀 더 걸렸다. (이상하게도, 자이언트판다는 초식동물이 아니라 육식동물의 유전자를 갖고 있다. 이는 판다의 먹이가 되는 대나무 잎에서는 아주 적은 에너지만을 추출할 수 있다는 것을 의미한다. 사실 대나무로 흡수하는 에너지가 너무 적어 이 동물은 먹거나 자는 것 외에 다른 활동은 하지 않는다. 심지어 번식기에 암컷을 두고 다른 수컷과 싸울 에너지조차 없다.)

우주가 의식이 있다는 것을 평범하고 이성적인 사람(설득할 수 없는 완고한 회의론자들은 제외하고)에게 이해시키려면 어떤 증거가 필요할까? 우리는 이것보다 더 좋은 상당히 많은 증거를 제공할 것이다. 이들은 '의식하는 우주'뿐만 아니라 '인간적인 우주human universe'도 보여준다. 이런 우주에서 인간은 진정한 집을 발견하며, 그와 동시에 완벽한 자유를 추구하는 우리의 아주 오랜 꿈이 드디어 실현된다.

출발점은 문제가 없다

판다가 식물이거나 코알라가 벌레라고 생각하는 생물학자가 있었다면, 이들은 첫 번째 단계조차 지나지 못했을 것이다. 우주론에는 기본적으로 '물질 먼저'와 '마음 먼저' 두 진영이 있으며, 이들은 순수한 잠재력을 제외한 어떤 것도 없는 무차원의 영역, 즉 시공간 너머에 출발점이 있다는 것에 동의한다. 우리는 이미 앞에서 그것을 다루었다. 아인슈타인은 우주 속에 있는 물질적 대상이 사라진다면 공간이나 시간은 존재하지 않을 것이라고 지적했다. 모든 아원자 입자는 존재의 안팎에서 깜박이면서 양자 진공에 들어가 있는데, 이는 이 입자가 시간과 공간이 존재하지 않는 곳으로 간다는 것을 의미한다. 전체 우주가 같은 여정을 떠난다는 사실은 영원이 우리 바로 옆에, 변함없는 친구라는 것을 의미한다.

  양 진영이 동의하는 또 다른 것은 너무 기본적이라 의미가 없는 것처럼 들리는 존재existence다. 물론 우주는 존재한다. 하지만 입자가 자신의 양자진공 속으로 짧은 여행을 떠났을 때조차, 시간과 공간의 부재가 이 입자를 말살시키지 않는다고 말하기 때문에, 이 진술은 의미를 갖는다. 어떤 방식으로든지 그 입자는 여전히 존재하지만, 영원 속에서 그리고 동시에 모든 곳에 존재한다. 양자진공의 포용력은 너무나 강력해서 양자가 파동처럼 행동하고 있을 때도 양자는 모든 곳에 동시에 존재할 수 있는 자신의 능력을 유지한다. 한마디로 말하면, 존재는 '빈 서판blank slate'이 아니다. 존재의 비밀스러운 공간 속에 가치 있는 뭔가가 숨겨져 있다. (몇몇 물리학자들은 얼굴색 하나 변하지 않은 채, 우주 전체를 하나의 파동 또는 심지어 하나의 입자라고 말하기도 한다. 이것이 진정한 신의 입자일 것이다.)

출발점에 동의했으니, 다음 단계로 논쟁이 등장한다. 초창기 우주는 물리적 힘에 의해서 존재하게 되었는가, 아니면 마음에 의해서 존재하게 되었는가? 벽돌공 없이 벽돌만으로 집이 지어질 수 있는가? 위대한 노트르담 성당을 이루는 돌, 금속, 그리고 스테인드글라스와 같은 건축 재료들을 공부하는 것이 당시의 건축 방법과 이 건물이 지어진 시기에 대해서 힌트를 줄 수는 있지만, 노트르담 성당은 이 부품들의 단순한 조합이 결코 아니다. 성당은 의식이 있는 존재에 의해 만들어졌고, '죽은' 물체가 설명할 수 없는 생생한 존재감presence(현존)을 드러낸다. 돌, 금속, 그리고 스테인드글라스는 건축 재료일 뿐 그 자체로 예술이 아니다. 그래서 노트르담 성당을 묘사할 때, 그 부품들은 성당이 만들어진 '재료'의 양quantity적인 면을 말해 주고, 건축 양식은 건물의 아름다움과 종교적 중요성을 포함하여 그 건물의 퀄리아qualia에 대해 말해준다. 양과 퀄리아 사이의 이 간극을 줄이면, 우주의 '진짜' 실체를 발견하는 두 번째 단계로 가게 될 것이다.

우리는 종교에서 신의 역할과 같은 방식으로 과학에서 기능하는 벽돌공이 필요하다. 우주의 구성 요소는 성당보다 무한히 더 복잡하며,

우주적 자아 끌어안기

이들을 유지할 수 있는 유일한 벽돌공 후보는 우주의 마음이다. 노트르담의 경우 비록 건축가는 죽은 지 오래되었지만, 그 의식의 존재는 분명하다. 추론만으로도 의식하는 행위자가 있었다는 걸 알 수 있다. 당신은 같은 방식, 즉 추론을 통해 우주에서 의식의 움직임을 추론할 수 있다(우주의 설계자를 만나서 인사할 필요는 없다). 우리는 우주가 어떻게 움직이고 있는지를 관찰하기만 하면 된다. 물질 조각들이 충돌하는 것이 아니라, 마음이 목적을 가지고 모든 일을 하는 것처럼 말이다.

휴먼 터치

우주의 작동 원리를 설명하면서 의식이 설 자리가 없다고 선언한다면, 인간의 마음은 진화의 나뭇가지에 매달려 방치된다. 이게 정말로 가능한가? 몇몇 물질주의자들은 우주에서 마음과 같은 움직임을 마지못해 인정하면서도 그것을 '의식적'이라고 부르기를 거부하고 '방사성radioactive'이라고 부를 것이다. 빅뱅 직후 물질과 반물질이 서로를 소멸시키면서 창조물 대부분은 사라졌다. 하지만 특정 상수에 유리한 아주 작은 불균형으로 인해, 지금의 우주가 존재하게 되었다. 이는 물질과 반물질 양측이 완전히 없어지기 전에 일종의 평화협정에 도달할 수 있음을 암시한다. 이 화해는 전문용어로 '상보성complementarity'이라고 알려져 있다. 공존의 방식을 찾은 두 가지 상반된 것을 '상보적'이라고 부른다. 예를 들어, 물리학이 지칭하듯, 두 입자가 서로 얽혀 있다면, 이들은 수십억 광년 떨어져 있을 때조차 스핀이나 전하 같은 거울 특성mirrored characteristics을 보인다. 이는 이들을 상보적으로 만든다. 한 입자에서의 변화는 다른 입자에 순간 적으로 반영된다. 그 의미는 상보성이 빛의 속도가 절대적 한계로 인식되는 상대성보다 더 근본적이라는 것이다. 순간적 통신은 허용되지 않는다. 하지만 비국지성nonlocality이 등장한다. 이는 '양자 얽힘 quantum entanglement'이 빛의 속도를 한계로 삼는 규칙에 구속되는 자연의 네 가지 기본 힘보다 더 근본적임을 의미한다.

수십억 광년 떨어진 입자들이 어떻게 서로 '대화'할 수 있는지 상상하는 것은 흥미롭지만, 똑같은 미스터리가 훨씬 더 가까운 곳에 존재한다. 뇌에서는 우리가 물질세계라고 부르는 3차원 이미지를 만들기 위해 여기저기 흩어져 있는 신경세포들의 조정된 노력이 필요하다. 이런 종류의 조정은 기본 입자와 마찬가지로 순간적이다. 전체 계획scheme이 한번에 작동한다. 영화 촬영장에서 감독은 조명, 촬영, 음향, 액션을 요구한다. 각각은 별도의 설정이며 조정하는 데 시간이 걸린다. 그러나 당신이 세상을 바라볼 때 마음은 이렇게 말하지 않는다. "빛은 이제 됐고, 소리는 어디 있어? 누가 소리 좀 넣어줄래요?" 대신, 삶이라는 영화를 만드는 데 필요한 모든 요소들이 즉각적으로 조정된다.

이것은 상보성이 일반적으로 입자나 물질의 특성이 아니라는 것을 의미한다. 상보성은 의식의 속성이다. 실제로 의식이 우주를 드러내는 가장 근본적인 방식 중 하나다. 이는 '마음 먼저' 진영을 꽤 강하게 지지한다. 하지만 우리가 의식적인 우주에 대한 증거를 계속 쌓아간다면, 인간적인 우주를 정당화하기에 충분할까? 우리는 정말로 창조의 조타실에 있을까, 아니면 우주 의식의 명령을 따르는 일벌일 뿐일

우주적 자아 끌어안기

까? 우리가 알거나 알 수 있는 유일한 의식은 인간이기 때문에, 이 질문은 허튼소리로 들린다. 자연의 모든 법칙은 인간의 신경계를 통해 알려졌다. 우리는 창조의 척도다. 이는 신의 명령에 의해서가 아니라, 상보성으로 인해 자연의 모든 측면이 인간 존재에 완벽하게 맞춰졌기 때문이다.

모든 다른 대안들은 마음이 만든 경계 안쪽에 우리를 가둔다. 이들 경계들에는 덫이 내재되어 있다. 예를 들면 다음과 같다.

우리가 인간 존재를 다중우주의 카지노에서 우연히 승리한 사람으로 인식한다면, 우리의 존재는 무작위 확률에 의해 결정된다.

우리가 자신을 물질적 힘의 산물로 인식하면, 우리는 유기화학물질로 만들어진 로봇이나 다름없다.

우리가 적자생존을 통해 진화했다고 우리 자신에게 말하면, 우리는 단지 짐승 중 최고의 짐승일 뿐이다.

우리가 자신을 정보로 이루어진 복잡한 구조물로 본다면, 우리는 한 다발의 숫자 데이터에 지나지 않는다.

실체가 우리를 자유롭게 할 수 있을까?

본질적으로 인류의 이야기는 의식 확장의 이야기다. 수천 년 동안 그래왔고, 아직 끝나기에는 먼 이야기다. 하지만 적어도 우리는 이 책을 시작할 때 가졌던 아홉 개의 우주 미스터리에 답할 수 있다.

미스터리 1 빅뱅 이전에는 무엇이 있었을까?

대답 사전 생성된pre-created 의식 상태로, 차원이 없다. 이 상태에서 의식은 순수한 잠재력이다. 모든 가능성이 씨앗의 형태로 존재한다. 이들 씨앗은 경험적으로 측정될 수 없는 무nothing로 만들어져 있다. 그러므로, 빅뱅 이전에 아무것도 없었다고 주장하는 것은 빅뱅 이전에 모든 것이 존재했다고 말하는 것만큼이나 옳다.

미스터리 2 우주는 왜 이처럼 완벽하게 맞아떨어지는가?

대답 '서로 잘 맞는다fitting together'라는 표현은 분리된 부품들이 조심조심 제자리에 끼워 맞춰져야 하는 것을 의미하기 때문에, 그렇지 않다. 사실, 우주는 쪼갤 수 없는 하나의 전체다. 이것의 부분은, 우리가 원자나 은하에 대해 말하든 또는 중력과 같은 힘에 대해서 말하든, 단지 퀄리아(의식의 속성들)다. 현실에 관한 한 모든 퀄리아는 같은 수준에 존재한다. 당신 마음의 눈으로 장미의 이미지를 보려면, 자연이 실제 장미를 창조할 때 가는 곳으로 가야 한다.

미스터리 3 시간은 어디에서 왔는가?

대답 모든 것이 온 같은 장소, 즉 의식에서 왔다. 시간은 설탕의 달콤함이나 무지개의 여러 색깔처럼 하나의 퀄리아다. 일단 우주가 창조의 자궁에서 부화하면, 모든 것은 의식의 표현이다.

미스터리 4 우주는 무엇으로 이루어져 있는가?

대답 우주의 실제 구성요소는 퀄리아다. 관찰자에 의존하는 무한 창조력의 공간이 있다. 당신이 있는 알아차림의 상태가 당신 주변 모든 곳에 퀄리아를 바꾼다. 석양은 자살 충동을 느끼는 누군가에게는 아름답지 않다. 마라톤에서 막 우승했다면 심한 다리 경련은 문제가 되지 않는다. 관찰자, 관찰 대상, 그리고 관찰 과정은 밀접하게 연결되어 있다. 이들이 펼쳐지면서, 우주의 '물질'이 나타난다.

미스터리 5 우주는 설계되었는가?

대답 '예' 또는 '아니오'로 답하기 까다로운 질문이다. 우주가 설계된 것이라면, 설계자와 우주는 도공과 진흙 덩어리의 관계와 같아야 한다. 형태 없는 것에서 형태가 나오려면 외부의 마음을 적용해야 한다. 기독교 교리는 인간의 몸을 이런 식으로, 신이 빚은 그릇으로 말한다. 실제로 설계는 매우 변하기 쉬운, 의식하는 인식이다. 어떤 사람은 들꽃을 아름답게 설계된 사물로 볼 수 있지만, 어떤 사람은 이를 잡초와 마찬가지로 중립적인 생물 샘플로 볼 수 있다. 이들이 풀밭을 떠난 후에, 땅다람쥐는 이 들꽃을 먹어버릴지도 모른다. 설계는 마음과 인식의 상호작용이다. 우주를 완벽히 설계된 것으로 보거나 완벽히 무작위한 것으로 보거나 이 둘이 섞인 것으로 보거나 혹은 몇몇 신비주의자들이 선언하듯이 어떠한 실체도 없는 단순한 꿈 같은 것으로 보거나. 모든 게 가능하다.

미스터리 6 양자 세계는 일상생활과 연결되어 있는가?

대답 이것 또한 약간 까다롭다. 경험의 퀄리아는 당신의 알아
차림의 상태에 따라 변한다. 정상적으로 깨어 있는 상태
에서 양자 세계는 너무 작아 직접 경험할 수 없고, 이를
더 큰 물체들의 세상으로 연결하는 것은 매우 어렵다. 어
떤 경험도 우리를 안내할 수 없고 실험실 실험에서 상반
된 결론을 얻은 상황에서, 물리적 연결은 논란이 많다. 하
지만 양자 세계가 단지 마음 같은 것이 아니라 양자의 모
습을 띤 마음을 나타내는 것임을 받아들이면, 그 대답은
상대적으로 간단하다. 양자 세계는 다른 모든 것과 마찬
가지로 또 다른 퀄리아 영역이다. 모든 분야가 의식에서
만들어졌기 때문에 일상생활과의 연결이 필요하지 않다.
하지만 양자 영역의 직접적인 경험은 베일에 싸인 비국
지성과 우주적 검열에 의해 금지된다.

미스터리 7 우리는 의식을 지닌 우주에 살고 있는가?

대답 맞다. 하지만 의식하는 우주라는 개념이 생각, 감각, 이
미지, 그리고 느낌으로 가득하다면 이해가 안 될 것이다.
이들은 마음의 내용물이다. 그 내용물을 제거하면 남는
건 순수 의식인데, 이는 고요하고, 움직이지 않고, 시간
과 공간 너머에 있지만, 창조적 잠재력으로 가득하다. 순
수한 의식은 인간 마음을 포함하여 모든 걸 일으킨다. 그
런 의미에서, 우리는 임차인이 임대 부동산을 점유하는
것처럼 의식하는 우주에 살고 있지 않다. 우리는 우주라

우주적 자아 끌어안기

는 동일한 의식에 참여한다.

미스터리 8   생명은 어떻게 시작되었는가?

대답   씨앗의 형태에서 수많은 생명으로 성장하는 의식 속의
잠재력으로 시작되었다. 바위는 생명이 없다고 하면서
바위에 낀 부드러운 초록색 이끼를 살아 있다고 부르기
로 결정한 것은 단지 마음이 만든 구별이다. 실제로는 존
재하는 모든 것은 자신의 근원(차원 없는 존재)으로부터
의식이 스스로 창조하기 위해 선택한 어떤 상태에 이르
는 똑같은 길을 따른다. 이들은 드러나지 않는 곳에서 드
러난 곳으로 같은 길을 따르기 때문에, 바위나 바위에 달
라붙은 이끼나 대등한 조건으로 생명을 공유한다.

미스터리 9   뇌가 마음을 만드는가?

대답   아니다. 그렇다고 그 반대도 진실은 아니다. 마음은 뇌를
만들지 않는다. 이는 도공과 진흙 덩어리의 관계와는 또
다른 예다. 마음과 뇌는 그런 식으로 관련되어 있지 않
다. 마음은 은하계 사이에 흩어져 있는 몇몇 원시적인 물
건을 찾아서 뇌로 만들지 않았다. 물질이 모여 더 커지
고, 더 복잡한 덩어리가 되어 사고를 시작하기에 충분할
만큼 복잡해진 것이 아니다. 여기에 적용되는 원리는 상
보성이다. 상보성에 의해 겉보기에 반대 성질을 가진 둘
은 상대 없이 존재할 수 없다. 현실은 한번에 양극을 모
두 만들기 때문에, 닭이 먼저냐 달걀이 먼저냐의 딜레마

가 없다.

현실적으로, 이런 대답은 당신이 기대했을 대답과는 매우 다를 것이다. 하지만, 이 중 어느 것도 과학에 반하지 않는다. 과학이 극단적 실험으로 치닫게 된 것은 신비주의자나 시인, 몽상가, 현자, 또는 괴짜들의 음모가 아니었다. 일반적인 과학적 방법론이 효용을 잃은 것은 현실 자체 때문이다. 암흑물질과 암흑에너지가 주도하고, 시간과 공간이 플랑크 규모에서 붕괴되는 우주에서, 앞으로 나아가는 새로운 방식을 모색하는 것은 반과학이 아니다.

우리는 탁자 위에 세 개의 카드, 즉 퀄리아, 의식, 그리고 인간적 우주를 올려놓았다. 이들로 어떤 게임이 진행될 것인가? 아무도 예상할 수 없다. 양자역학의 선구자들에게 영감을 주었던 의식에 대한 가장 뛰어난 통찰은 거의 한 세기 동안 잠들어 있다. 약간의 예외가 있지만, 물질적 우주를 곧이곧대로 믿는 것이 여전히 기본 모드다.

결국, 우리가 당신에게 말해 온 것은 숨겨진 현실(실체)이다. 이 현실은 의도적으로나 악의로 숨겨졌던 것이 아니다. 마음은 자기 자신의 족쇄를 만들었고, 세상의 역사를 가지고 '왜'와 '어떻게'를 설명하려 했다.

다행히, 실체를 알고자 하는 충동은 결코 제거될 수 없는 것이고, 우리가 누구든 우리 안에 뭔가가 자유롭기를 갈망한다. 아인슈타인이 신비스러운 인도 시인과 앉아서 존재의 참 본성에 대해 논쟁을 벌인 것은 기념비적인 일이었다. 인간적인 우주가 존재하는 유일한 우주라는 타고르의 말이 맞다면, 우리는 창조의 기쁨 속에서 무한한 희망의 미래를 맞을 것이다. 미래 세대들에게, "당신이 우주다"라는 선언은 더 이상 미스터리 속에 싸인 꿈이 아니라, 믿고 지켜야 할 생각, 즉 신조가 될 것이다.

퀄리아와
친해지기

⌄

많은 독자들에게 '퀄리아qualia'라는 용어는 새롭고 아마도 낯설 것이다. 우리는 이 단어에다 많은 중요성을 부여했기에 당신이 이 단어에 익숙해지기를 바란다. 한 가지 어려움은 퀄리아가 모든 걸 포함한다는 것이다. 모든 경험은 퀄리아, 또는 의식 속의 질로 만들어진다. 우리는 화창한 여름날 오감을 통해 전달되는 퀄리아(따뜻한 공기, 빛나는 햇빛, 새로 깎은 잔디 냄새 등)를 어렵지 않게 받아들일 수 있다.

당신의 몸 또한 퀄리아로 경험된다는 말은 믿기가 어렵다. 바로 이 순간에 당신이 느끼는 모든 감각은 당신이 이들을 개인적으로 경험하지 않는 한 실체가 없으므로, 몸은 한 묶음의 퀄리아다. 더 깊은 수준으로 들어가면, 뇌의 경험들 또한 퀄리아다. 개념이 이 정도로 보편화되면, 그것으로 어떻게 해야 할지 알기가 어렵다. 규칙과 경계는 어디

당신이 우주다

에 있나? 우리는 퀼리아 수프로 만들어진 현실에 살고 있나? 그리고 외부 현실, '저 바깥에 있는 세상'에 대한 경험은 어떨까? 그것 또한 퀼리아 경험이다.

고전 물리학이 규정하고 양자물리학이 상상할 수 없는 수준의 정교함으로 끌어올린 자연법칙과 동등한 지위를 지닌 퀼리아에는 어떤 규칙도 없다. 잘 익은 달콤한 복숭아는 숫자, 방정식, 원리가 아니라 경험이 함께하는 감각으로 흘러넘치기 때문에 물질주의자들의 언어로는 표현할 수 없다. '달콤함'은 '익은'이나 '따뜻한'보다 더 무겁거나 가볍거나 크거나 작거나 짙지 않다.

퀼리아 과학의 가장 뛰어난 이점은, 그것이 과학이 미래에 취할 방향이라면, 현실에 완벽하게 들어맞는다는 것이다. 복숭아를 맛보는 것은 직접 경험이며, 어떤 개념적 틀도 필요하지 않다. 이와 같은 추상적 개념의 부재는 많은 주류 과학자들을 크게 불편하게 만들었지만, 이것은 자연에 대한 새로운 관점을 위한 씨앗이 되었다. 물질적 우주를 의식 기반의 우주로 변형시켰기 때문이다.

퀼리아 과학이 미래에 어떻게 발전할 것인지 간략한 전망을 보여주기 위해, 이 책에서 다룬 내용을 확장하여 추출한 일련의 원리들을 다음에 제시한다.

퀼리아 원칙들

의식·과학을 위한 기반

1. 물질 우주가 자신을 보여주는 모습으로 존재한다는 것을 받아들

이면, 과학은 물질주의적이다. 하지만 양자물리학은 오래전에 물체라는 바로 그 개념의 기반을 약화시켰다(근본적으로, 우주는 단단하거나, 감지할 수 있거나, 고정되어 있지 않다). 그러므로, 외부의 물질 우주라는 오래된 과학은 양자물리학이라는 새로운 과학에 의해 치명상을 입었다.

2. 이 애매모호함이 자연에 대한 전적으로 새로운 해석, 즉 퀄리아 과학을 향한 문을 연다.

3. 물질성physicality이 철저히 위태로워졌다면, 무엇을 미래 과학의 믿을 만한 기초로 삼을 수 있을까? 물질주의자들이 계속 거부하는 건 의식이다. 의식은 모든 경험을 가능하게 만든다. '객관적' 실험에서 의식을 제거하려는 시도들로 이 사실을 피해갈 수 없다.

4. 퀄리아 과학은 의식이 물질 기반에서 진화한 속성이 아니며, 인간에게 완전히 드러나기 전부터 존재했다는 주장으로 시작한다. 의식은 근본적이고 원인이 없다. 이것은 '존재의 바닥 상태ground state of existence'다. 의식하는 존재로서 인간은 의식이 없는 현실을 경험하거나 측정하거나 상상할 수 없다.

5. '평범한' 현실의 기초 상태로서 의식은 장field처럼 행동하는데, 물질과 에너지가 되는 양자장과 모든 면에서 같다. 모든 장에서와 마찬가지로, 의식은 자신과 상호작용한다. 이 상호작용은 의식의 모든 구체적인 형태(예를 들어 우리 자신의 것) 속으로 확산된다. (의

당신이 우주다

식은 시간이 흐름에 따라 원자와 분자의 부차적인 속성으로 생겨난 게 아니다.) 하지만 시공간 속에 모든 차원은 퀄리아를 갖고 있고, 본질적으로 순수 의식은 퀄리아를 갖고 있지 않기에(순수 의식은, 양자 진공이 양자의 원천인 것처럼, 퀄리아의 원천이다), 차원을 갖고 있지 않는 더 깊은 의식 수준이 있다는 것을 이해해야만 한다. 의식은 모든 장의 존재를 가능하게 만드는 장이기에, 모든 장 중의 장으로 여길 수 있다.

6. 의식의 모든 구체적인 형태(코끼리, 돌고래, 붉은털원숭이, 또는 사람)는 세상을 주관적으로 경험한다. 개개의 주관성은 자신의 원천인 의식의 장 내부에 남아 있다. 어떤 의식 형태도, 전자기적 활동이 전자기의 보편적 장에서 절대 분리되지 않는 것처럼, 자신의 원천에서 분리되지 않는다.

7. 인간에게 주관적인 경험들은 감각, 이미지, 느낌, 그리고 생각의 형태로 존재한다. 이들에 대한 일반적인 용어가 퀄리아다. 주관적 현실은 색, 빛, 고통, 즐거움, 질감, 맛, 기억, 욕망, 불안, 기쁨과 같은 다양한 퀄리아로 이루어진 방대한 합성물이다.

8. 모든 주관적인 경험은 퀄리아다. 이는 모든 지각, 인지, 그리고 정신적 사건을 포함한다. 사랑, 연민, 고통, 적대, 성적 쾌감, 그리고 종교적 환희의 느낌을 포함하여, 정신적인 사건은 어떤 것도 배제될 수 없다. 미묘한 수준에서 퀄리아는 통찰, 직관, 상상, 영감, 창의성으로 인식된다.

9. '객관적인' 외부의 물질적 현실은 그 자체가 아니라 우리가 인식하도록 설정된 퀄리아를 통해 우리에게 온다. 우리의 주관적인 참여 없이는 모든 과학적 변수와 물리량을 포함하여 공간, 시간, 물질, 에너지는 그 자체로 존재하지 않는다(만약 이들이 그렇게 존재한다면, 이들의 실체는 파악 불가능하다). 우리는 퀄리아 우주 속에 산다. 퀄리아와 우리의 모든 상호작용은 경험에 의한 것이고, 그래서 궁극적으로 주관적이다. (객관적 데이터는, 데이터 수집자의 경험의 일부여야만 하기에, 독립적 존재가 되지 못한다.)

10. 몸을 경험하는 것은 퀄리아 경험이다. 정신 활동을 경험하는 것도 퀄리아 경험이다. 세상(그리고 다른 어떤 세상)을 경험하는 것도 퀄리아 경험이다.

11. "나" 느낌은 퀄리아 경험이다. "당신" 경험도 퀄리아 경험이다.

12. 퀄리아는 공통의 특성(모든 개별체는 단일한 의식의 장의 한 양상이다)을 통해 모든 것에 연결된다.

13. 우리 삶의 모든 순간에 의식하는 존재가 현실을 처리하기 때문에, 우리는 우리 자신을 퀄리아 어휘로 표현한다. 퀄리아 어휘는 경험을 말로 옮기려는 시도다. 그러나 과학의 언어는 이 반대, 즉 객관적이란 이름으로 경험을 추출하려 한다. 하지만 '객관성' 자체도 경험을 나타낸다. 퀄리아에서 분리된 언어는 존재하지 않는다.

14. 벌레, 박테리아, 동물, 그리고 새와 같은 다른 생물 형태들은 그들 자신의 퀄리아 자리niche를 갖고 있다. (우리가 상상하려 시도는 할 수 있지만) 각 종은 자신만의 신경계를 갖고 있기 때문에 우리가 접근할 수 없다. 미생물조차 환경에 반응한다(빛, 공기, 식량, 그리고 서로를 찾는다). 다른 어떤 생명 형태들을 해석한다고 해도 우리는 단지 인간 신경계의 퀄리아 처리 과정을 반영하고 있을 뿐이다. 다른 신경계를 통해 지각한 실체는 사실상 우리에게 알려질 수 없다.

15. 인식(지각)은 종 특화 경험을 만드는 엔진이다. 각 경험은 물질적 현실을 바꾼다. 이는 (인간에게는) 새로운 모든 변화를 따라잡는 퀄리아 어휘로 이어진다. 벌레와 새를 포함하여 '낮은' 동물들도 또한 매우 복잡한 어휘를 가지고 있다는 사실은 언어와 현실 사이에 창조적인 연결고리가 있다는 증거다.

16. 우리는 눈이 있어서 보는 게 아니다. 귀가 있어서 듣는 게 아니다. 인식 기관들은 지각을 만들지 않지만 이를 통해 의식과 의식의 퀄리아가 지각할 수 있는 경험을 만들어내는 렌즈다. 인식되는 건 결코 실제가 아니다. 우리는 우리 종들이 인식하도록 진화된 것을 인식한다. 진짜(실재하는 것)가 무엇이든, 그것은 우리가 인식하거나 생각하거나 감지하는 것들보다 더 근원적이다. 퀄리아 과학은 인식할 수 있는 것과 실재하는 것 사이의 경계를 가로지르려는 목표를 가지고 탐구한다.

17. 인간의 뇌는 특정 생명 형태에 의해 지각된 현실을 나타낸다. 경험은 마구잡이가 아니라 상징적으로 조직된다. 우리는 현실을 인간화하고, 뇌와 육체는 뇌 속에 기록된 퀄리아(고통, 빛, 배고픔, 감정, 등등)에 의해 상징적 표현으로 진화된다. 이 피드백 루프는 생물학적 뇌가 아니라 의식 속에서 일어난다. 인간 의식은 분화되지 않은 의식의 장(만물을 창조하는 유일한 하나)을 위한 특별한 표현 수단이다.

18. 우리가 개 혹은 새 같은 다른 생명 형태와 소통할 수 있기는 하지만, 이들의 퀄리아 경험이 우리 것과 동일하다고 여길 수는 없다. 다른 종들에게 뜨거움, 차가움, 빛, 무거움, 느림, 빠름 등등이 어떻게 느껴지는지 우리는 알 수 없다(이들의 기본적인 퀄리아가 우리가 반응하는 것과 비슷한 방식으로 이들에게 기록되었다고 추정할 수는 없다). 우리는 이들도 우리와 유사한 감정이나 감각적 경험을 갖고 있다고 추론하지만, 그게 우리가 말할 수 있는 전부다. 까마귀의 울음소리가 우리에게 들리는 것과 똑같이 까마귀에게 들린다거나, 개 짖는 소리가 개에게 똑같이 들릴 가능성이 매우 낮다. 하지만 우리는 우리의 퀄리아 신호들을(사람마다 다르고 문화마다 크게 차이가 남에도 불구하고) 일반적으로 받아들여지는 퀄리아 어휘로 번역하기에, 인간들끼리는 소통이 가능하다.

19. 각각의 살아 있는 개체는 존재의 근본적인 기반, 즉 순수한 의식과 상호작용하여 자기 자신의 인식 현실perceptual reality을 만든다. 순수 의식은 모든 가능성의 장이다. 각각의 가능성은 퀄리아

당신이 우주다

로 드러난다. 그러나 순수 의식의 장은 퀄리아 이전에 존재한다. 퀄리아를 통해서만 현실을 아는 뇌가 표현할 수 있는 게 아니며 파악할 수 있는 게 아니다. 이 같은 창조의 자궁은 공간, 시간, 물질, 그리고 에너지 너머에 있다.

20. 자신의 퀄리아 목록을 갖고 있는 살아 있는 개체들만큼 많은 인식 현실(물질 뇌, 몸, 세상들)이 있다.

21. 주관적 경험에 대한 우리의 이해 또는 타인과의 공감은 공유된 퀄리아의 공명을 통해 일어난다. 다른 종, 존재 또는 존재 영역에 대해 우리가 가지는 통찰과 연결은 그들의 주관적인 퀄리아에 관련된 우리의 주관적인 퀄리아의 민감도와 개량을 통해 일어난다. 우리가 '공감empathy'이라고 부르는 것은 의식awareness에 기록되는 공유된 공명이다.

22. 탄생은 특정 퀄리아 프로그램의 시작이다. 하나의 개별 퀄리아 독립체는 생명으로 펼쳐지는 퀄리아 속에 잠재력을 지닌 채 세상에 등장한다. 우리는 모두 평생에 걸쳐 경험을 하는데, 말하자면 이는 다른 퀄리아 독립체 및 그들의 퀄리아 프로그램과 상호작용하는 것이다.

23. 죽음은 특정 퀄리아 프로그램(한 개체의 생명 프로그램)의 종료다. 이 퀄리아는 의식 속에서 잠재적인 형태의 상태로 돌아가 새로운 생명체로 재편성되고 재활용된다.

24. 의식 장과 그것의 퀄리아 매트릭스는 비국지적이고 불멸이다. 비국지적이라는 표현은 이 장이 모든 곳에 스며들어 있으며 모든 곳에서 같다는 것을 의미한다. (사실, 모든 곳이라는 바로 그 용어 자체가 하나의 퀄리아다.) 장은 그 안에서 일어나는 모든 구체적인 사건에 영향을 받는다. 전체는 부분들과의 접촉을 절대 잃어버리지 않는다. 이 부분들은 절대로 잃거나 잊히지 않는다.

25. 우리는 장 그 자체가 아니라 그로부터 드러나는 퀄리아를 경험한다. 우리는 특정(즉 국부적) 관점을 지닌 개인이 되는 데 이 퀄리아를 사용한다. 국부성은 비국부적 의식의 장 속에서 펼쳐지는 퀄리아 경험이다.

26. 양자역학은 자연에 대한 우리의 경험 세트로 정의되는, 퀄리아 역학 측정 수학 모델이다. 이것은 지도일 뿐, 영토가 아니다. 실제로 지도는 양자 영역이 정밀한 형태와 확률을 드러내기 때문에 수학적이다. 수학은 데이터로 이어지는데, 이는 경험을 숫자로 축소시킨다. 그렇기 때문에, 현실을 보여주는 이런 방식은 경험을 이루는 퀄리아 모두를 잃게 된다.

27. 현실은 실제와 닮게 그려질 수 있다. 즉, 보편적인 장에서 나오고 물질, 에너지, 세계 및 존재로 분화되는 연속적이고 역동적인 의식의 흐름으로 말이다. 작고 고정된 조각으로 측정하는 숫자와 달리 실제로 존재하는 것을 포착하려면, 과학을 퀄리아 물리학, 퀄리아 생물학, 퀄리아 의학 등으로 개편해야 한다.

당신이 우주다

28. 많은 문화권의 오래된 지혜 전통에 따르면, 주관적인 지식은 유용하고 체계화되어 있다. 이들 전통들은 퀄리아 세상을 가져와서 이를 의식의 원리와 행동으로 체계화한다. 의식은 아유르베다, 기공, 그리고 기타 퀄리아 기반의 의학이 체계적이고 신뢰할 수 있으며 효과적임을 알았다. 서양 물질주의에서조차, 심리학, 심리치료 학파들, 신화와 원형, 아동발달, 그리고 젠더 연구에 경험이 끼어들 여지가 만들어졌다(이들 모두는 세상에 대한 주관적인 퀄리아 경험에서 시작되었다).

29. 영적인 수행은 일상적인 경험과 구별되거나 독특한 것이 아니다. 이들은 의식의 미묘한 기준점을 기반으로 한다. 사실 영적 수행은 자기 인식self-awareness, 즉 자각을 보여준다. 자신을 바라보는 인간의 의식은, 자신을 바라보는 의식의 장을 비추는 거울이다.

30. 영적 수행들은 자기 인식을 미세 조정한다. 이 조정이 충분히 섬세해지면, 퀄리아는 더는 자신이 어디에서 왔는지를 감추지 않는다. 이것은 거울에 비친 상이 아니라 거울을 보는 것과 같다. 의식은 자신을 보고 자신의 순수한, 절대적 존재, 즉 창조 이전의 상태를 알아차린다. 순수 의식과의 견고한 연결을 잃어 세상의 오랜 지혜가 사라진다 해도 오래된 퀄리아 과학의 유물은 남는다. 이 유물은 현대 과학에는 낯설기 때문에 초자연적인 현상, 기적, 그리고 경이로 해석된다. 사실, 초자연적 현상은 퀄리아 속에서 펼쳐지는 더 섬세한 양상으로만 존재한다. 이런 정상-밖 퀄리아는 과학이 존중할 만하다고 인정하는 퀄리아만큼이나 적법하다.

31. 퀄리아 의학은 아유르베다, 전통 중국 의학과 같은 다양한 형태로 전 세계에서 이미 모습을 드러냈다. 이 고대의 전통은 약초의 효능에 대한 방대한 지식을 제공하는 것 외에, 환경이 미치는 모든 영향에 몸이 어떻게 반응하는지를 과학적으로 밝혀내는 현대적 연구의 필요성에 직면한다. 일상적 경험과 스트레스가 어떻게 유전자의 활동을 바꾸는지 조사하면서 후성유전학epigenetics 분야는 번창하기 시작했다.

32. 퀄리아 생물학은 생명과 그 기원에 대한 새로운 이해를 이끌 것이다. 생명은 항상 순수 의식으로 존재해왔다. 생명체 속에서 드러난 모든 속성은 그 근원이 드러나지 않은 잠재력, 일차적인 지성primary intelligence, 창의력, 그리고 진화적 충동 속에 있었다. 장소에 얽매이지 않기 때문에, 무한한 잠재력의 장은 시작이 없다. 그러므로, 생명 역시 시작이 없다. 시작하고, 진화하고, 쇠약해지고, 끝나는 것은 그들의 퀄리아 프로그램을 실행하는 생명-형태다.

33. 생명-형태의 기원은 순수 의식(순수 생명)이 다양한 형태의 생명, 또는 퀄리아 집합체(상대 세계 속의 생명)로 분화한 것이다.

34. 종의 진화는 자연선택을 통해서 이루어지지만, 이는 전적으로 정확한 짝짓기와 생존을 위한 먹이 찾기에 기반해 있는 다윈의 자연선택보다 훨씬 더 포괄적인 의미가 있다. 한 종의 어떤 구성원들이 실제로 선택한 것은 강화된 퀄리아 경험이다. 이것이 진화의

당신이 우주다

원동력이다. 의식에는 한계가 없기에, 새로운 퀄리아가 출현하고 번창하고 최대의 표현을 추구한다. 지구 생물의 매우 큰 다양성은 하나의 행성 생태계를 퀄리아의 운동장으로 만들려는 집합적 시도다. 진화의 목적은 모든 종류의 경험을 최대화하는 것이다.

35. 진화는 모든 종이 자신의 환경을 실험하고 피드백을 받는 목표 지향적 과정을 따른다. 피드백 루프는 환경으로부터 오는 모든 도전을 창의적으로 해결하는데, 때로는 성공하기도 하고, 때로는 실패하기도 한다. 전체적으로 보면, 지구의 생명은 퀄리아로 구성된 네트워크이며, 이는 각각의 종 내에서도 마찬가지다. 결국 모두의 경험이 전체에 영향을 준다.

36. 경험이 추적하는 그 길을 따라 유전자, 후생유전자, 그리고 신경 네트워크가 진화의 각 단계를 저장하고 기억한다. 이들이 실제로 무엇인지를 보이면, 이들 기록 장치들은 역동적인 퀄리아 네트워크의 기호를 사용하는 고유 패턴symbolic signatures이다. 어떤 두 종 그리고 어떤 두 개별체도 정확하게 같은 퀄리아 프로그램에서 작동하지 않기 때문에, 각 네트워크는 자기조직화되어 있다. 각 시나리오는 고유하다. 그래서 각각의 시나리오는 자기 자신의 가능성들을 통해서 작동한다.

37. 진화는 의식의 고유한 속성, 즉 창조하려는 충동에 뿌리를 두고 있으므로 절대 끝나지 않는 과정이다. 진화는 성장과 비슷한 말이지만, 실제 과정은 새로운 창조물을 보존하고 그것들을 전체

시스템(인체, 적합한 환경, 전체 우주 등)에 흡수하는 것을 포함한다.

38. 인간에게는 자기인식이라는 능력이 있다. 이것이 바로 자유의 열쇠다. 자기인식은 우리가 우리 퀄리아의 성향에 휘둘리지 않는다는 것을, 퀄리아의 감옥에 갇힌 것은 더더욱 아님을 의미한다. 우리는 마음 자체만큼이나 역동적이다. 이것은 정의상 자기 자신의 죄수가 될 수 없는 순수 의식과의 끊어질 수 없는 연결을 보여준다. 무한한 잠재력은 어떤 한계도 알지 못한다. 자신의 진정한 본성을 받아들이려는 과정인 자기인식은 우리가 창조적 진화 속의 한 종으로서 다음 단계를 향해 도약할 시작점이 될 것이다. 이 도약 역시 우주를 다시 만들 것이다. 우리가 인간적 우주에 살기 때문이다. 우주는 현실에 대한 우리의 인식에 들어맞는다.

39. 진화 속의 이 도약은 인간의 영감에 의해 이끌려서 계속 이어질 것이다. 퀄리아 구조와 퀄리아 복합체 네트워크는 자기 조직화를 이룰 것이다. 여기서 새로운 마음가짐이 나올 것이고, 불이 붙을 것이고, 정점에 도달하고, 마지막으로 그다음 인간의 현실로 자리매김할 것이다. 이런 변형은 신비스럽지 않다. 층층이 놓인 공격성, 전쟁, 가난, 부족중심주의, 공포, 박탈감, 그리고 폭력이 사라져가기 시작할 때, 남게 되는 퀄리아는 자신의 창조적 근원에 더 가까이 있다. 낡은 퀄리아가 맨 먼저 벗겨져 나가는 게 매우 중요하다. 결국, 이것은 무의식에서 생겨난 무력감은 새로운 퀄리아 네트워크의 역동적 성장을 위해 버릴 것을 요구한다.

당신이 우주다

40. 양자역학과 고전 과학은 앞으로도 새로운 기술의 창조에 항상 유용할 것이지만, 퀄리아 과학은 우리의 문명을 전체성과 치유, 그리고 깨달음enlightenment의 방향으로 이끌 것이다.

우주 의식은
어떻게 움직이는가?

∨

현대 물리학은 우리에게 물리적 우주가 어떻게 행동하는지에 대한 자세한 그림을 알려주었다. 유일한 문제는 그 그림에 어떤 목적이나 의미도 없다는 것이다. 우주가 무작위성에 따라 움직인다는 주장을 무너뜨리고자 한다면, 우리는 같은 그림을 찍고, 우주의 마음을 도입함으로써 추가된 무언가를 보여주어야 한다.

간단히 말해서, 우주 안에는 의식의 행동들이 있다. 각각은 창조 내내 알려진 행위, 양자 원리에 기반한 행위를 다루기 위해서 선택된 것들이다.

1. 우주 의식Cosmic consciousness은 한쪽이 다른 한쪽을 없애지 않으면서 반대쪽과 균형을 유지한다. 상반된 것들이 공존하는 것을 상

보성이라고 부른다. 상반된 것들이 존재하는 어떤 경우든, 특정 상황에서는 반대쪽을 교체할 수 있지만, 그와 동시에 음은 양을 암시하고 북쪽은 남쪽을 암시하듯 서로는 반대쪽을 암시한다.

2. 우주 의식은 자기 자신에게서 새로운 형태와 기능을 고안한다. 이런 종류의 자기-조직화는 창조적 상호작용성creative interactivity이라고 불린다. 살아 있는 유기체에는 지각이 있는 상호작용을 한다. 즉 다른 지각 있는 존재를 찾고, 식량을 구하며, 종을 번식시키고, 다른 수준에서 '상대'의 존재를 인식하는 것을 포함하여, 살아 있는 창조물들은 계속해서 자신의 환경과 상호작용한다. 인간만이 지각이 있다는 주장은 공허하다. 지각은 의식의 기본 속성이다.

3. 우주 의식은 옛것 위에 새로운 것을 창조하려 한다. 이 행위를 진화라고 부른다. 진화를 지구 생명에 국한하는 것은 좁은 시각이다. 우주 전체가 하나의 기본 속성으로 진화를 보여준다. 대안, 즉 우주는 100억 년 이상 무작위로 작동했는데, 행성 지구가 나타났을 때 결국 진화를 생각해냈다는 것은 억지다. 더 단순한 물질의 집합체에서 진화한 게 아니라면 무엇이 행성들을 존재하게 했겠는가?

4. 우주 의식은 너무 멀리 떨어져서 서로 닿을 수 없다고 여겨지는 별개의 사건을 통해서 국지적으로 작동하지만, 이와 동시에 어떤 것도 분리될 수 없는 깊은 수준에서 이들 사건들은 함께한다. 이 특성은 베일에 싸인 비국지성이라고 부른다.

5. 우주 의식은 물리학을 통해서 보든 생물학을 통해서 보든 우리가 우주를 보는 방식이 어긋나지 않도록 우주를 설정한다. 각각의 관점은 자신을 정당화한다. 현실에 대해 많은 이야기를 한다고 해도, 전체 이야기는 보이지 않는다. 이 속성은 우주의 검열cosmic censorship이라고 부른다.

6. 우주의 모든 부분이 구조적으로 유사하다. 겉으로 유사해 보이지 않더라도 더 깊은 수준에서 유사함을 갖고 있는 것으로 볼 수 있다. 자연의 다른 수준을 바라보는 두 관찰자는 유사성을 공유하는 반복되는 패턴과 형태 때문에 서로 소통하고 이해할 수 있다. 이를 반복 원리principle of recursion라고 한다.

우주 의식은 관찰자의 존재 상태를 비춰준다. 과거에는 종교가 특권을 지닌 관점을 지녔다고 주장했고 오늘날 과학도 그렇게 하고 있지만, 어떤 관점에도 특권은 없다. 하지만 각 이야기에는 이를 지지하는 증거가 있다. 왜냐하면 우리의 존재 상태는 현실과 매우 밀접하게 상호작용하여 관찰자, 관찰 대상, 그리고 관찰 과정을 분리할 수 없기 때문이다. 우리가 방금 개요를 말한 것은 자연의 모든 측면에서 이루어지는 행위다. 이들은 형이상학적 꿈이 아니다. 우주 의식은 하나의 살아 있는 자기-조직화 시스템으로 우주를 만들었다. 빅뱅 이후 자연은 매 순간 모든 수준에서 같은 행위를 계속 반복하고 있다. 생물학에서는 살아 있는 것들이 자신의 DNA를 기본 틀로 삼아 자기를 조직화한다. 이는 부인할 수 없는 사실이다. 말은 망아지를 낳는다. 말의 간은 새로운 간 세포를 만든다. 각 세포는 먹기, 숨쉬기, 분비하기, 나

당신이 우주다

누기 등등을 유지한다. 이 자기-조직화는 역동적이고, 필요에 따라 새로운 환경에 적응하는 유연성을 발휘한다. 말은 세포가 적응을 잘 하기 때문에 고도가 높은 안데스산맥이나 해수면보다 고도가 낮은 데 스밸리에서도 살 수 있다. 말은 달릴 수도 있고 가만히 있을 수도 있다. 임신할 수도 있고 그렇지 않을 수도 있다. 이들 사이에는 엄청난 차이가 있지만, 말은 DNA 수준에서 자신의 몸을 통제한다. 변화하는 환경에 적응하지 못한다면, 아마도 말은 죽게 될 것이다.

이 적응 능력은 한 분자의 조직화 방식에 반영된다. 그리고 분자와 쿼크도 마찬가지다. 모든 경우 변화에 대응하는 적응이 있으며, 여기에는 전체 시스템이 관여한다. 우리가 말을 다양한 수준에서 자세히 살펴보면, 우리는 원자, 분자, 세포, 조직, 기관, 그리고 마지막으로 완전한 창조물을 본다. 하지만 이 말은 자신의 여러 부분으로 이루어진 집합체 이상이다. 이는 마치 성당이 유리, 돌, 대리석, 금속, 천, 그리고 보석 이상인 것과 같다. 말의 간 세포가 참여하지 않기로 하면, 말은 없다. 온갖 종류의 것들이 왜 참여할까? 말은 수조 개의 부분이 참여함으로써 살아 있는 말이 된다. 자동차와 트럭에는 다양한 부품이 있는데, 우리한테는 정말 불만스럽게도, 몇 개가 항상 고장 나거나 그런 조짐을 보이는 것 같다.

하지만 자연에 관한 한, 말은 단지 하나의 생물, 알아차림을 지닌 한 종이고, 알아차림의 수준에서 모든 참여는 하나가 된다. 즉 통합된다. 어떤 살아 있는 생명체(복어, 초파리, 또는 투구게)든 모든 수준에서 상호 연결되어 있다. 다음 단계로 나아가면서 각 수준은 자기 자신의 온전한 상태를 유지한다. 이 역동적인 참여의 흐름은 신이 끊임없이 창조의 모든 수준을 짜맞춘다고 주장했던 위대한 존재의 거대한 고리

Great Chain of Being●라는 종교적 개념의 현대적 해석이다. 비종교적인 용어로 하면, 복잡한 시스템은 의식의 자연적 행위, 즉 우리가 방금 열거한 행위들을 통해 자신을 조직화한다고 말한다.

인간 존재를 우주에서 가장 높은 지위에 올려놓은 요소들을 정리하면 다음과 같다. 이를 이해하기 위해서 허블우주망원경을 들여다볼 필요는 없다. 우리의 심장과 간, 그리고 허파를 이루는 세포들도 우주와 동일한 방식으로 작동하고 있기 때문이다. 이 일치는 완벽하다.

모든 세포가 우주를 반영하는 방식

상보성   각 세포는 전체 몸과 균형을 유지하면서 자신의 개별 삶을 보존한다. 뼈 세포와 혈액 세포처럼 상반된 것처럼 보이는 세포들조차 서로에게 필요하다. 이들은 전체에 필요하다.

창조적 상호작용성 각 세포는 상당히 높거나 상당히 낮은 고도에서 피

● 철학사에서 신플라톤주의는 모든 실재가 신으로부터 발생되어 궁극적으로는 다시 신에게로 되돌아가는 '존재의 거대한 고리'라는 개념을 갖고 있다. 이에 따르면 신을 정점으로 천사, 인간, 동물, 식물에 이르는 위계에 따라 우주가 분류된다. 바꾸어 말하면, 존재의 거대한 고리에서 가장 낮은 단계는 무생물이고, 그보다 높은 단계는 식물이며, 그다음은 동물이고, 인간은 가장 고등한 형태의 생명체다. 인간의 위로는 천사와 성자 그리고 궁극적으로 신이 존재한다.

당신이 우주다

속에 얼마나 많은 산소가 필요한지와 같은 특정 상황에 맞게 화학물을 만들어낸다. 유전자는 세포 속에 새로운 화학물질 배합을 만들어내 항상 변화에 창조적으로 적응한다.

진화 모든 세포는 같은 일반 줄기세포 구조뿐만 아니라 같은 DNA를 갖고 시작한다. 자궁 속에서 이들 줄기세포는, 진화의 마지막 단계, 즉 인간이 되는 단계에 도착할 때까지 특정한 단계들을 거쳐 지구 전체 생명의 진화를 재창조한다.

베일에 싸인 비국지성 각 세포는 자신이 통제하는 사건들에 대해 완벽한 지식을 갖지만, 몸의 전체성wholeness은 보이지 않게 감춰져 있다. 몸의 전체성은 한 세포 속에서 일어나는 모든 사건들의 목적이지만, 어떤 물질적 지문도 없다.

우주적 검열 모든 세포는 거역할 수 없는 생물학 법칙(그렇지 않으면 그 세포는 생존할 수 없을 것이다)을 반영한다. 비국지성 또는 전체성을 '검열'하는 것은 우리 주변 모든 곳에서 거의 무한하게 일어나는 사건들의 겉모습이다. 이는 확립된 현실을 따르는 것으로 보이지만, 사실 통상의 인식 '밑에' 놓여 있는 것을 가리거나 흐려지게 한다. 이원성에서는 마음조차 사고를 통해 자기 자신의 전체성을 알 수 없다.

반복　　세포들을 신장, 뼈, 심장 또는 뇌 조직으로 구분하면 달라 보이지만, 이들은 기본적으로 동일하다. 세포들은 같은 패턴을 따른다. (물질성의 가장 깊은 단계에서는 모든 전자가 같다. 이 때문에 리처드 파인만은 사실상 하나의 전자만 존재한다고 말했다.) 반복을 감안하면 익숙한 패턴으로 다른 패턴을 이해할 수 있다. 우리는 서로를 이해하고 소통할 수 있다. 각 세포 속에서 같은 프로세스를 반복하고, 이들 모두를 DNA에 다시 연결하기 때문이다.

학부생일 때 학교를 방문한 초프라 박사님의 강연을 들었고 개인 세션도 가졌다. 카파토스 박사님은 최경일 이사님의 소개로 알게 되었는데, 안국선원 수불 스님과의 대화를 통역하는 것을 시작으로 한마음선원 한마음과학원에서의 강연 등을 통역하였다. 카파토스 박사님이나 부인인 양근향 박사님을 뵈면, 넓은 주제에 열려 있고 토론을 좋아하시며 우환의식이 있고 상대를 배려하며 도우려 애쓰는 모습이 진정한 선비 같다. 인연이라는 게 참 신기하다. 만남은 무작위로 일어나는 것만은 아닌 것 같다.

이 책은 우리가 우주의 일부이며 경험하는 현실을 만든다고 말한다. 합리적 사고를 바탕으로 우리의 현실에 대해서 다양한 견해들을 검토하고 논파하여 이 결론에 도달한다. 인간사 거의 모든 문제의 해답은 나와 현실과의 관계에 달려 있다. 관계에 대한 좋은 안내서이니 독자분들께 삼가 일독을 권한다.

관계와 인연이 소중한 만큼 인연에 감사할 줄 아는 것이 도리인 듯싶다. 저자 두 분을 비롯하여 여러모로 이끌어주신 대행 스님, 라마 글렌, 혜월 스님, 김광삼 대표님, 선후배님과 벗들 그리고 김영사 편집부와 여러 고마운 분들께 깊이 감사의 말씀을 드리고 싶다. 책을 준비하던 중에 돌아가신 장인어른, 아버님과 어머님, 사랑으로 함께하는 가족들께 이 책을 바친다.

당신이 우주다

YOU ARE THE UNIVERSE